智能制造类产教融合人才培养系列教材

智能制造数字化工艺仿真

郑维明　黄　恺　王　玲　编

机械工业出版社

本书是智能制造类产教融合人才培养系列教材。本书响应国家产教融合的指导意见，结合工业企业推进智能制造的实际情况，综合考虑高等职业学校学生的课程体系，基于西门子工业软件有限公司 Tecnomatix 平台，详细介绍了使用工艺仿真 Process Simulate 软件工具进行基本的工艺仿真和机器人仿真操作的方法。

本书以数字化工厂实际应用为出发点，按照简明、易读和突出实用性的原则，使用深入浅出的语言，配合清晰的图片图表，结合适当的实际案例来编写；同时运用了“互联网+”技术，在实例处嵌入二维码，方便读者更直观地体验实例操作，进行更深入的学习。

本书可作为高等职业院校和职业本科院校培养工艺仿真人才的教材，用于工艺仿真基础教学，也可以作为初次学习工艺仿真 Process Simulate 软件的参考用书。

为便于教学，本书配套教学资源包中包含了电子课件、操作视频、实例模型源文件等，凡选用本书作为授课教材的教师可登录 www.cmpedu.com 注册后免费下载。

图书在版编目（CIP）数据

智能制造数字化工艺仿真/郑维明，黄恺，王玲编. —北京：机械工业出版社，2021.11（2023.10 重印）

智能制造类产教融合人才培养系列教材

ISBN 978-7-111-69274-4

Ⅰ.①智… Ⅱ.①郑… ②黄… ③王… Ⅲ.①智能制造系统-计算机仿真-教材 Ⅳ.①TH166

中国版本图书馆 CIP 数据核字（2021）第 202701 号

机械工业出版社（北京市百万庄大街 22 号 邮政编码 100037）
策划编辑：黎 艳 责任编辑：黎 艳
责任校对：陈 越 封面设计：张 静
责任印制：刘 媛
涿州市般润文化传播有限公司印刷
2023 年 10 月第 1 版第 2 次印刷
184mm×260mm · 13 印张 · 317 千字
标准书号：ISBN 978-7-111-69274-4
定价：46.00 元

电话服务
客服电话：010-88361066
010-88379833
010-68326294

网络服务
机 工 官 网：www.cmpbook.com
机 工 官 博：weibo.com/cmp1952
金 书 网：www.golden-book.com
机工教育服务网：www.cmpedu.com

西门子智能制造产教融合研究项目
课题组推荐用书

编写委员会

编写说明

为贯彻中央深改委第十四次会议精神，加快推进新一代信息技术和制造业融合发展，顺应新一轮科技革命和产业变革趋势，以智能制造为主攻方向，加快工业互联网创新发展，加快制造业生产方式和企业形态根本性变革，同时，更好提高社会服务能力，西门子智能制造产教融合课题研究项目近日启动，为各级政府及相关部门的产业决策和人才发展提供智力支持。

该项目重点研究产教融合模式下的学科专业与教学课程建设，以数字化技术为核心，为创新型产业人才培养体系的建设提供支持，面向不同培养对象和阶段的教学课程资源研究多种人才培养模式；以智能制造、工业互联网等“新职业”技能需求为导向，研究“虚实融合”的人才实训创新模式，开展机电一体化技术、机械制造与自动化、模具设计与制造、物联网应用技术等专业的学生培养；并开展数字化双胞胎、人工智能、工业互联网、5G、区块链、边缘计算等领域的人才培养服务研究。

西门子智能制造产教融合研究项目课题组组建了教材编写委员会和专家指导组，在专家和出版社编辑的指导下有计划、有步骤、保质量完成教材的编写工作。

本套教材在编写过程中，得到了所有参与西门子智能制造产教融合课题研究项目的学校领导和教师的积极参与，得到了企业专家和课程专家的全力帮助，在此一并表示感谢。

希望本套教材能为我国数字化高端产业和产业高端需要的高素质技术技能人才的培养提供有益的服务与支撑，也恳请广大教师、专家批评指正，以利进一步完善。

西门子智能制造产教融合研究项目课题组　郑维明

2020 年 8 月

前言 PREFACE

“十四五”期间，国家支持一批中高等职业学校加强校企合作，共建共享技术技能实训设施，开展高水平技术技能型人才培养的建设试点，加强产教融合实训环境、平台和载体建设，重点强化实践教学环节的建设。西门子公司不仅是工业4.0的倡导者，更是工业领域实践的排头兵，可提供数字化企业所必需的多学科、专业领域最广泛的工业软件和行业知识，涵盖机械设计、电子及自动化设计、软件工程、仿真测试、制造规划、制造运行等方面，可以帮助学校建立同时满足科研、实训与企业服务需求的产教融合平台。

本书响应国家产教融合的指导意见，结合工业企业推进智能制造的实际情况，综合考虑高等职业学校学生的课程体系，基于西门子工业软件公司的 Tecnomatix 平台，详细介绍了使用工艺仿真 Process Simulate 软件工具进行基本的工艺仿真和机器人仿真操作的方法。

工艺仿真能够在三维虚拟环境中真实再现具体的工艺过程，并且允许用户实时操作工艺设备或改变相关参数。它是产品设计与制造过程的有力辅助工具，能够使用户在产品开发或生产规划阶段对产品的工艺过程进行仿真和评估，从而能够检验生产工艺和优化生产工艺。

工艺仿真中最主要的一部分是机器人系统仿真。机器人系统仿真是指通过计算机对实际的机器人系统进行模拟的技术。机器人系统仿真可以通过单机或多台机器人组成的工作站或生产线，在制造单机与生产线之前模拟出实物，缩短生产工期，避免不必要的返工。

随着我国智能制造2025计划的推进，机器人和自动化设备在工业中的应用将会越来越广泛。如何培养合格的工艺仿真人才和机器人应用型人才，是教育急需解决的问题。本书编者具有长期的工厂实践经验，以数字化工厂实际应用为出发点，按照简明、易读和突出实用性的原则，使用深入浅出的语言，配合清晰的图片图表，结合适当的实际案例来编写；同时运用了“互联网+”技术，在部分实例处设置了二维码，使用者用智能手机进行扫描，便可在手机屏幕上显示和教学资源相关的多媒体内容，方便读者理解相关知识，进行更深入的学习。

本书符合为国家培养、储备工艺仿真人才的高等职业院校的教学需求，适用于工艺仿真基础教学，也适合初次学习 Process Simulate 软件的读者使用。

由于编者水平有限，书中不妥之处在所难免，恳请读者予以指正。

编　者

INDEX 二维码索引

（续）

序号	名称	二维码	页码
9	第 6.3 节实例		100
10	第 6.5 节实例 1-1		110
11	第 6.5 节实例 1-2		110
12	第 6.5 节实例 1-3		110
13	第 7.1 节实例		120
14	第 7.3 节实例 1		125
15	第 7.3 节实例 2		127
16	第 7.4 节实例		128
17	第 7.5 节实例		135

（续）

序号	名称	二维码	页码
18	第 7.7 节实例		141
19	第 7.8 节实例		144
20	第 7.9 节实例		147
21	第 8.2 节实例		154
22	第 8.3 节实例		156
23	第 8.4 节实例		160
24	第 8.5 节实例		165
25	第 8.6 节实例		167
26	第 9.2 节实例		176

（续）

序号	名称	二维码	页码
27	第 9.3 节实例		178
28	第 9.4 节实例		179
29	综合练习 1		183
30	综合练习 2		188

CONTENTS
目录

第1章 CHAPTER 1

概述

在当今的全球市场中，拥有创新型产品是制造企业获得成功的基本条件，而快速变化的人员结构和日益加剧的竞争压力又在流程创新方面提出了更高的要求。被全球领先的制造商们广泛使用的西门子工业软件的 Tecnomatix®数字化制造解决方案，可以帮助用户更早地制定更明智的决策，从而提高生产率和灵活性，同时降低生产成本和获得更高的投资回报。

Tecnomatix 中的 Process Simulate 工艺流程设计仿真软件是其重要的组成部分，如图 1-1 所示。通过使用 Process Simulate 软件，可以采用数字化双胞胎技术，修改或仿真某一个工艺过程，完成工艺验证，然后在整个生产流程中进行试生产，并发现其中可能存在的问题，从而帮助企业在实际投入生产之前即能在虚拟环境中进行优化、仿真和测试，在生产过程中也可同步优化整个生产流程，最终打造高效的柔性生产，实现产品快速创新上市，提高企业持久竞争力。

图 1-1　西门子 Process Simulate 软件

1.1 什么是工艺仿真

工艺仿真是指在三维虚拟环境中真实再现具体的工艺过程，它允许用户实时操作工艺设备或修改相关参数。它是产品设计与制造过程的有力辅助工具，能够使用户在产品开发或生产规划阶段对产品的工艺过程进行仿真和评估，从而能够检验生产工艺和优化生产工艺。

要进行工艺仿真，应该要有以下组成因素（3个P）：

1）产品（Product）。

2）工艺（Process）：指工厂的BOP（Bill of Process，工艺清单）包含工艺区域的顺序。此外，每个工艺区域都包含一系列操作，在指定的工艺区域通过指定的操作，生产出指定的产品。

3）工厂（Plant）：指在工厂的BOP中资源和工作区域连接到工艺过程中。

通过工艺仿真，可以得到以下效果：

1）产品的组装/拆卸顺序：一个完整的产品工艺结构包括无干涉的装配或拆卸的合理工艺顺序。

2）机器人可达性、循环时间和控制逻辑，机器人路径的分析结果，机器人离线程序。

3）人因工程的可达性、人体工程学和标准时间。

1.2 Process Simulate 软件简介

Process Simulate 是一款利用三维环境进行制造过程验证的数字化工艺流程设计仿真软件。用户可以利用 Process Simulate 在前期对产品的制造工艺方法和手段进行虚拟验证。Process Simulate 软件支持流程验证和详细的流程设计。它提供了设计、分析、模拟和优化从工厂级到生产线和工作单元的制造过程的功能。Process Simulate 软件主要包含装配工艺仿真、人因工程仿真、机器人操作工艺仿真以及基于事件的仿真（虚拟调试）功能模块。

在本书中，将通过对软件具体功能菜单的详解和实际的应用实例，对 Process Simulate 软件的基本应用（第1~3章）、运动学的定义和编辑（第4章）、装配工艺仿真（第5章），以及机器人操作工艺仿真（第6~9章）做相关的介绍。

1.3 Process Simulate 工艺仿真软件版本及运行说明

本书基于西门子工业软件 Tecnomatix 中的 Process Simulate 软件 V15.1.0 Standalone 版本进行讲解。

第2章 CHAPTER 2 Process Simulate软件简介

2.1 启动 Process Simulate 软件

从数据库类型来看，Process Simulate 软件一共有 3 种，分别是 Process Simulate ON TC；Process Simulate ON em-Server 以及 Process Simulate Standalone。其中，前两者均需要和 Oracle 数据库相连接，而 Process Simulate Standalone 则不需要连接 Oracle 数据库，可以直接以单机版的形式在 PC 端运行使用，本书的内容也是基于 Process Simulate Standalone 来编写的。

在正确安装好软件以后，一共有 3 种方式来启动 Process Simulate 软件。

1）使用 Microsoft Windows 资源管理器，浏览到包含一个 *.psz 格式的文件并双击它。

2）双击桌面上的 Process Simulate 图标。

3）选择“开始”菜单→Tecnomatix→Process Simulate Standalone。

在打开 Process Simulate 软件后，默认会出现欢迎页面 Welcome Page，如图 2-1 所示。

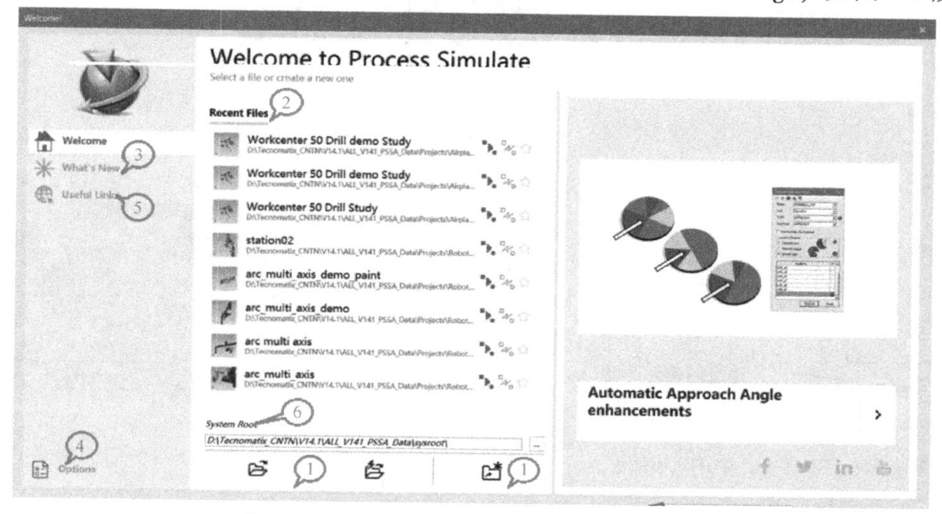

图 2-1 Process Simulate 软件的欢迎页面

通过 Process Simulate 的欢迎页面，可以进行以下操作：

1）打开或新建一个 Study。

2）选择最近使用的文件。

3）观看新功能的描述及视频。

4）设置 Process Simulate 选项。

5）进入链接，浏览 Process Simulate 相关实用信息的网页。

6）设置系统根目录。

单击右上角的×按钮退出欢迎页面后，还可以通过图 2-2 所示的方式再次打开它。

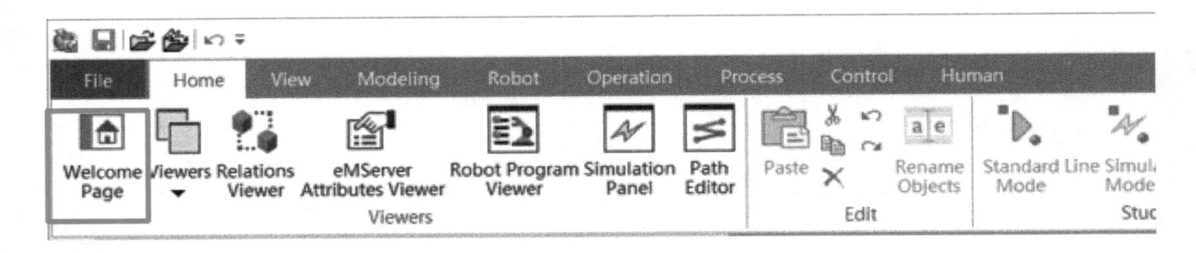

图 2-2　再次打开 Process Simulate 的欢迎页面

单击 File→Option，可以对 Process Simulate 软件进行一些基本的设置，如图 2-3 所示。

进入 Options 页面后，可以根据需要进行 Process Simulate 软件的基本设置，例如，如果需要对视图窗口的背景颜色进行设置，可以单击 Appearance，展开 Graphic Viewer 进入 Background，然后根据需要设置背景颜色，如图 2-4 所示。

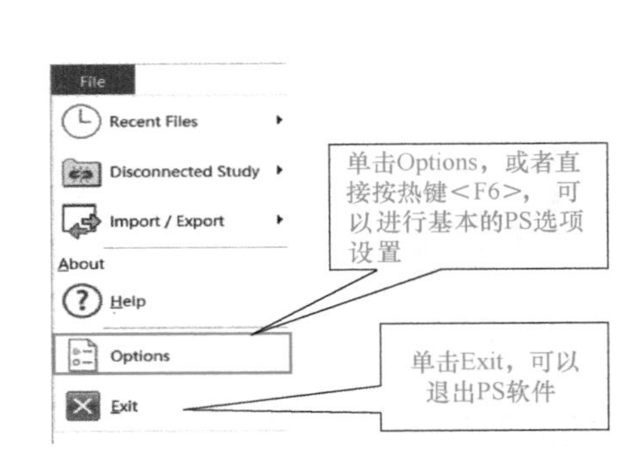

图 2-3　Process Simulate 中的 Option 选项设置

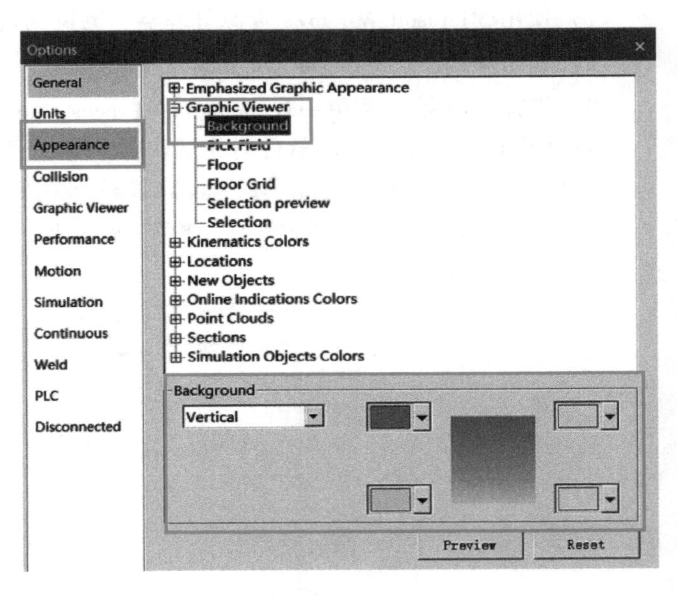

图 2-4　在 Options 中设置视图窗口的背景颜色

2.2 创建 Study 和数据导入

通常情况下，在使用 Process Simulate 软件时，用户需要对零件和资源的数据模型等在后台存放的结构层次有清晰定义，这样的定义不能仅考虑当前项目的情况，而是要将库中元素的使用考虑到今后的项目中去。通常情况下，用 Process Simulate 进行仿真的流程如图 2-5 所示。

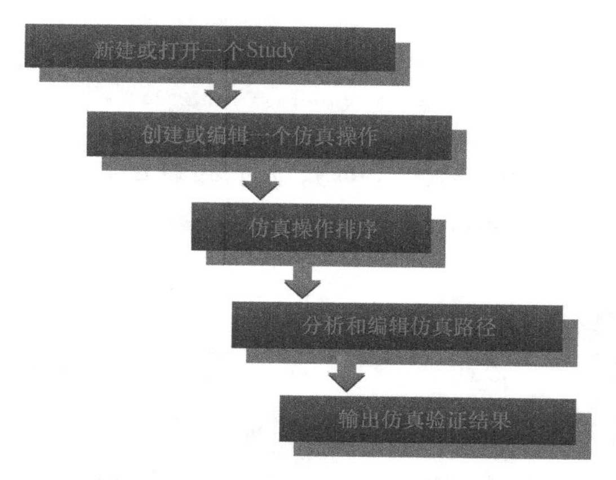

图 2-5　Process Simulate 仿真流程

在教学资源包本章节的文件夹中，打开 MBHZ15 文件夹，可以看到库的结构如图 2-6 所示。将 MBHZ15 文件夹作为本章节实例操作的系统根目录 System Root，对于所有的 *.psz 格式的文件（Process Simulate on ems standalone 只能打开 *.psz 格式的文件），如果要正确打开它们，首先要确保已经设置了正确的系统根目录路径，如前所述，可以在软件的欢迎页面指定系统根目录的位置，也可以通过单击 File→Options→Disconnected 来设置系统根目录的路径。注意需要确保系统根目录的路径中不能出现中文字符，如图 2-7 所示。

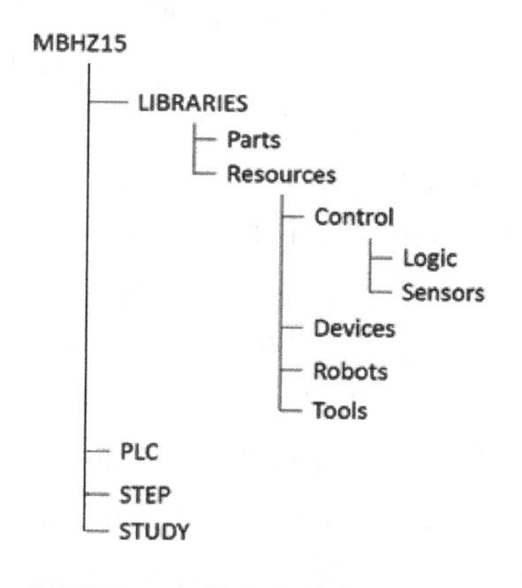

图 2-6　MBHZ15 文件夹系统根目录下的库结构

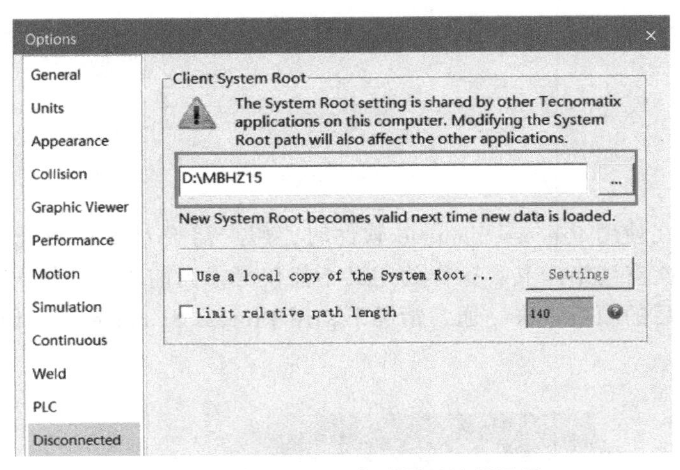

图 2-7 在 Options 中设置系统根目录

单击 File→Disconnected Study→New Study，用户可以在 Process Simulate 中创建一个新的 Study，Study type 选择 RobcadStudy，如图 2-8 所示。

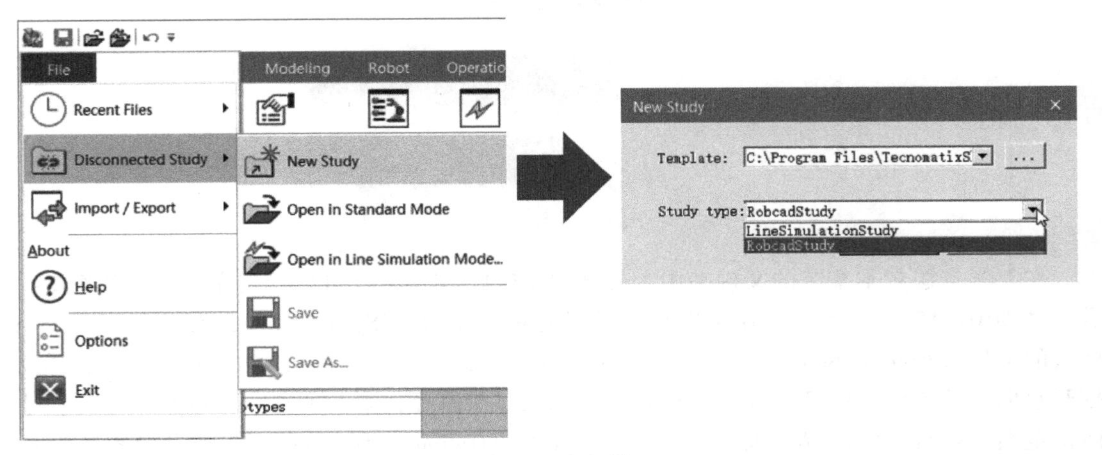

图 2-8 创建一个新的 Study

这里有两种用户创建的 Study 类型。因为这两种 Study 类型是可以切换的，所以在创建新的 Study 时，其类型并不是重点考虑的因素。因此，选择 LineSimulationStudy 也是可以的。这两种 Study 类型的主要区别是 RobcadStudy 针对的是显示（处理）Parts（零件），主要应用于基于时间的仿真；LineSimulation 针对的是显示（处理）parts appearances 和信号，只有在此模式下，才能使用循环仿真模式，应用于基于事件的仿真（CEE 模式）和进行虚拟调试。

在成功创建了 Study 之后，会弹出如图 2-9 所示对话框。下面可以从不同的 CAD 软件中导入需要的模型，使用 Process Simulate 进行仿真，对于不同的 CAD 软件（如 NX、CATIA、Creo 等），Siemens PLM Software 都有相对应的 JT translator 插件。这些插件应用程序是用于将 NX、CATIA、Creo 等格式的数据文件转换为 COJT 格式组件。首先，JT translator 转换器将源文件转换为 *.jt 格式文件，然后，对于转换生成的 *.jt 装配总成和 *.jt 零件，创建相应的 *.cojt 组件和 XML，XML 可以使得数据的结构层次被导入到 Process Simulate 的 Ems 或者 Standalone 版本里。

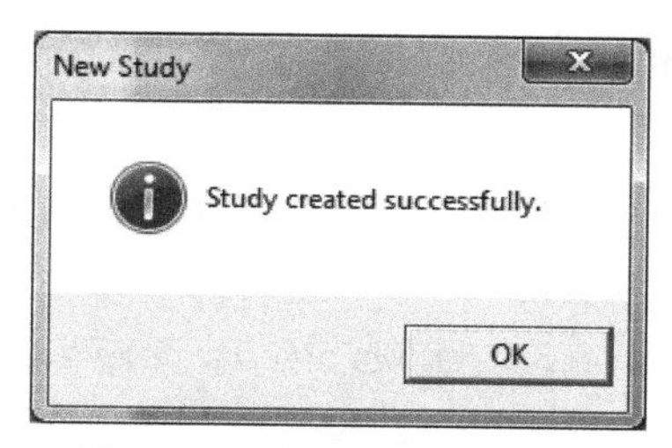

图 2-9 成功创建新的 Study

从 File 选中 Import/Export 选项里的 Convert and Insert CAD Files 选项。在如图 2-10 所示的对话框中单击 Add 按钮并浏览找到所需要的 STP 文件，使用复选框中的默认选项。STP 文件的路径是：\MBHZ15\STEP，选择 positioner 文件。

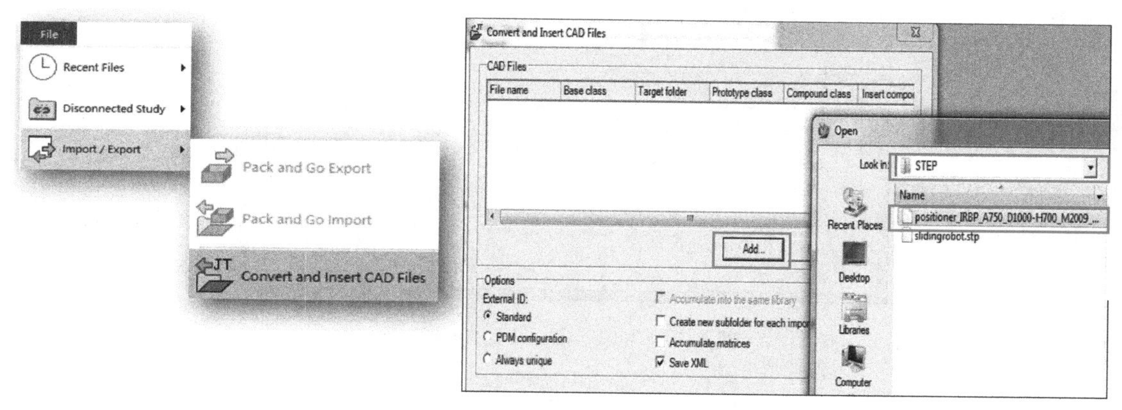

图 2-10 转换并插入 CAD 文件

在接下来的对话框中，需要先在系统根目录（\MBHZ15）中新建一个 temp 文件夹并在资源库中直接指向这个文件夹，如图 2-11 所示，这样导入的 positioner 模型的后台文件就会被作为一个 COJT 文件存放在这个 temp 文件夹中。

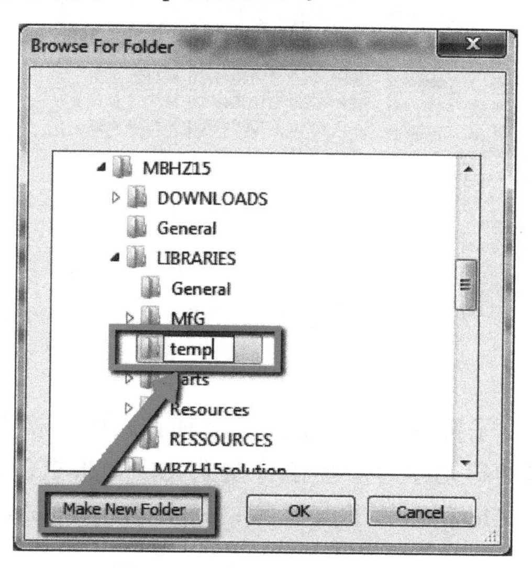

图 2-11 创建 temp 文件夹

按照图 2-12 所示，选择相应的复选框。单击 OK 按钮，得到如下结果，如图 2-13 所示。

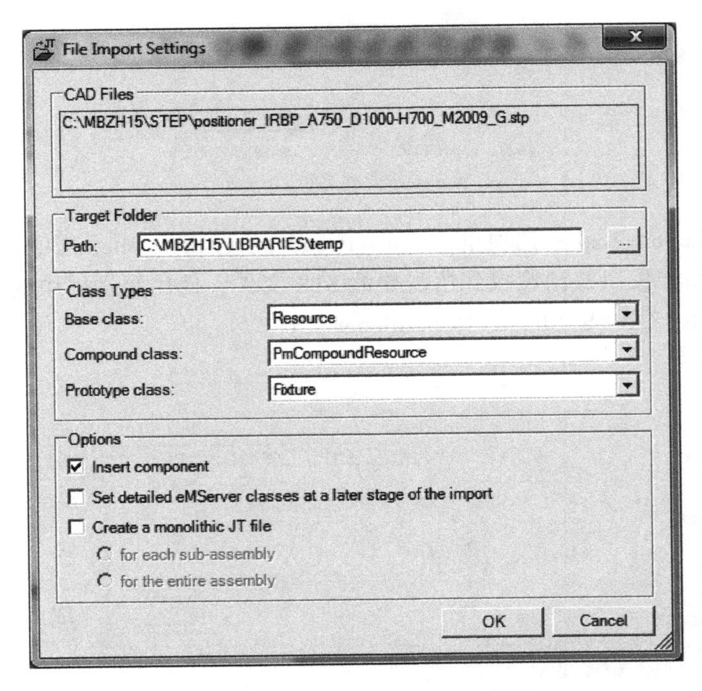

图 2-12　File Import Settings 页面

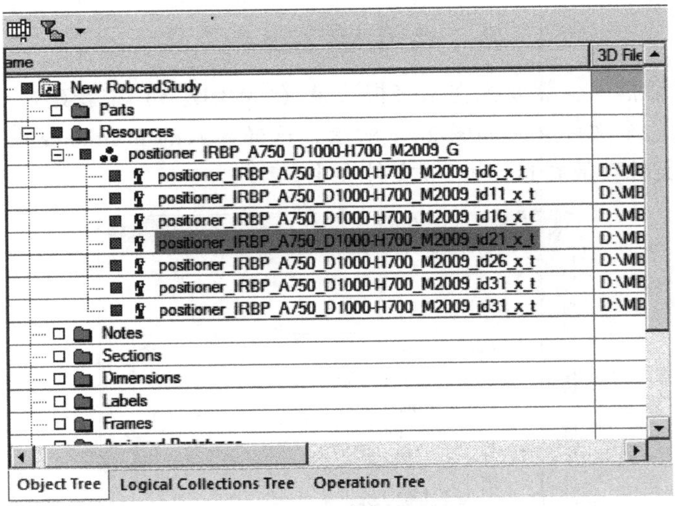

图 2-13　第一次导入页面

这样就创建了包含每个子资源的复合资源。这种方式的转换在仅使用 CAD 系统时有其优点，但在定义相互依赖的运动学时会使工作复杂化。如果重新导入这个 positioner，然后勾选 Create a monolithic JT file 和它的子选项 For the entire assembly，就得到了不同的结果，如图 2-14 所示。

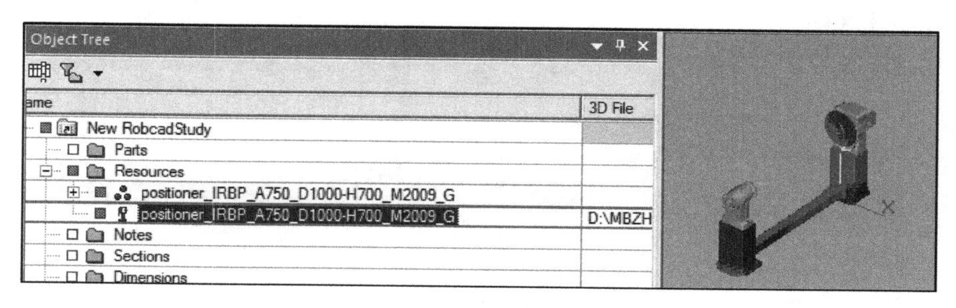

图 2-14　第二次导入页面

打开第二次导入所创建的 positioner，对其进行建模（Modeling→Set Modeling Scope）并展开，如图 2-15 所示，可以看到两次导入的 positioner 资源有显著的不同，第一次导入的有很多单独的子资源，而第二次导入的只有一个资源（资源里带有很多的子组件），这对后期进行运动学的设置等会非常地方便。

Resources
positioner_IRBP_A750_D1000-H700_M2009_G
positioner_IRBP_A750_D1000-H700_M2009_id6_x_t
positioner_IRBP_A750_D1000-H700_M2009_id11_x_t
positioner_IRBP_A750_D1000-H700_M2009_id16_x_t
positioner_IRBP_A750_D1000-H700_M2009_id21_x_t
positioner_IRBP_A750_D1000-H700_M2009_id26_x_t
positioner_IRBP_A750_D1000-H700_M2009_id31_x_t
positioner_IRBP_A750_D1000-H700_M2009_id31_x_t
positioner_IRBP_A750_D1000-H700_M2009_G
positioner_IRBP_A750_D1000-H700_M2009_id6_x_t
positioner_IRBP_A750_D1000-H700_M2009_id11_x_t
positioner_IRBP_A750_D1000-H700_M2009_id16_x_t
positioner_IRBP_A750_D1000-H700_M2009_id21_x_t
positioner_IRBP_A750_D1000-H700_M2009_id26_x_t
positioner_IRBP_A750_D1000-H700_M2009_id31_x_t
positioner_IRBP_A750_D1000-H700_M2009_id31_x_t

图 2-15　第二次导入结果页面

除了以上介绍的使用 Convert and Insert CAD Files 命令将 CAD 文件导入到 Process Simulate 的 Study 中之外，还可以使用 Insert Component 命令，在 Process Simulate 的 Study 中插入一个对象，需要注意的是，使用 Insert Component 命令，我们只能插入 *.cojt 格式的文件，并且只能插入路径在系统根目录下的文件。（使用 Convert and Insert CAD Files 命令，可以插入任意路径的 CAD 格式的文件）在使用 Insert Component 命令之前，还必须要定义插入的对象，如图 2-16 所示。

然后就可以使用 Insert Component 命令，将 positioner_IRBP_A750_D1000-H700_M2009_G.cojt 插入到当前的 Study 中，如图 2-17 所示。

COJT 格式的文件是在 JT 文件外嵌套了一个文件夹，当使用 Convert and Insert CAD Files 命令时，translator 插件会自动执行把 JT 格式文件转成 COJT 格式文件的命令，当使用 Insert Component 命令时，首先需要把 JT 格式文件转成 COJT 格式文件。

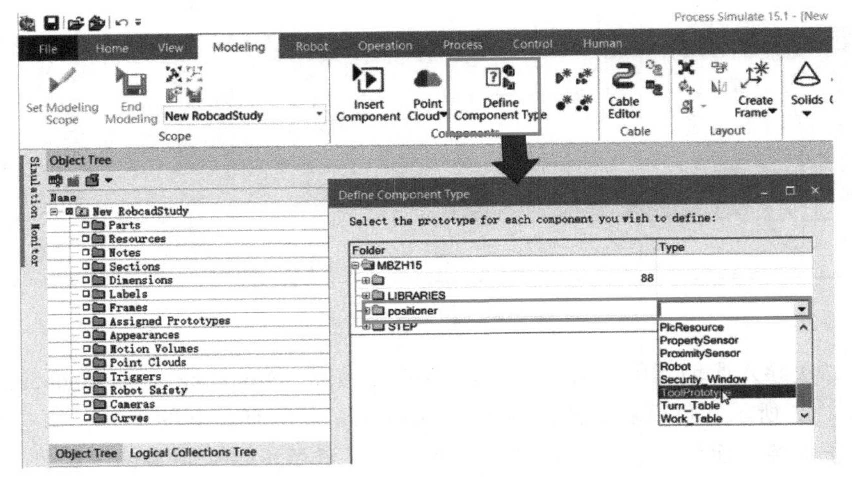

图 2-16　Define Component Type 页面

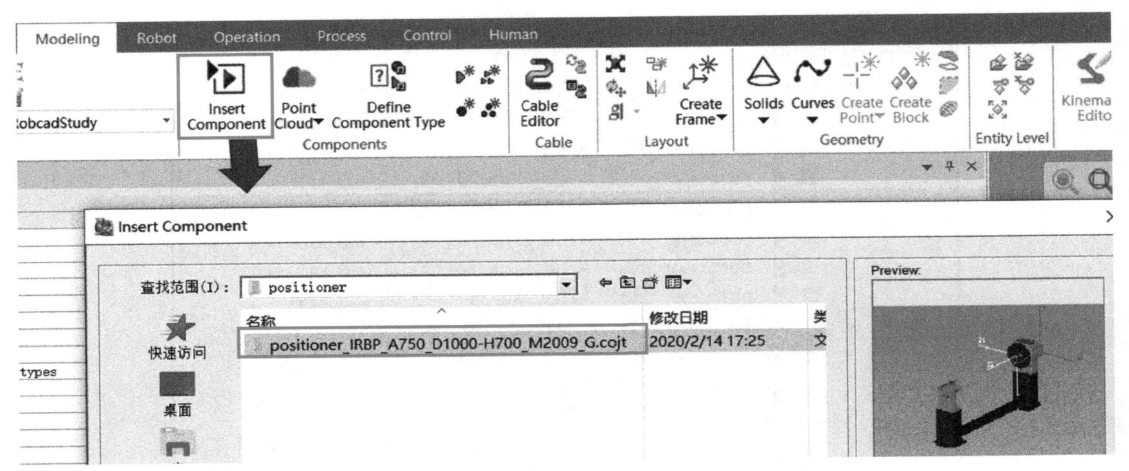

图 2-17　Insert Component 页面

2.3　软件页面

在 Process Simulate 中，有四个基本对象类型：零件，操作，资源和制造特征。如图 2-18 所示。

1）零件 Parts：是指构成产品的零件。Process Simulate 中的 Parts 结构将整个产品所有零部件分层级列出，该层级描述了整个产品中各个部分的相互关联关系。

2）操作 Operation：是指为了生产产品而进行的动作。Process Simulate 中的操作树列出了所有操作及执行这些操作的先后顺序。

3）资源 Resources：是指执行操作的工厂设施部件，这些部件包括产线、工作区、工作站、工作单元、工装夹具、焊枪、抓手、机器人和固定装置等。Process Simulate 中的资源树也同样描述了这些资源的顺序和位置。不同资源也都有其特有的图标，如料箱料架、机器人、工作台、焊枪等。

4）制造特征 Manufacturing features（Mfg）：用于表示几个部分之间的特殊关系。制造业中表现这些实例特征是焊接点、PLP（基准）和表示机器人路径的曲线与零件轮廓一致的零件，如电弧焊、喷漆、磨削等。这种对象类型通常在机器人操作中被用户使用。

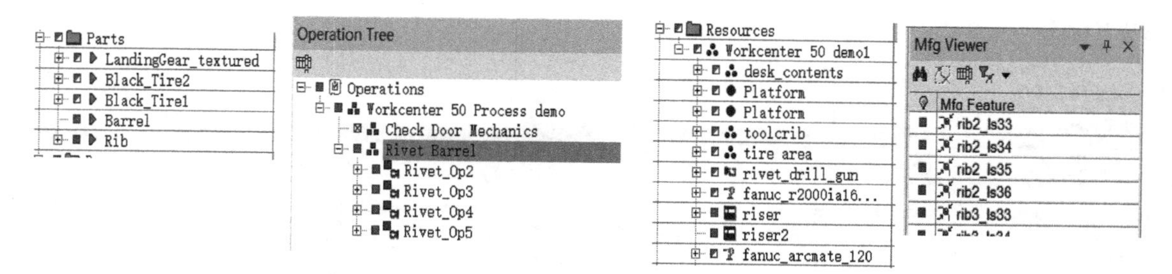

图 2-18　Process Simulate 中的四个基本对象类型

除了这四种基本的对象类型之外，Process Simulate 还包含了其他多种对象类型。每种对象都有其独特的图标，用于与每个对象类型关联的对象在包含该类型的树视图中标识它，如图 2-19 所示。说明如下：

1）Study 文件夹：工作单元中的所有对象均保存在 Study 文件夹中。

2）对象类型分组文件夹：在对象树中可以看到的内建文件夹，用于根据对象的类型进行分组。

3）组装零件（总成）：由一个或多个零件（分总成）组成的部件。

4）单个操作：不同操作类型显示图标略有不同。

5）操作合集（复合操作）：包含一个或多个子操作的操作合集。

6）资源合集：包含了一个或者多个资源。

7）单个资源。

8）单个零件。

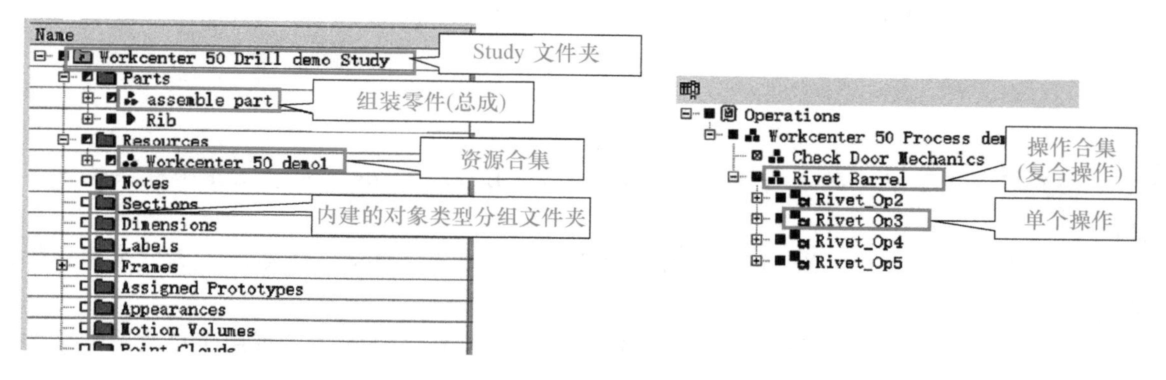

图 2-19　Process Simulate 中其他的对象类型

此外，Process Simulate 软件里也有各种库 Libraries，包括标准零件和资源的存储库，可以促进和规范规划流程。库可以从导入的数据构建，它们可以根据需要在 Process Simulate 中编辑。系统根目录下的任何文件夹都可以作为库。

Process Simulate 软件使用的是类似于其他 Windows 程序的面向对象的接口应用。这意味着用户必须首先选择对象，然后和所选对象相关的操作才会变得可用。

在进入 Process Simulate 后，跳过欢迎页面，可以看到如图 2-20 所示页面。页面中包含以下部分：

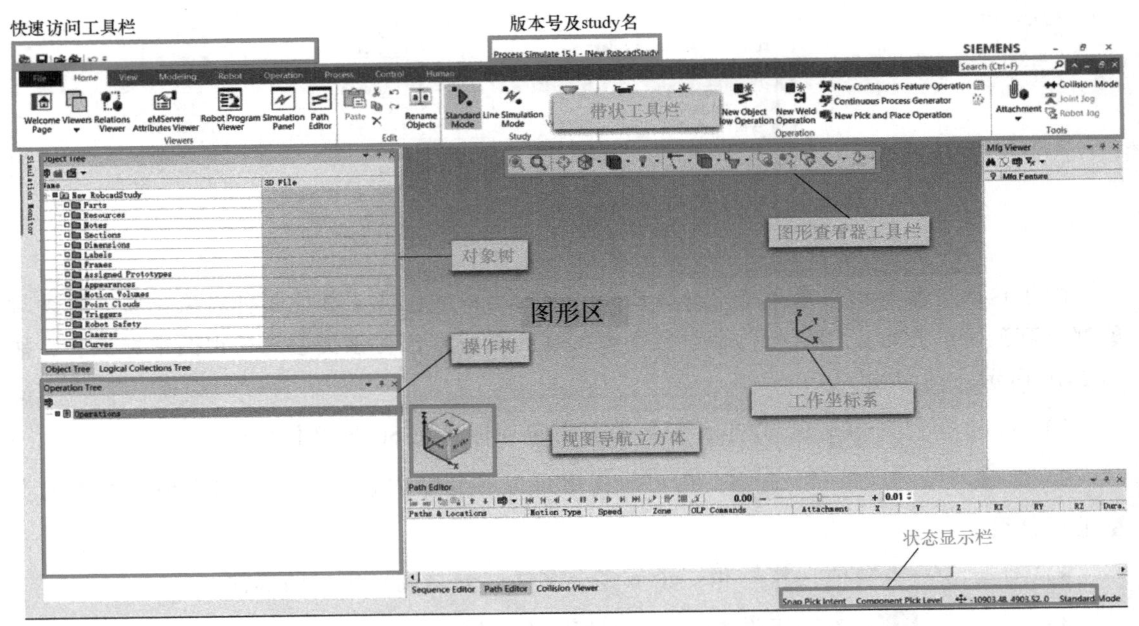

图 2-20　Process Simulate 用户页面

（1）带状工具栏　不同的选项卡下包含对应的命令图标。

（2）快速访问工具栏　可以自定义命令图标用于快速访问操作，如图 2-21 所示。

图 2-21　快速访问工具栏

（3）状态显示栏　显示当前 Pick Intent、Pick Level、Study Type、工作坐标系位置等信息。

（4）图形查看器工具栏　可以通过“观察”“显示”“移动”“测量”等命令来操作对象。

（5）图形区　在图形区右击，会弹出快捷菜单，如图 2-22 所示，可用于更改图形区的设置，以及进行 Options 设置。

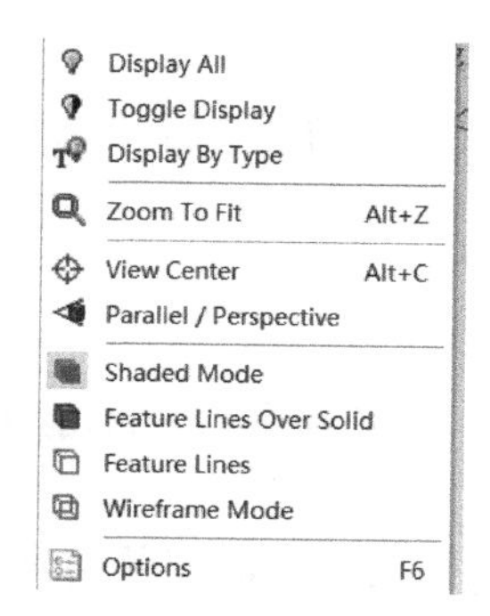

图 2-22 图形区右键快捷菜单

（6）对象树 在对象树（Object Tree）区域右击，会弹出快捷菜单，如图 2-23 所示，可用于对象列表显示状态的一些更改和进行 Options 设置。

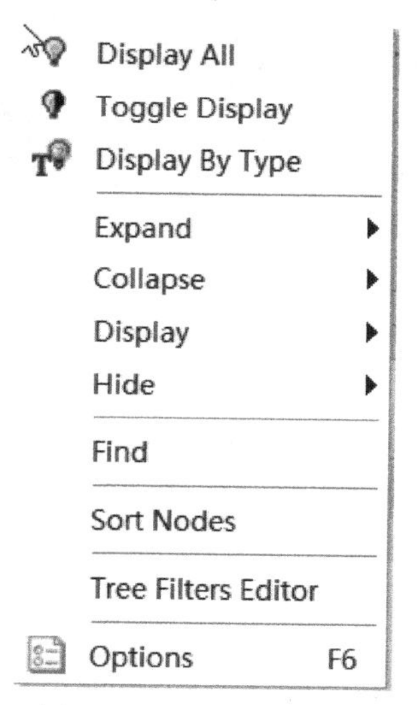

图 2-23 对象树（Object Tree）右键快捷菜单

选择 Home 选项卡→Viewers，然后选择操作树（Operation Tree），可以打开操作树并显示当前 Study 中的所有和操作有关的数据，包括各个操作之间的层级和顺序等。单击带状工具栏上的 Home 选项卡，如图 2-24 所示，其中一些图标的功能如下：

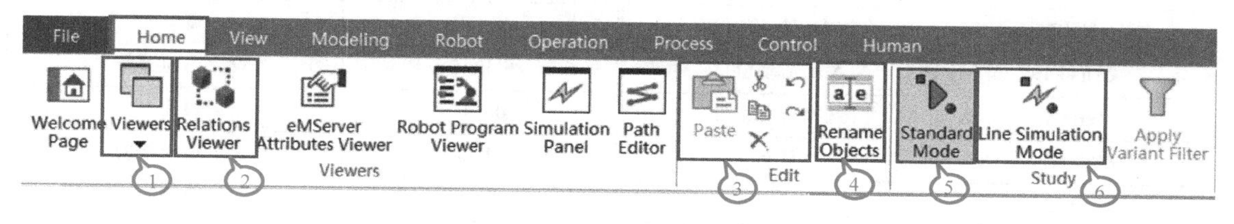

图 2-24 Home 选项卡页面

图中：

① 通过调出查看器（Viewer），显示查看 Study 的某方面信息。

② 显示查看与所选对象相关的对象。

③ 编辑对象：<Ctrl+V>粘贴；<Ctrl+X>剪切；<Ctrl+C>复制；<Delete>删除；<Ctrl+Z>

撤销（Undo）；<Ctrl+Y>重做（Redo）。

④ 重命名 Study 中的对象。可以通过用户自行定制规则同时对类似名称的对象重命名。需要注意以下几点：

a）不能重命名 Study 本身。

b）不能重命名“快捷方式对象”。

c）实体没有在建模（Modeling）环境下打开，不能重命名。

d）对象未加载不能重命名。

⑤ 在标准模式下运行当前 Study，是基于时间的仿真。

⑥ 在产线模式下运行当前 Study，是基于事件的仿真（CEE，虚拟调试只能在此模式下运行）。

右击带状工具栏空白处，可以定制工具栏上的命令，如图 2-25 所示。

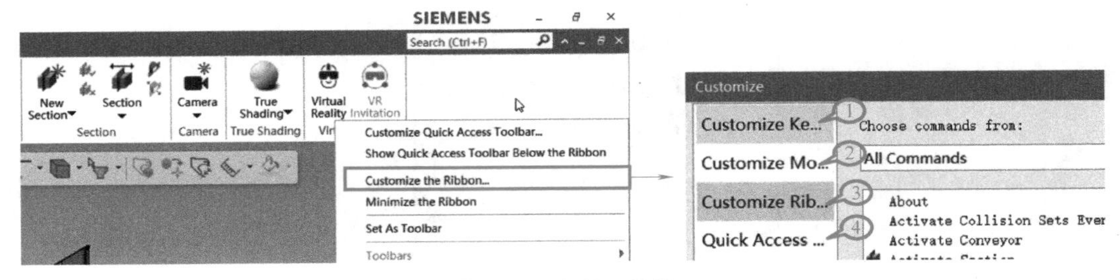

图 2-25　定制工具栏

图中：

① 定制键盘（快捷键功能）。

② 定制鼠标（快捷键功能）。

③ 定制带状工具栏。

④ 快速访问工具栏。

表 2-1 列出了 Process Simulate 中的常用快捷键。

表 2-1　Process Simulate 常用快捷键

快捷键	命令	快捷键	命令
<Alt+P>	放置操控器	<Ctrl+V>	粘贴
<Alt+Z>	放大以适应页面	<Ctrl+Z>	撤销
<Alt+F4>	关闭活动窗口	<Shift+S>	设置当前操作
<Ctrl+A>	选择所有组件	<Delete>	删除
<Ctrl+C>	复制	<F1>	显示在线帮助
<Ctrl+F>	搜索	<F3>	暂停
<Ctrl+N>	新建	<F4>	向后播放
<Ctrl+O>	打开	<F5>	向前播放
<Ctrl+S>	保存	<F6>	选项
<F12>	切换选取级别	<F10>	切换视图样式
<Home>	初始位置	<F11>	切换选取意图

2.4 视图和图形查看器

单击带状工具栏上的 View 选项卡，如图 2-26 所示，其中一些图标的功能如下：

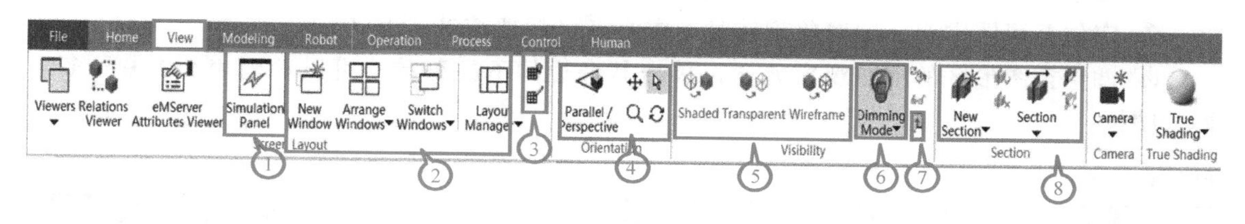

图 2-26　View 选项页面

① 仿真面板：主要在 Line Simulation 模式中使用，用于查看信号和逻辑块及它们之间的交互情况，可以同时打开多个仿真面板。

② 窗口布局管理：对 Process Simulate 软件各个功能窗口的布局进行管理和定制。另外，还可以通过单击各个窗口右上部的按钮来使窗口浮动、隐藏或者锁定，在使用 Process Simulate 的过程中，通常建议使窗口锁定而不是浮动或隐藏。

：使窗口锁定。

：使窗口浮动或隐藏。

③ 地板（打开/关闭）及调整地板的显示。

：地板网格显示开关（快捷按键<Alt+F>）。

：调整地板网格设置参数。

④ 视图浏览方向。

：平行/透视视角的切换。

：平移视图。

：选取视图。

：缩放视图。

：旋转视图。

⑤ 切换显示特性：在“阴影”“透明”“线框”这三种显示模式之间切换。

⑥ 调暗模式：当通过“放置操控器”（Placement Manipulator）命令移动对象时，切换其他未动对象的显示模式。

⑦ 打开位置和坐标系，使其显示在最前面的功能按钮。

⑧ 截面功能相关的按钮。

在如图 2-27 所示的图形区快速工具栏中，各图标功能说明如下：

① 缩放至所选对象（快捷按键<Alt+S>）。

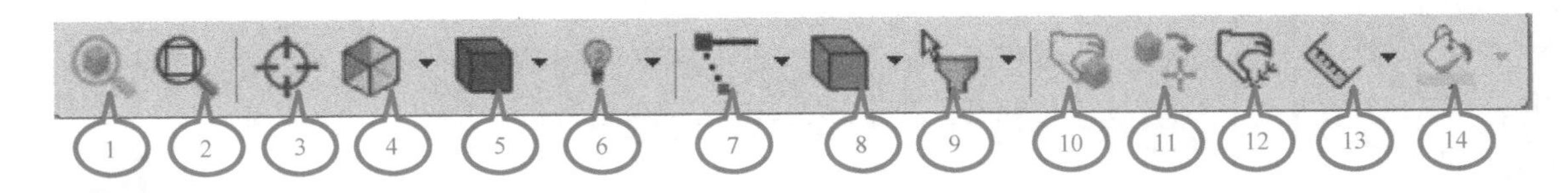

图 2-27　图形区快速工具栏

② 缩放至合适尺寸以显示所有对象（快捷按键<Alt+Z>）。

③ 定位至视图中心，即对象旋转时的中心点（快捷按键<Alt+C>）。

④ 调整至图形区的视图观察方向，单击其旁边的下拉菜单，可以看到表 2-2 中的多个展开图标。

表 2-2　视图观察方向展开图标

图标	名称	描述
	垂直视点	将视点方向调整为与选取面垂直
	后视点	将眼睛位置的“方位角”更改为 90°,将“海拔高度”更改为 0°。该视图由负方向沿正 Y 轴向原点看
	俯视点	将眼睛位置的“高度”更改为 90°并旋转视图,使 X 轴为水平,Y 轴为垂直。该视图由负方向沿正 Z 轴向原点看
	仰视点	将眼睛位置的“高度”更改为 90°并旋转视图,使 X 轴为水平,Y 轴为垂直。该视图由正方向沿负 Z 轴观察原点
	前视点	将眼睛位置的“方位角”改为 270°,将“高度”改为 0°。该视图由正方向沿负 Y 轴向原点看
	右视点	将眼睛位置的“方位角”和“高度”都改为 0°。该视图由负方向沿正 X 轴向原点看
	左视点	将眼睛位置的“方位角”改为 180°,将“高度”改为 0°。该视图由正方向沿负 X 轴向原点看
	Q1 视点	将眼睛置于八分圆(+X+Y+Z 八分圆),“高度”为 30°,“方位角”为 30°
	Q2 视点	将眼睛置于八分圆(+X+Y+Z 八分圆),“高度”为 30°,“方位角”为 120°
	Q3 视点	将眼睛置于八分圆(+X+Y+Z 八分圆),“海拔”为 30°,“方位角”为 210°
	Q4 视点	将眼睛置于八分圆(+X+Y+Z 八分圆),“高度”为 30°,“方位角”为 300°

⑤ 浏览样式：单击其右侧的展开按钮，可以选择让对象在图形区中以“阴影”“边框线+实体”“边框”“特征线”这四种样式中的一种样式显示。默认采用的是“阴影”的样式。

⑥ 显示功能。

⑦ 选取意图（Pick Intent）：单击其右侧的展开按钮，可以在如下的四种 Pick Intent 图标之中选择一种，以便在单击对象时确定如何在对象上选择相应的特征点。

捕捉特征点：自动捕捉一个顶点，一个边的中心或一个面的中心，取其最接近实际点的点。这是默认的 Pick Intent 选项。使用“最小距离”命令测量图形查看器中两个对象之间的距离时，此选项非常有用。

捕捉自身原点：这是取决于 Pick Level 选项中设置的 Pick Intent。如果“挑选级别”设置为“组件”，那么始终选择组件的自身原点，而不管物件被选取的是所选组件中的哪个实体部件。如果“挑选等级”设置为“实体”，则选择当前挑选实体的自身原点。

捕捉边缘点：选择边缘上与单击的实际点最接近的点。

捕捉任意点：选择鼠标实际单击的点。

⑧ 选取对象等级。

⑨ 使用筛选器选取。

⑩ 放置对象的控制器（快捷按键<Alt+P>）。

⑪ 重定位对象（快捷按键<Alt+R>）。

⑫ 单个或多个路径位置放置控制器。

⑬ 测量工具。

⑭ 修改对象的颜色：可以对所选的颜色按照用户的需求进行修改。

2.5 视图窗口布局管理

在 Process Simulate 中提供了十多种视图查看器，每个被打开的视图查看器都会在软件页面中以视图窗口的形式存在，Process Simulate 提供了管理视图窗口布局的功能。

1. 视图窗口的锁定和浮动

1）可以双击一个窗口的顶部来切换它的锁定/浮动状态。对于一个锁定的窗口，也可以使用光标拖动它，把它变成浮动的，如图 2-28 所示。

图 2-28 视图窗口锁定/浮动设置（一）

2）也可以直接右击视图窗口的顶部，在弹出的菜单中直接选择以设置窗口处于锁定/浮动状态，如图 2-29 所示。

3）通过视图窗口右侧的锁定/浮动状态按钮来设置窗口的状态，如图 2-30 所示。

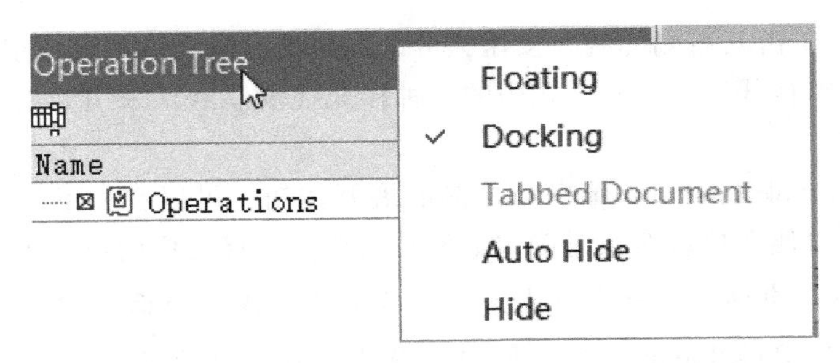

图 2-29　视图窗口锁定/浮动设置（二）

图 2-30　视图窗口锁定/浮动设置（三）

2. 管理视图窗口布局

单击 View 选项卡→Screen Layout→Layout Manager，可以对 Process Simulate 软件的视图窗口布局进行管理，如图 2-31 所示。

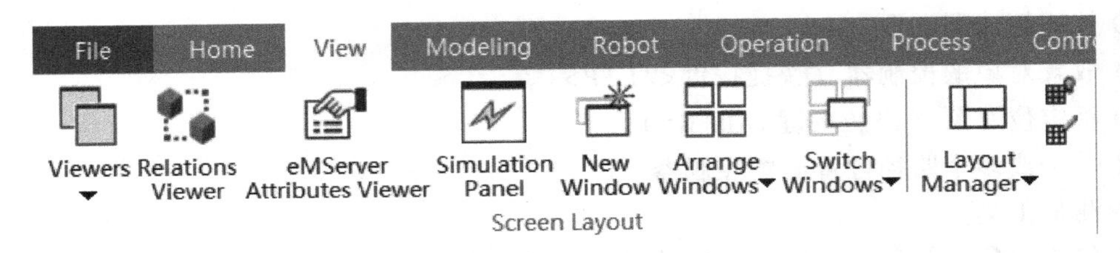

图 2-31　视图窗口布局管理

单击 Layout Manager 旁边的下拉菜单，会弹出 Process Simulate 预设的一些视图窗口布局，可以根据需要单击所需要的布局，会自动将视图窗口的布局切换成所选的布局方式，这些布局都是以各自适用的仿真场景来命名，如图 2-32 所示。

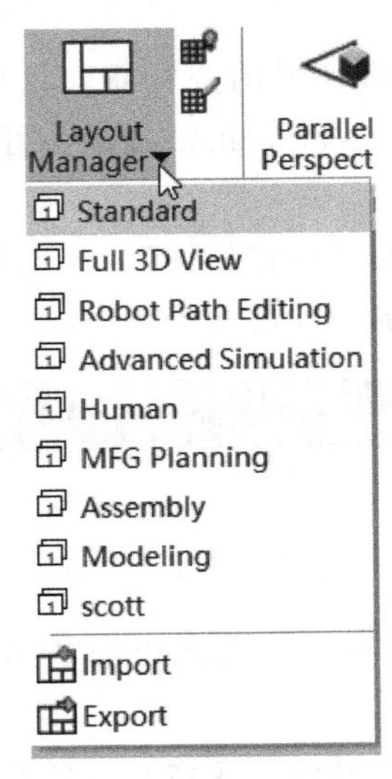

图 2-32　Layout Manager 选项

如果用户按自己的需要设置了视图窗口布局，可以单击 Layout Manager，如图 2-33 所示，单击 New，然后在右边对话框中都选择 Use Current，可以保存当前的视图窗口布局。

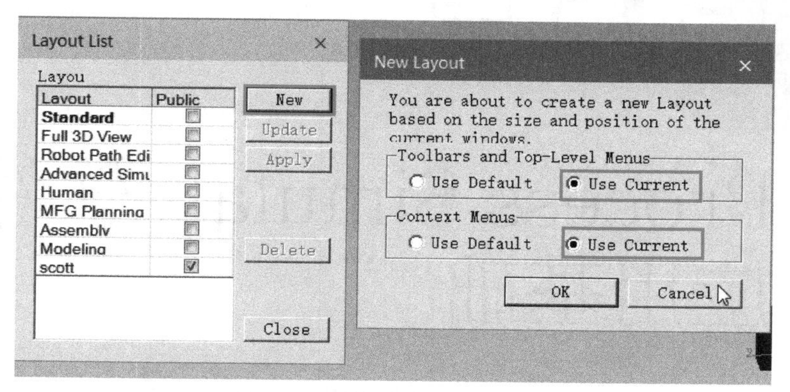

图 2-33　新视图窗口布局设置

Process Simulate软件应用基础

3.1 图形窗口的设置与控制

用户可以使用鼠标控制对象在图形中的显示方式。Process Simulate 默认的鼠标控制图形查看器的方式与 NX 软件相同。用户也可以切换鼠标的控制图形方式。

通过选择 File→Options→Graphic Viewer，用户可以更改鼠标移动方式，有两种鼠标移动模式：直接查看和连续查看，如图 3-1 所示。

1）直接查看：对象仅在移动鼠标时移动。这是 Process Simulate 软件的默认配置。这个选项和其他三维软件的图形查看器类似。

2）连续查看：对象以鼠标的初始速度连续移动。这是类似于 Robcad 软件的默认配置。

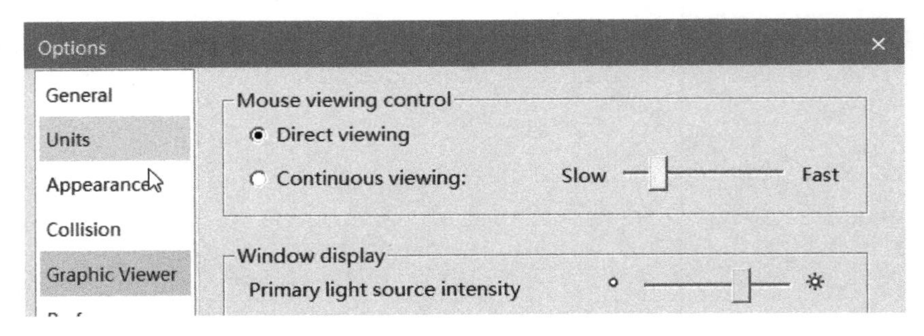

图 3-1　鼠标两种移动模式

在 Process Simulate 中默认的用鼠标控制图形窗口的应用如下：

1）鼠标滚轮 Wheel：滑动鼠标滚轮以放大或缩小图形查看器中的对象。滑动滚轮会影响缩放方向。滚轮向朝着用户的方向滚动，图形查看器中的对象缩小，反之，则放大对象，如图 3-2 所示。

2）同时按住鼠标滚轮和右键 MB2+MB3：可以在图形查看器中向任意方向移动对象。

3）向下按住滚轮 MB2：可以在图形查看器中旋转对象，旋转的中心就是图形查看器的

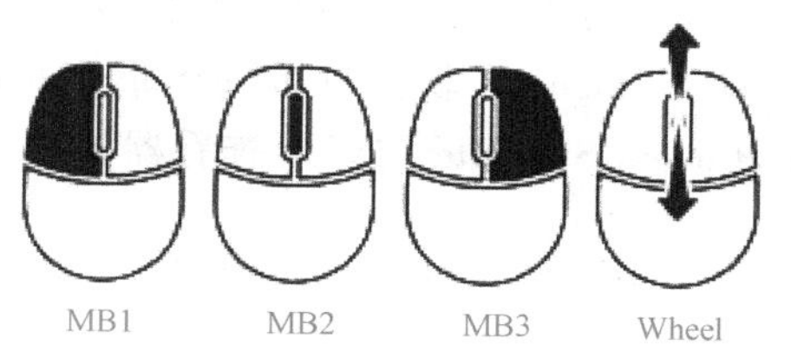

图 3-2 滚轮鼠标上的 4 个按键

视点，或者选定了对象后，就是对象的中心视点。

4）同时按住<Alt 键+鼠标左键>Alt+MB1：可以缩放至特定的图形区域。按住<Alt>键，使用鼠标左键在图形查看器中框选一个范围，可对选定范围进行放大。

5）同时按住鼠标左键和滚轮 MB1+MB2：左右移动鼠标，也可以缩放图形查看器中的显示内容。

6）同时按住<Shift 键和鼠标滚轮>Shift+MB2：也可以在图形查看器中向任意方向移动对象。

7）同时按住<Ctrl 键和鼠标滚轮>Ctrl+MB2：上下移动鼠标，也可以缩放图形查看器中的显示内容。

如果用户要根据自己的喜好，设置鼠标上各键对图形窗口的控制，可以使用方法：在快速启动工具栏中，单击 Customize Quick Access Toolbar，选择 More Commands，打开设置鼠标控制的页面，如图 3-3 所示。

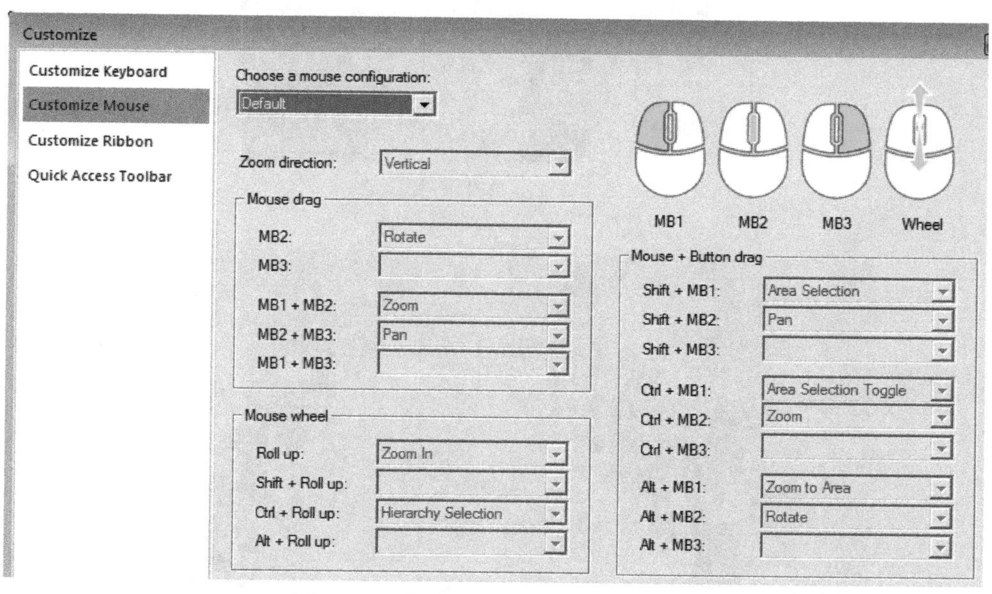

图 3-3 设置鼠标各键对图形窗口控制

可以在 Choose a mouse configuration 栏选择所需的鼠标按键设置配置列表：

① Default：默认设置，鼠标控件类似于 NX 的配置，该默认配置无法更改。

② Legacy：鼠标控件类似于 Robcad 和 Process SimulateV13 之前的版本。此配置也无法更改。

③ Custom：在此配置下，用户可以自定义鼠标图形控件设置。

用户也可以使用一些 Process Simulate 软件自带的图形窗口控制功能来操纵图形窗口。如使用视图导航立方体：在 Process Simulate 的图形查看器的左下角，默认设置是显示视图导航立方体，如图 3-4 所示。

图 3-4　视图导航立方体

视图导航立方体可单击的六个面：前面，后面，右边，左边，顶部和底部，这为用户提供了一种简单的方法来改变视点。用户还可以通过单击每三个面的交点处以及每两个面的拐角处的斜边来更改视点，从而在为选择特定视图时提供更多功能。如图 3-5～图 3-7 所示。

图 3-5　导航立方体示意图（一）

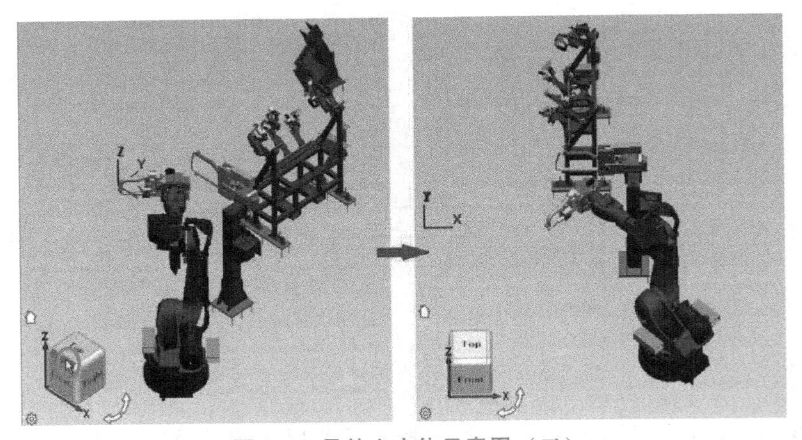

图 3-6　导航立方体示意图（二）

当视点完全位于一个面上时，导航立方体会在这个面的四个边上都显示箭头。单击箭头将立方体旋转到其另一侧的隐藏面上，如图 3-8 所示。

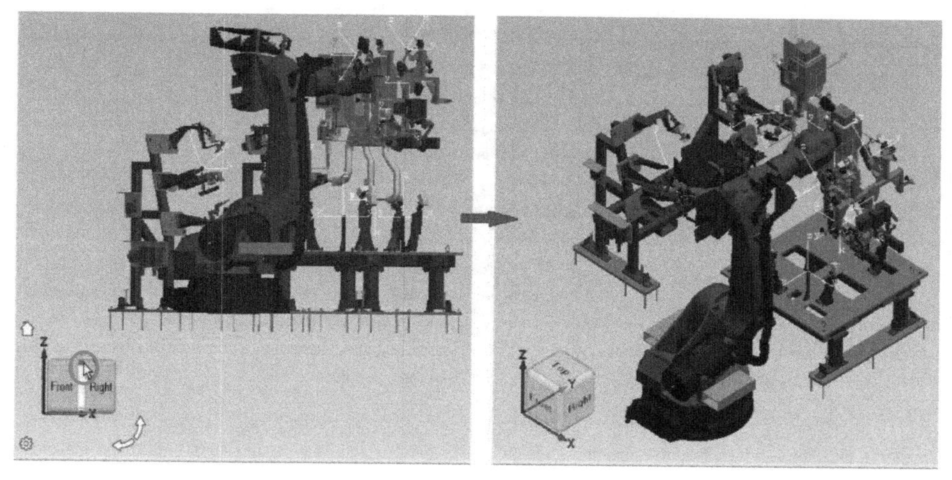

图 3-7 导航立方体示意图（三）

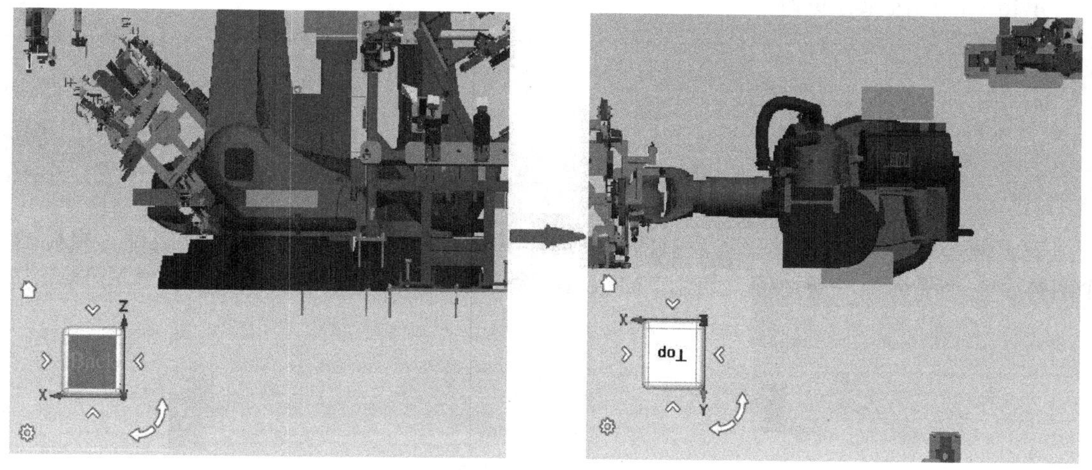

图 3-8 导航立方体示意图（四）

单击导航立方体 Home 按钮，将导航立方体旋转到与立方体顶部右前角对应的视点。用户可以单击两个弯曲的旋转箭头中的一个，以箭头方向将当前视图旋转 90°。通过按住鼠标按钮可以沿箭头方向平滑连续地转动视图。

要设置导航选项，单击导航立方体左下角附近的设置图标，出现导航设置对话框，如图 3-9 所示。

1）在“显示”区域中，设置显示或隐藏导航立方体和坐标系。

2）在“导航”区域选项中：

绕过对象（Tecnomatix 方法）：对象像其他 Tecnomatix 应用程序一样旋转。导航坐标系代表世界坐标系的方向。但是，如果导航立方体隐藏，则该坐标系表示工作坐标系的方向。

旋转对象（Vis 方法）：对象按照鼠标移动的方向旋转，如 Teamcenter 和 Vis 产品。导航坐标系代表世界坐标系的方向。如果将“相对”设置为“工作坐标系”，则该坐标系表示工作坐标系的方向。

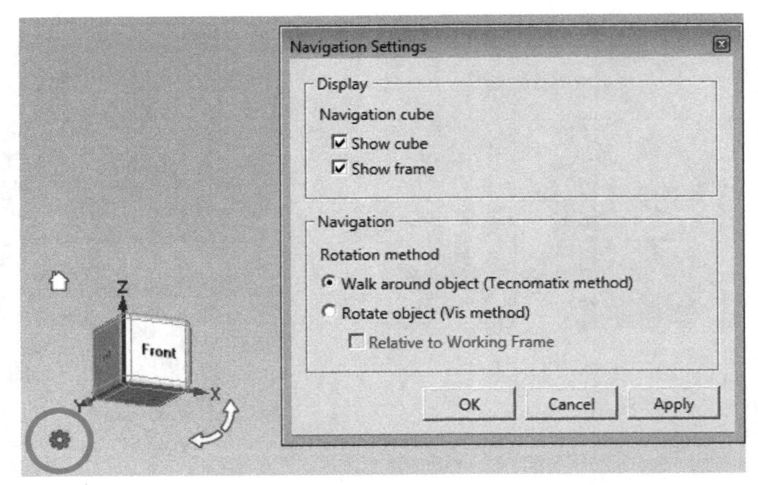

图 3-9　导航设置对话框

单击 OK 按钮保存更改。

3.2　对象选择

在 Process Simulate 中，经常会根据需要选择不同的对象（等级），如选择组件，组件的一个实体、一个平面、一条边等，使用 Pick Level 命令进行对象选择的设定，如图 3-10 所示。

图 3-10　对象选择的设定

对象选择的等级：

1）组件：选择任何部件时将选择整个组件，如图 3-11 所示。

整个组件：选择所有组件只能选择整个对象。

工程数据：选择可以独立选择每个对象，即坐标系、横截面、注释标记、尺寸等。

2）实体：只有实体（即整个组件的一部分）被选中，如图 3-12 所示。以下是可以选择的内容：

整个组件：对于非运动组件，只能选择整个对象。

运动组件：在运动组件上，每个连接都可以独立选择，如在人体上，手臂和手部分开运动的连接。

工程数据：可以独立选择每个对象，即框架、横截面、注释标记、尺寸等。

3）表面：只选择表面。

4）边界：只选择边界。

图 3-11　选择组件

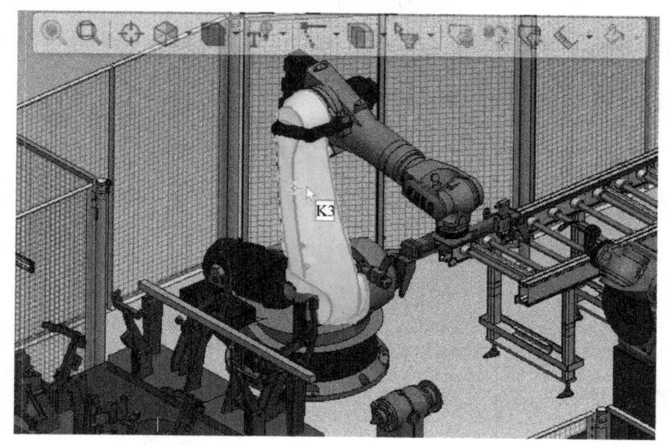

图 3-12　选取实体

3.3　对象选择过滤器

通常情况下，在 Process Simulate 的图形查看器中会存在多种类型的对象，可以使用对象选择过滤器功能来选择需要的对象类型，如图 3-13 所示，打开对象选择过滤器功能。

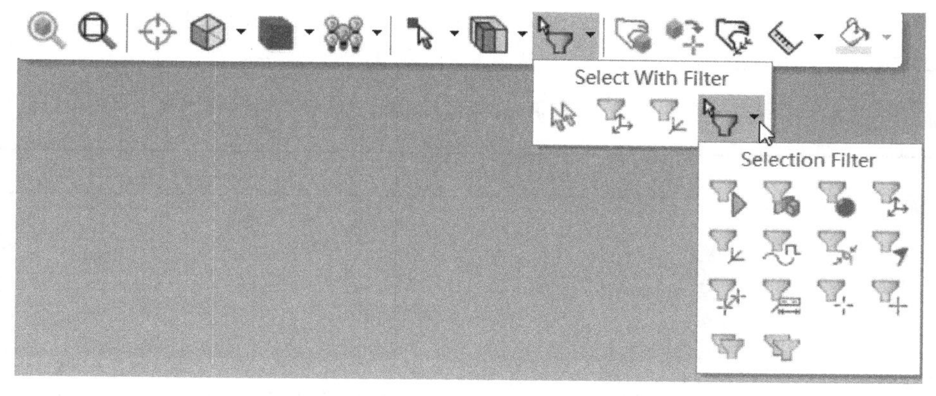

图 3-13　“对象选择过滤器”页面

对象选择过滤器的功能见表 3-1。

表 3-1 对象选择过滤器的功能

图标	过滤器类型	描述
	选择与设置过滤器开/关	启用过滤选项
	选择全部	选择图形查看器中与所选过滤器相关的所有对象
	选择类型—零件	仅选择零件
	选择类型—实体/曲面	仅选择实体或曲面
	选择类型—资源	仅选择资源
	选择类型—坐标系	仅选择坐标系
	选择类型—位置	仅选择全局位置
	选择类型—直线/曲线	仅选择直线或曲线
	选择类型—制造特征	仅选择制造特征
	选择类型—注释	仅选择注释
	选择类型—路径	仅选择路径
	选择类型—PMI	仅选择 PMI
	选择类型—全部	选择所有过滤器，这意味着在图形查看器中选择所有的实体
	选择类型—无	取消选择所有过滤器，表示未选择图形查看器中的任何实体

3.4 对象显示过滤器

在 Process Simulate 中，也可以根据需要在图形查看器中选择按需显示内容，如图 3-14

所示。

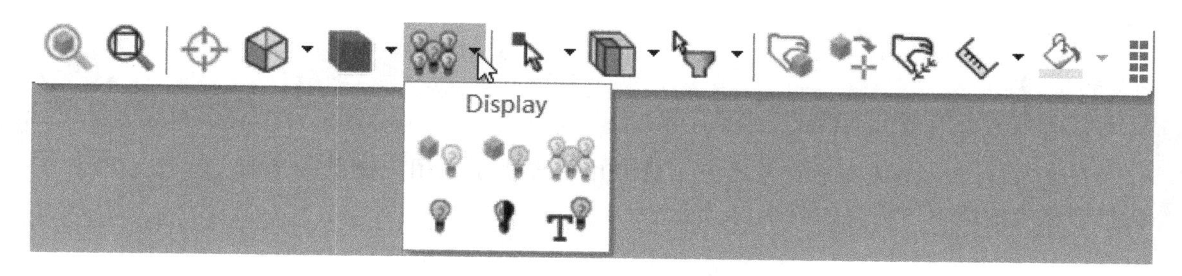

图 3-14 “对象显示过滤器”页面

相关功能说明如下：

：隐藏 Study 中的所有对象。

：显示所有选取的对象（未选取的对象如果已经显示了，则保持显示状态，不会隐藏）。

：仅显示所选取的对象（未选取的对象如果已经显示了，则会将其隐藏）。

：显示 Study 中所有的对象。

：切换显示（将所有已经显示的对象隐藏，将所有隐藏的对象显示出来）。

：按照所选对象的类型显示，选择后弹出对话框，如图 3-15 所示。

Display By Type

Select types and execute actic

- Parts
- Part Appearances
- Guns
- Robots
- Human Models
- MFGs
- Dimensions
- Points
- Paths
- Locations
- Lines/Curves
- Solids/Surfaces
- Frames
- Devices
- Notes
- Labels
- Sections
- PMI

Filter by Color:

Match: Full

图标	名称	描述
	显示所选类型	选择一个或多个类型，然后单击此图标以显示所选类型（包括之前已空白的类型）
	隐藏所选类型	选择一种或多种类型，然后单击此图标以隐藏所选类型
	仅显示选定的类型	单击此图标可显示所选类型（包括之前已空白的类型）并隐藏所有其他类型
	全部显示	单击此图标可显示所有类型（包括之前已空白的类型）
	全部藏起来	单击此图标可隐藏所有类型
	删除所选类型	单击此图标可删除所选类型(包括之前已空白的类型)

图 3-15 对象的类型及说明

3.5 测量工具

在 Process Simulate 图形查看器的工具栏中，提供了供用户测量的工具，单击小箭头按钮打开相应的选项图标，如图 3-16 所示。

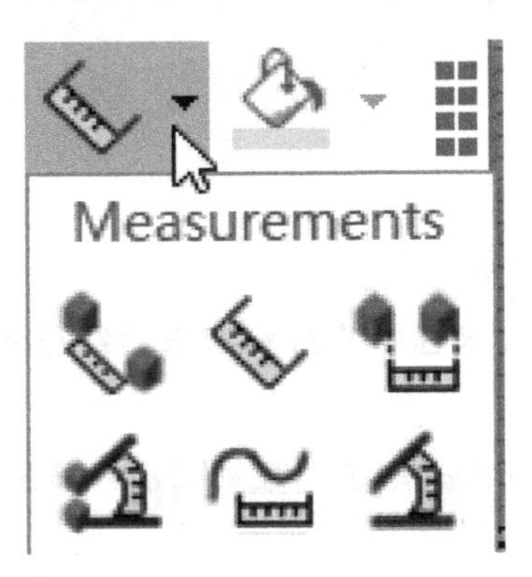

图 3-16 “测量工具”进项

具体各个图标的功能见表 3-2。

表 3-2 测量工具选项

图标	名称	描述
	最小距离	打开“最小距离”对话框，可以测量两个组件之间的最小距离
	点到点距离	打开“点到点距离”对话框，可以测量两个组件上指定点之间的距离
	线性距离	打开“线性距离”对话框，可以测量两个平行面或边之间的线性距离
	角度距离	打开“角度距离”对话框，可以测量两个相交面或边之间的角度
	曲线长度	打开“曲线长度”对话框，可以测量曲线的长度
	3 点测角度	打开“3 点测角度”对话框，通过指定中心点和其他两个点，可以测量两个矢量之间的角度

打开 Options 对话框的 Appearance 选项卡，可以更改尺寸和测量文本的颜色和大小，如图 3-17 所示。

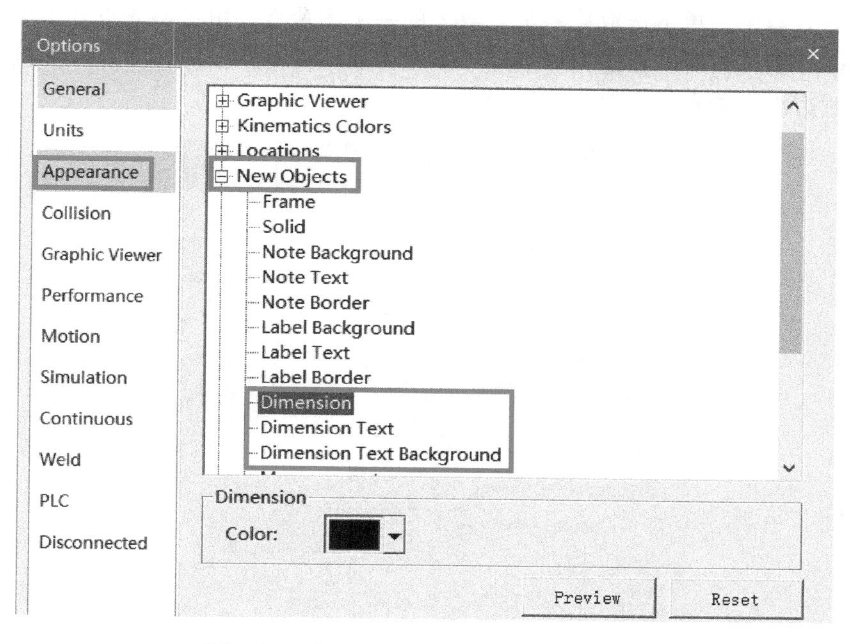

图 3-17 Options→Appearance 设置页面

以测量“点到点距离”为例，按照如下的步骤进行操作，可以测量图形查看器中任意对象上选取的两个点的距离。

1）先将 Process Simulate 软件的系统根目录设置成 MBHZ15 文件夹，然后在标准模式下打开教学资源包 MBHZ15 \ STUDY 文件夹中的 StartNoLayout. psz 文件。

2）在图形查看器的快捷工具栏上，将 Pick Intent 设置成 Snap Pick Intent，将 Pick Level 设置成 Component，如图 3-18 所示。

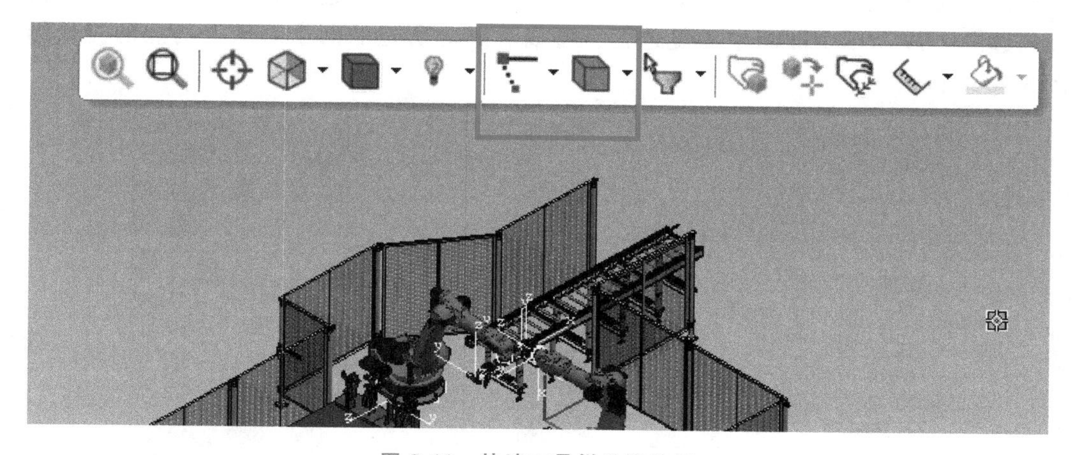

图 3-18 快速工具栏设置结果

3）在图形查看器的快捷工具栏上选择相应测量功能图标，单击右侧的下拉菜单，选择“点对点距离测量”，弹出如图 3-19 所示对话框。先单击对话框中 First object：后的空白框，方框底色呈亮绿色，这表示目前即将进行选择点对点距离测量中第一个点所在的物体，然后在图形查看器中，单击选取第一个对象上的一个测量点，由于事先设置了 Pick Intent 为 Snap Pick Intent 模式，所以在选取测量点时，会自动捕捉对象上的特征点，本例中将选择转台平面靠外侧边缘的端点作为第一个测量点。

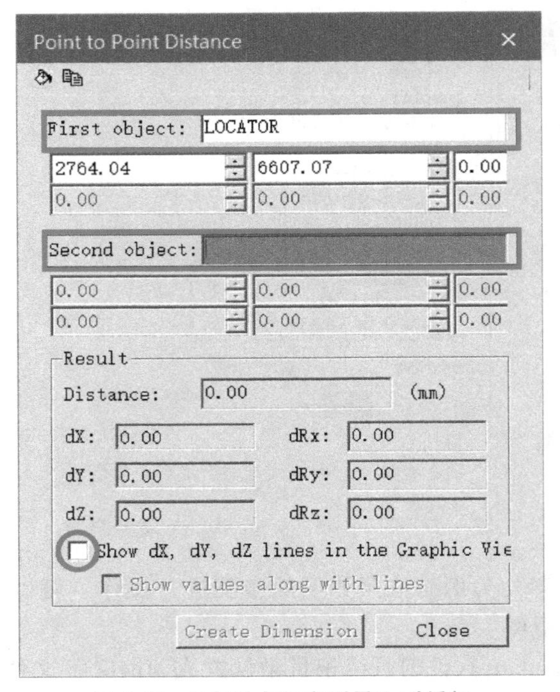

图 3-19 “点对点距离测量”对话框

随后 Second object：后的空白框呈亮绿色，这表示目前即将进行选择点对点距离测量中第二个点所在的物体，本例中选择离转台最近的围栏安装底面边缘的点作为第二个测量点。

勾选图 3-19 所示中圆圈中的复选框，可以看到对所选的两个对象上的点的测量结果，如图 3-20a 所示。

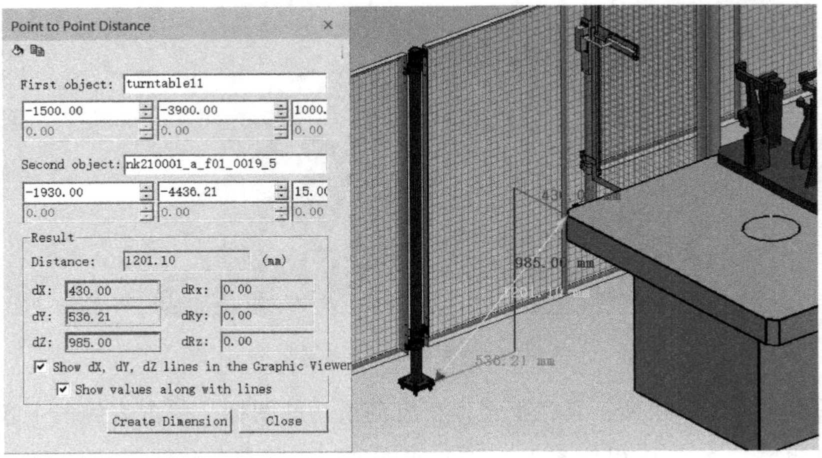

a)　　　　b)

图 3-20 点对点测量结果

连接两点的尺寸出现在如图 3-20b 所示图形查看器中。两点之间的精确距离将自动计算并显示在 Distance 区域中，在图形查看器中以黄色显示。各个矢量方向的距离显示在下方。对话框的 Result 区域显示矢量距离（dX 是第二个对象的 X 值减去第一个对象的 X 值，dY 是第二个对象的 Y 值减去第一个对象的 Y 值，dZ 是第二对象的 Z 值减去第一对象的 Z 值）。结果区域还显示每个 X、Y 和 Z 轴的旋转增量差。

勾选 Show dX，dY，dZ lines in the Graphic Viewer 复选框，在图形查看器中就看到了显示的增量距离线（dX 用红色表示，dY 用绿色表示，dZ 用黄色表示）。单击 Create Dimension，会在图形查看器中创建尺寸标注，如图 3-21 所示，可以使用鼠标来拖拽这个尺寸标注来安放其位置。

图 3-21　查看器中创建好的尺寸标注

当需要测量的两个对象上的点无法通过设置 Pick Intent 的方式来自动捕捉时，可以通过做截面和创建坐标系的方法来获取点的精确位置，这样就可以得到精确的距离/尺寸测量值，具体的方法会在本书后续的内容中介绍。

3.6 创建坐标系

在 Process Simulate 中，很多操作和应用如移动对象，重定位对象等都离不开坐标系，单击 Modeling 选项卡→layout→Create Frame，可以看到，Process Simulate 提供了四种创建坐标系的选项，如图 3-22 所示。

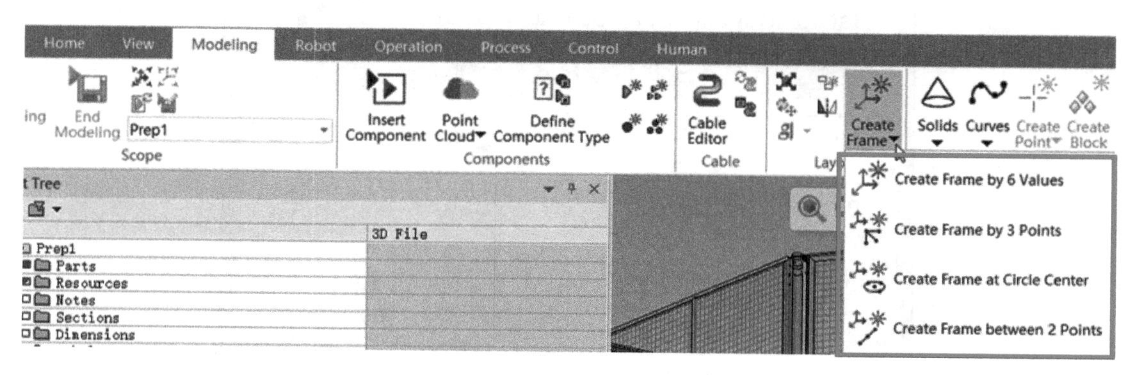

图 3-22　Process Simulate 中四种创建坐标系选项

（1）通过六个值创建一个坐标系 可以通过指定 X、Y 和 Z 轴以及旋转的 X、Y 和 Z 轴来指定所创建坐标系的确切位置。单击相应的图标命令，如图 3-23 所示，在 X、Y、Z、Rx、Ry 和 Rz 框中指定坐标系的位置和方向，坐标系的位置会在对象树中动态地反映出来，单击 OK 按钮完成坐标系的创建。

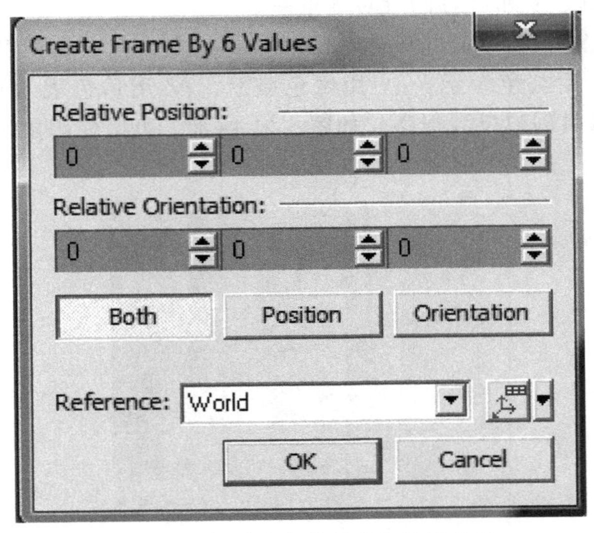

图 3-23　通过六个值创建坐标系页面

（2）通过三点创建一个坐标系 可以通过指定任意三点来创建一个坐标系。如果想要在平面上重定位一个对象的位置，那么使用此功能会非常有用，单击相应的图标命令，如图 3-24 所示，通过在图形查看器中选择三个点来定义一个平面，或者通过在对话框中为三个点指定 X、Y 和 Z 坐标来创建。第一个点确定坐标系的原点，第二个点确定 X 轴位置，第三个点确定 Z 轴位置，坐标系的位置会在图形查看器中动态地反映出来。如果有需要，可以单击按钮，以在其 Z 轴上沿相反方向翻转坐标系。单击 OK 按钮完成坐标系的创建。

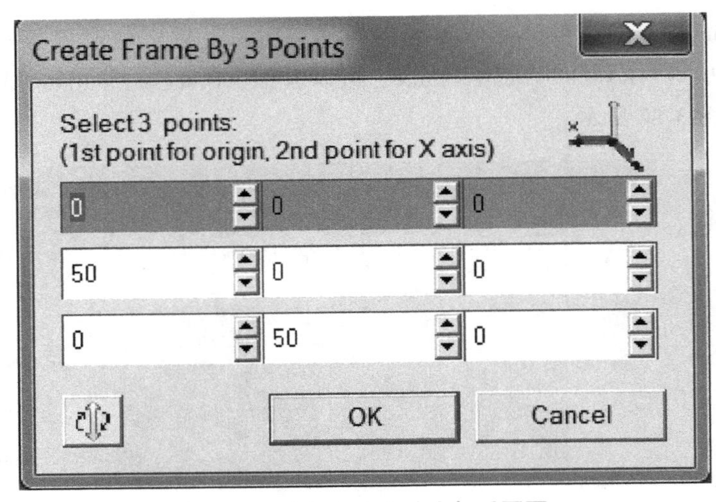

图 3-24　通过三点创建坐标系页面

（3）在圆心处创建坐标系 可以通过指定圆周上的任意三个点创建坐标系。如果要将圆形部件（例如圆锥形状）重新定位到圆柱形状的顶部，这个功能是非常有用的。单击相应的图标命令，如图3-25所示，在圆的圆周上指定三个点，其方法是在图形查看器中选择相应的点，或者在对话框中直接输入指定圆心中每个点的X、Y和Z轴的位置。圆的中心点是自动定义的。坐标系的位置在图形查看器中动态地反映出来。坐标系的方向将使得Z轴垂直于由三点定义的平面，并且坐标系的X轴将在第一点的方向上。如果有需要，可以单击按钮以在其Z轴上沿相反方向翻转坐标系。单击OK按钮完成坐标系的创建。

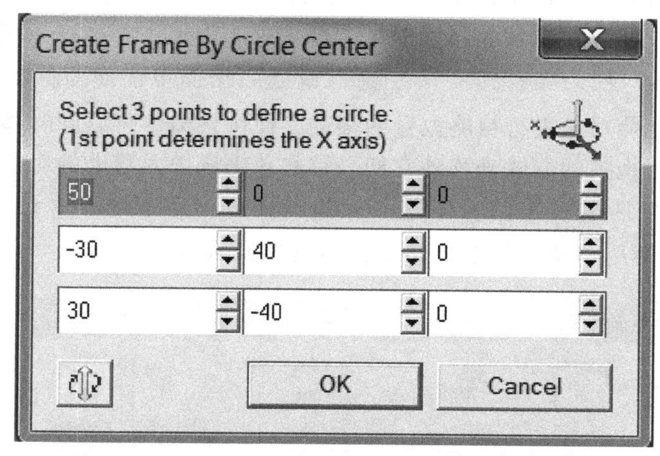

图3-25　通过圆心处创建坐标系页面

（4）在两点之间创建坐标系 通过指定两个特定点，在其连线的中点创建一个坐标系。如果想在两点之间的中间位置重新定位对象，那么这种方式非常有用。单击相应的图标命令，如图3-26所示，在图形查看器中选择两个特定的点，或者通过在对话框中直接输入这两个点的X、Y、Z坐标值，这样坐标系的位置就在图形查看器中动态地反映出来，坐标原点默认在两点中间位置；第二个点确定X轴方位。如果有需要，可以单击按钮以在其Z轴上沿相反方向翻转坐标系。单击OK按钮完成坐标系的创建。

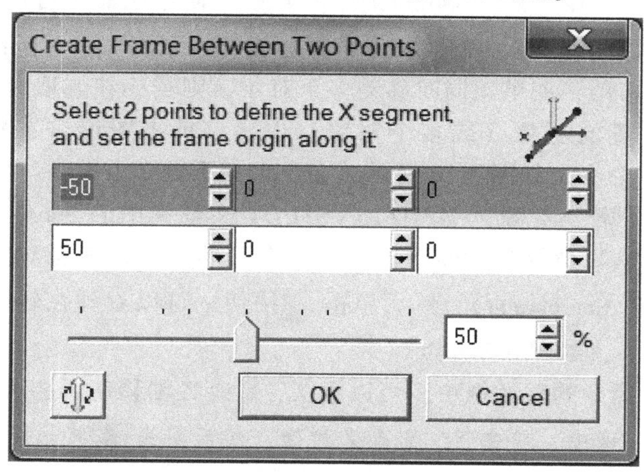

图3-26　在两点之间创建坐标系页面

3.7 改变对象的位置

在 Process Simulate 中，提供了多种用于改变对象位置的工具，这些工具可用于改变产品、资源、坐标系等的位置和方向。改变对象位置的工具主要有“快速放置”Fast Placement，“放置操纵”Placement Manipulator，“重定位”Relocate。在使用这些工具改变了对象之后，还可以使用“还原对象初始位置”Restore Object Initial Position 命令使对象复位。

（1）“快速放置”Fast Placement 命令 这是一个简单快捷的移动对象命令，它没有对话框，因此它只能使对象进行粗略位置的移动，使用该命令可以同时移动多个对象，在图形查看器中通过鼠标拖拽的方式来移动它们。首先单击选中要移动的对象，如果想同时移动多个对象，则需要在选取对象的同时按住<Ctrl>键，单击 Modeling 选项卡→layout→Fast Placement，即可使用“快速放置”命令，如图 3-27 所示。

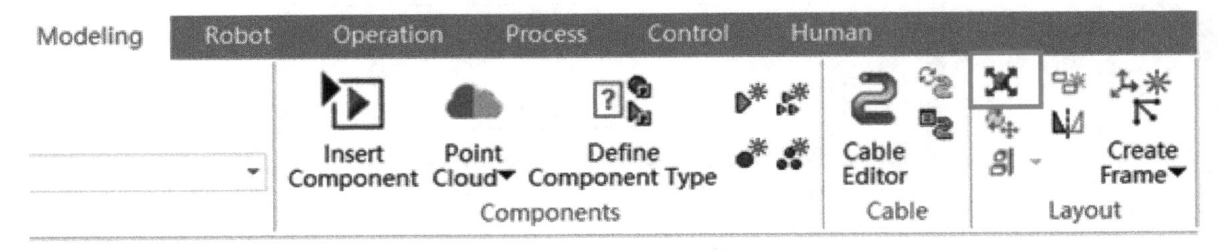

图 3-27 “快速放置”命令

使用以下这三种方式退出“快速放置”Fast Placement 命令：

1）再次单击“快速放置”Fast Placement 图标。

2）单击 View 选项卡→Orientation→Select 。

3）按一下<Esc>键。

（2）“放置操纵”Placement Manipulator 命令 使用该命令可以使所选对象沿 X、Y 或 Z 轴移动，并使对象绕着-Rx、-Ry 或-Rz 轴进行旋转。利用“放置操纵”命令，也可以对多个对象进行位置的移动，如果想同时移动多个对象，则需要在选取对象的同时按住<Ctrl>键，选择好要移动放置的对象（或多个对象）以后，单击图形查看器中的“放置操纵”Placement Manipulator 命令，如图 3-28 所示，会出现如下的对话框。

在标准模式下打开教学资源包 MBHZ15 \ STUDY 文件夹中的 StartNoLayout. psz 文件，可以练习使用“放置操纵”命令移动转台的位置：在图形查看器或者对象树中选中转台（需要将 Pick Level 设置成 Component），然后单击按钮，可以看到在转台的中心出现了一个带弧形的操纵器坐标系，如图 3-29 所示。

在“放置操纵”命令的对话框中，可以沿 X、Y 或 Z 轴移动所选对象，使用以下方法：

1）在 Translate 区域中，单击 X、Y 或 Z 按钮，然后单击将该对象向前移动一步，或单击将对象沿所选轴向后移动一步。可以单击蓝色的 Step Size 命令，设置每次移动的步

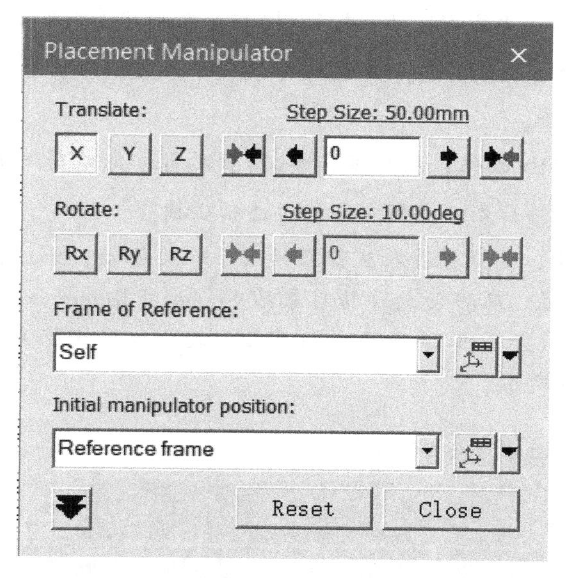

图 3-28 “放置操纵”命令对话框

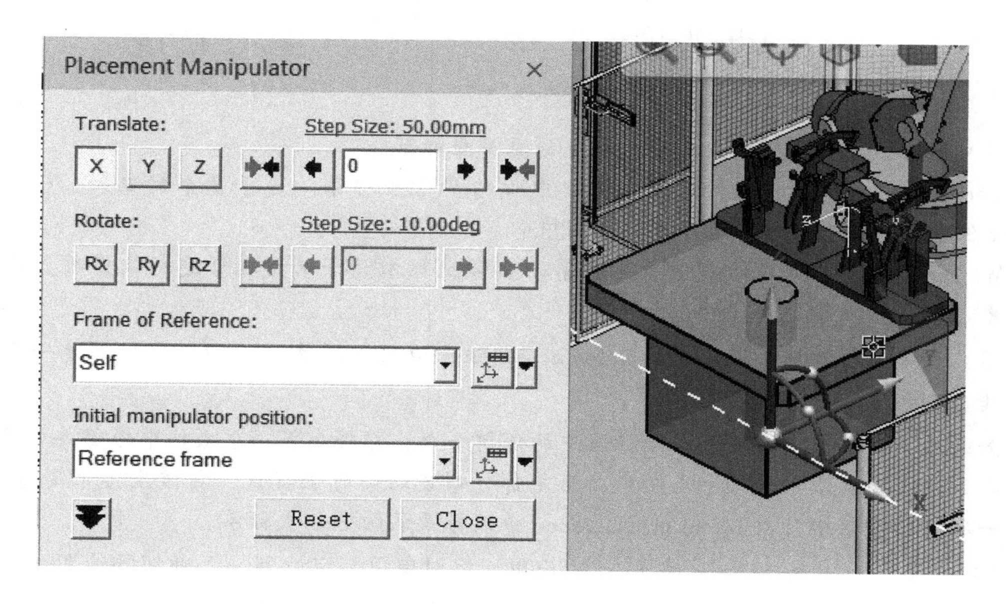

图 3-29 转台中心出现操纵器坐标系

长值。

2）单击 X、Y 或 Z 按钮，然后单击 以向前移动对象直至碰撞，或者单击 以向后移动对象，直至沿选定轴碰撞。

3）在图形查看器中，直接选择带弧形的操纵器坐标系的 X 轴、Y 轴或 Z 轴，并按住鼠标按钮，将对象拖动到所选轴上的所需位置。

在“放置操纵”命令的对话框中，可以沿 Rx、Ry 或 Rz 轴旋转所选对象，使用以下方法：

1）在 Rotate 区域中，单击 Rx，Ry 或 Rz 按钮，然后单击 以顺时针方向旋转对象一步，或者单击 以沿所选轴逆时针方向旋转对象一步。可以单击蓝色的 Step Size 命令，设置每次转动的步长角度值。

2）单击 Rx、Ry 或 Rz 按钮，然后单击 以顺时针方向旋转对象，直到它碰撞，或者单击 以逆时针方向旋转对象，直到它沿着所选轴碰撞。

3）在图形查看器中，选择机器人坐标系的 X、Y 或 Z 轴，并按住鼠标按钮，将对象转动到所选轴上的所需位置。从移动或旋转对象的 Frame of Reference 下拉列表中选择一个坐标系，该坐标系的位置就是图 3-29 所示中的带弧形的操纵器坐标系。Frame of Reference 下拉列表的选项如图 3-30 所示。

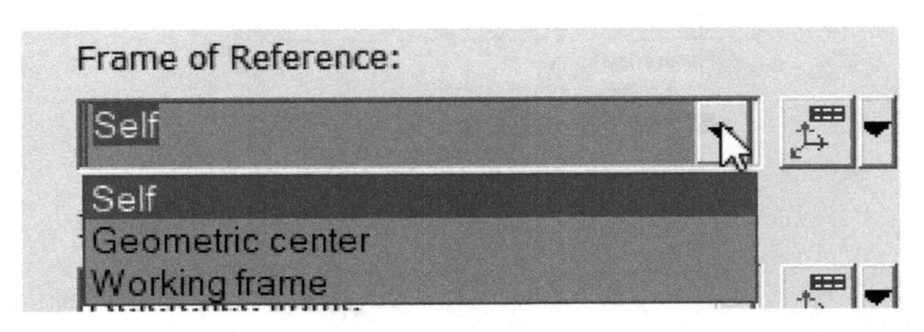

图 3-30　Frame of Reference 下拉列表

其中 Self 是默认设置，表示所选对象的自身坐标系。

Geometric Center：位于所选对象几何中心的参考坐标系。选择多个对象时，Geometric Center 位于包括所有对象的边界框的几何中心。

Working Frame：工程数据中所有对象的参考坐标系。可以通过创建新数据时创建工作坐标系。

用户也可以通过单击 Frame of Reference 按钮旁边的下拉箭头 ，自行创建一个坐标系来作为参考坐标系。

如果从下拉列表中选择三个坐标系中的任何一个，它将在下一个操作中保留。如果选择的坐标系不在列表给出的三个选项中，而是自行创建的临时坐标系，则该坐标系不会保留，在下一次打开对话框时，Frame of Reference 会选择默认的 Self 坐标系。

（3）“重定位” Relocate 命令　用户可以将对象重新定位到一个确切的位置。在该位置可以放置一个对象，以便它保持其原始方向，或放置一个对象使它保持目标坐标系方向。如果选择一个实体，则在该实体的组件上执行“重定位”命令。如果某个组件处于建模（Set Modeling）模式中，则将在该实体上执行“重定位”命令。只有先选取了一个或者多个对象后，才能使用“重定位”命令。如图 3-31 所示对话框。

在标准模式下打开教学资源包 MBHZ15 \ STUDY 文件夹中的 StartNoLayout. psz 文件，可以练习使用“重定位”命令移动转台的位置：在图形查看器或者对象树中选中转台（需要将 Pick Level 设置成 Component 模式），然后单击 按钮，弹出“重定位”命令的对话框。

1）在 From 坐标系下拉列表中，从其中选择一个坐标系，也可以自建一个坐标系，作为移动转台的起始位置。需要注意的是：如果被重定位的对象处于建模模式下，那么从

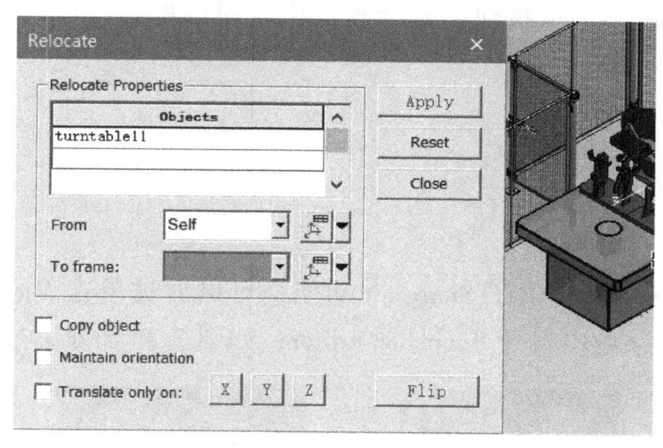

图 3-31 “重定位”命令对话框

From 坐标系下拉列表中，将包括除了自身、几何中心和工作坐标系之外正在重新定位的第一个对象的所有坐标系；如果未处于建模模式下，则列表仅显示其保留的坐标系，选定的参考坐标系会显示在图形查看器中的对象上。

2）Self 坐标系是默认参考坐标系，当“重定位”对话框打开时，如果从下拉列表中选择三个坐标系中的任何一个，它将在下一个操作中保留。如果选择的坐标系不在列表给出的三个选项中而是自行创建的，则该坐标系不会被保留，在下一次打开对话框时，Frame 会选择默认的 Self 坐标系。

3）在 To frame 处选择需要重定位的最终位置的坐标系。From 和 To frame 的坐标系在图形查看器中以连接线显示，如图 3-32 所示。

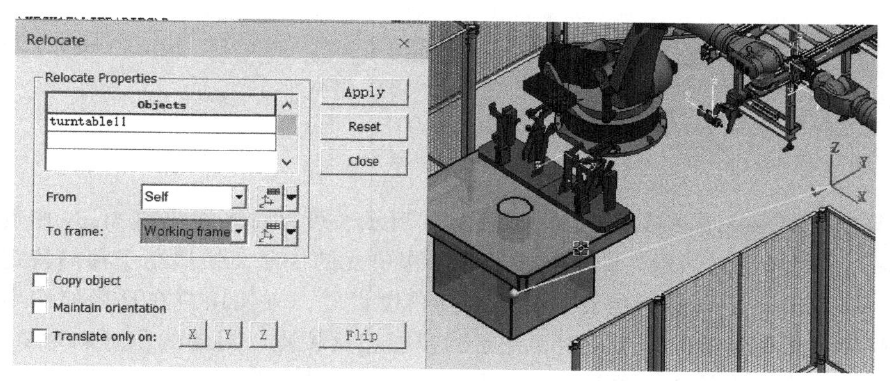

图 3-32 显示 From 和 To frame 坐标系

4）如果勾选了 Copy object 选项，会复制一个所选的对象以重新定位对象的副本，并将选定的对象保留在其原始位置。

5）如果勾选了 Maintain orientation 选项，会将所选对象从参考坐标系到目标坐标系做直线距离移动，而不更改其方向。如果不选择此复选框，则被重定位对象将和目标坐标系的方向保持一致。勾选 Translate only on 选项可以限制移动到选定的一个或多个轴。可以选择 X、Y 和 Z 轴来限制对象沿一个方向或多个方向移动。

6）单击 Apply 按钮，所选对象按指定方式移动，参考坐标系和目标坐标系匹配；或者单击 Reset 按钮将重新定位的对象返回到其原始位置。单击 Flip 按钮以翻转重新定位的对象并反转其 Z 轴方向；单击 Close 按钮关闭“重定位”对话框。

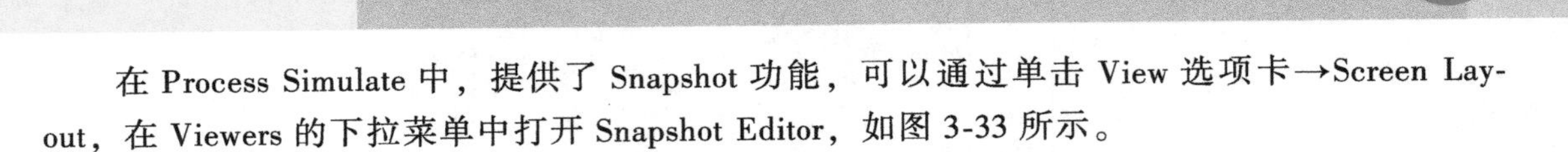

3.8 使用 Snapshot 快照功能

在 Process Simulate 中，提供了 Snapshot 功能，可以通过单击 View 选项卡→Screen Layout，在 Viewers 的下拉菜单中打开 Snapshot Editor，如图 3-33 所示。

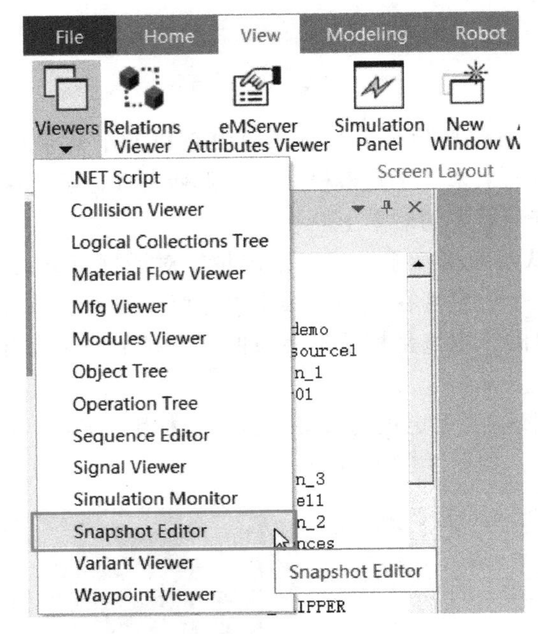

图 3-33　打开 Snapshot Editor

在快照编辑器 Snapshot Editor 中，如图 3-34 所示，可以看到在当前 Study 中创建的所有快照 snapshot，可以创建显示在图形查看器中工作单元的快照。快照用于存储特定视图和在使用 Process Simulate 软件进行仿真的时候观察角度设置，方便用户在日后使用中参考和快速调用。快照会保留场景的当前视图，记录的视图包括视点、对象的位置和对象的可见性。快照可以在构造当前零件装配顺序或规划未来组装顺序时非常有用。

图 3-34　“快照编辑器”页面

按以下步骤创建快照：

首先，在图形查看器中对工作单元进行所需的旋转、平移、缩放已经显示/隐藏实体的操作。然后在快照编辑器中，单击“新建快照”按钮，当前图形图像的新快照就被创建

了，在快照编辑器的上部显示，它使用的默认名称 snapshot_#，随后，系统会提示给它起一个新名称。用户可以输入新的快照名称，按<Enter>键确认。

当用户创建了快照之后，可以使用快照编辑器上的工具栏命令来对快照进行编辑：

1）New Snapshot：创建当前在图形查看器中可见对象的快照。

2）Remove Snapshot：在快照编辑器中，删除所选的快照。

3）Edit Snapshot：用户可以为选定的对象输入名称、类型和相关的描述。快照必须具有唯一的名称，当为快照输入了描述后，它会显示在快照编辑器的下方。

4）Update Snapshot：将快照更新（替换）为当前图形查看器中显示的图像。

5）Apply Snapshot：将图形查看器中的图像替换为选定的快照。默认情况下，仅应用视角，但可以选择应用对象的位置、可见性、装置的姿态、对象的颜色等。单击下拉列表箭头并从中选择一个或多个选项，如图 3-35 所示。

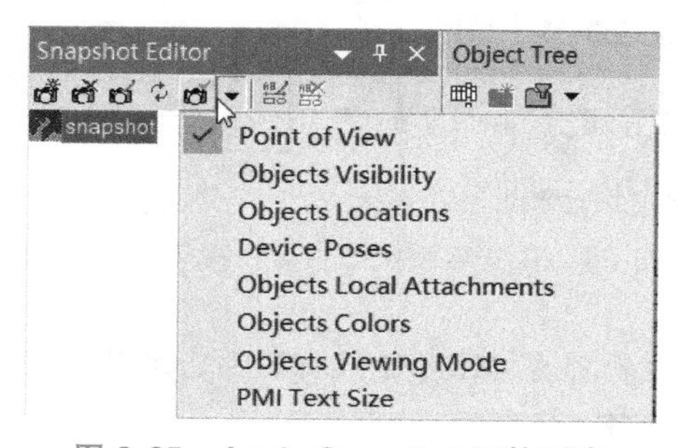

图 3-35　Apply Snapshot 下拉列表

6）在快照编辑器的空白处右击，会出现对快照进行排列的选项，其中包括排序以及大小图标预览的命令，如图 3-36 所示。

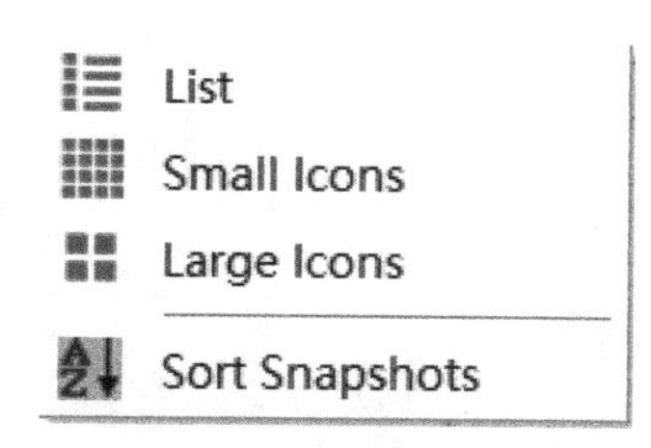

图 3-36　对快照排列选项

在标准模式下打开教学资源包 MBHZ15 \ STUDY 文件夹中的 StartNoLayout. psz 文件，可以练习使用快照编辑器 Snap Editor。

3.9　使用 Markup 标记编辑器功能

标记编辑器 Markup Editor 允许对当前显示在图形查看器中的图像进行快照（截屏图像）。图像本身无法修改，但是用户可以把标签和注释添加到快照图像中，也可以打印或发送这些图像快照。

单击 Operation 选项卡→Documentation→Markup Editor，如图 3-37 所示。这样可以把带有标记的图像保存在需要的指定路径文件夹中。也可以在快照编辑器中，使用标记编辑器功能，如图 3-38 所示。

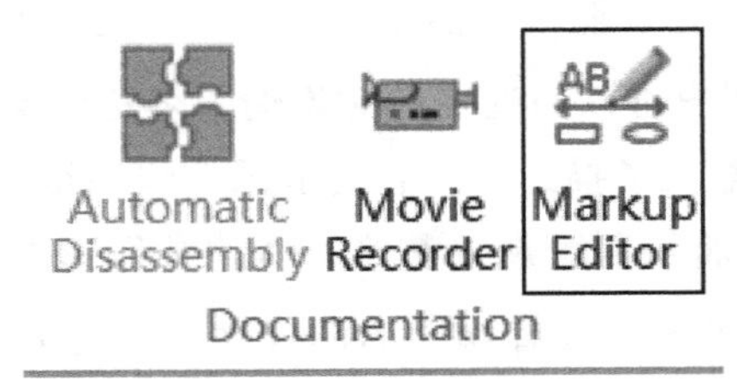

图 3-37　启用 Markup Editor 功能

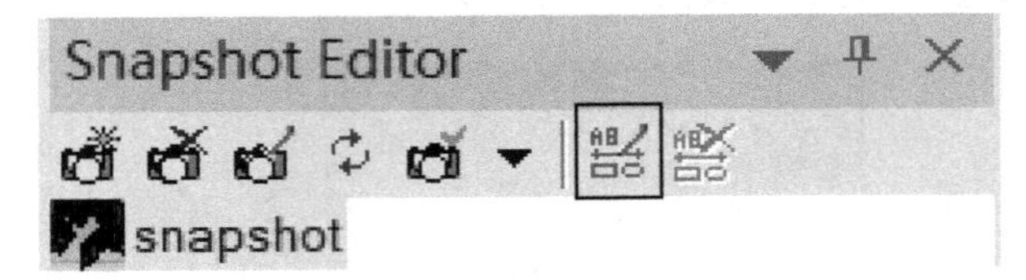

图 3-38　在快照编辑器中启用标记编辑器功能

在标准模式下打开教学资源包 MBHZ15 \ STUDY 文件夹中的 StartNoLayout. psz 文件，练习使用标记编辑器 Markup Editor。

1）在图形查看器中，确保所有的对象都成功加载并显示，使用 Display by type 功能，将所有的位置、框架都隐藏显示，在 View Point 中，选择 Q4 视点，如图 3-39 所示。

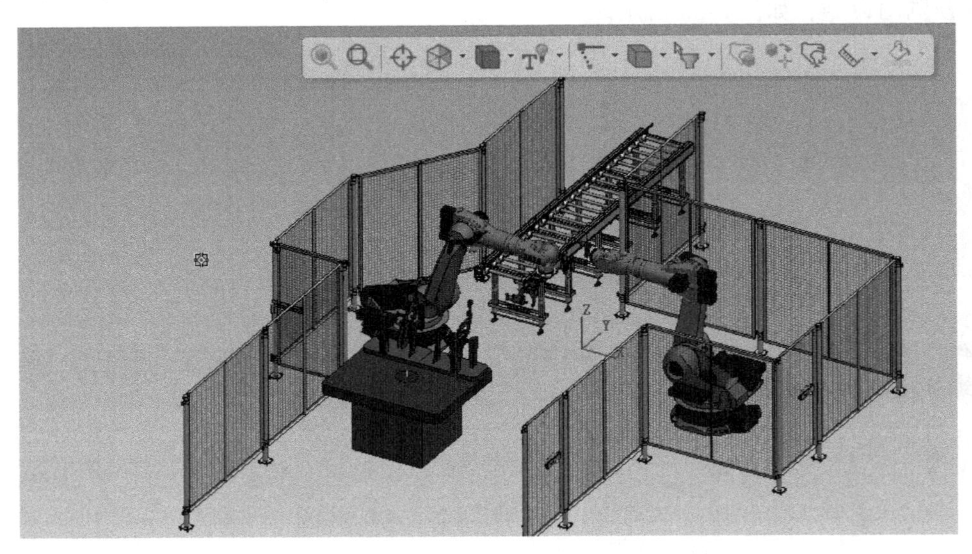

图 3-39　使用 Display by type 功能的显示结果

2）单击 Operation 选项卡→Documentation→Markup Editor，弹出“标记编辑器”对话框，如图 3-40 所示。

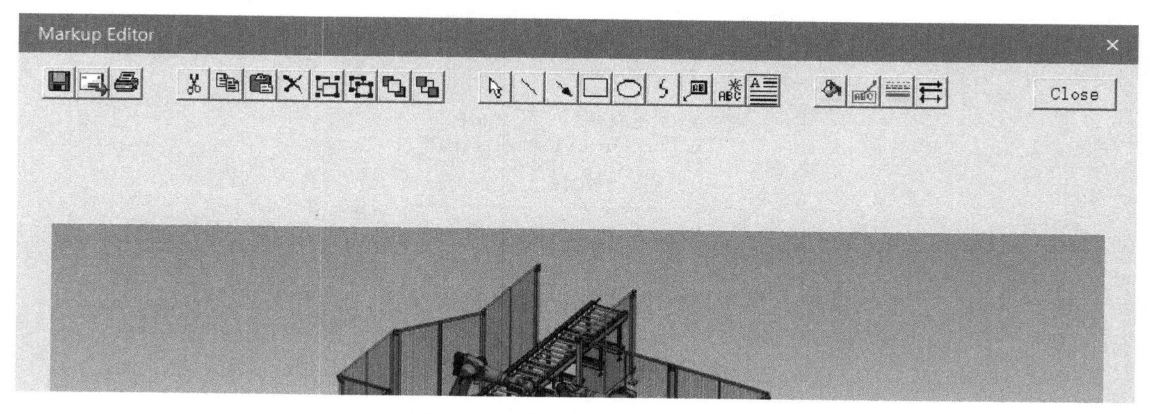

图 3-40 “标记编辑器”对话框

3）单击 Markup Editor 工具栏上的 Add Note，在图像中任意地方单击添加注释，如图 3-41 所示，在弹出的对话框中，可以更改字体，也可以添加文本。

图 3-41 Add Note 字体设置对话框

4）单击 Markup Editor 工具栏上的 New Scribble Polygon，可以在图像任意地方添加线条圈注。

5）单击 Markup Editor 工具栏上的 Save as File，可以在用户指定的路径下保存添加了标记的图像。

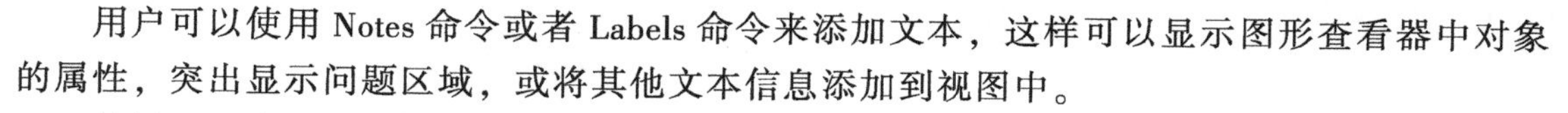

3.10 在图形查看器中添加文本

用户可以使用 Notes 命令或者 Labels 命令来添加文本，这样可以显示图形查看器中对象的属性，突出显示问题区域，或将其他文本信息添加到视图中。

使用以下方法将文本添加到图形查看器中：

（1）注释 Notes　添加的注释有一条可以打开和关闭的引线。在 Study 中，注释框是相同尺寸的（不考虑缩放比例），也可以是固定尺寸的。

（2）标签 Labels　没有引线，与对象关联，会随着缩放更改标签框的大小。

（3）尺寸 Create Dimension　与测量得到的尺寸值一致。在使用尺寸测量功能时，可以选择在图形查看器中创建一个内容为尺寸测量值的文本框。

单击 Modeling 选项卡→Note，选择相应的添加文本的功能，如图 3-42 所示。

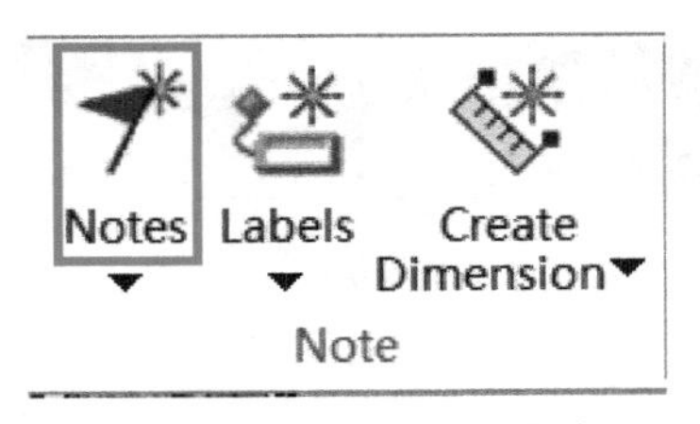

图 3-42　注释 Notes 命令

选择 Notes 下拉菜单，可以对添加注释进行相关的操作，如图 3-43 所示。

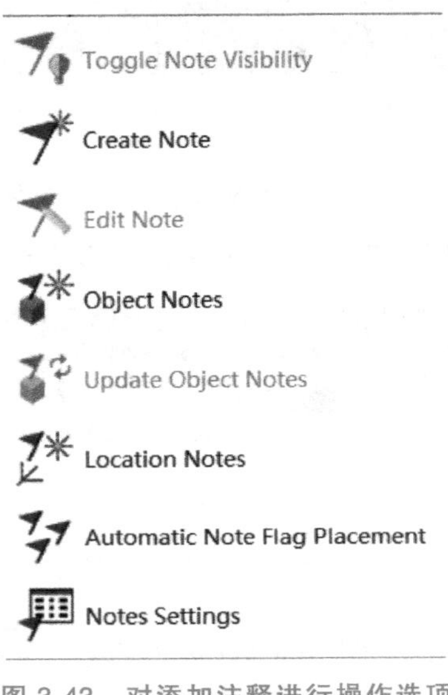

图 3-43　对添加注释进行操作选项

1）单击 Create Note ，弹出如图 3-44 所示的对话框，在 Object 栏中，选择需要添加注释的对象；在 Name 栏中，可以对注释进行命名；在 Text 栏中，添加注释的具体内容，这些内容将显示在图形查看器中。勾选 Leader Line 复选框，选择在注释框和对象之间

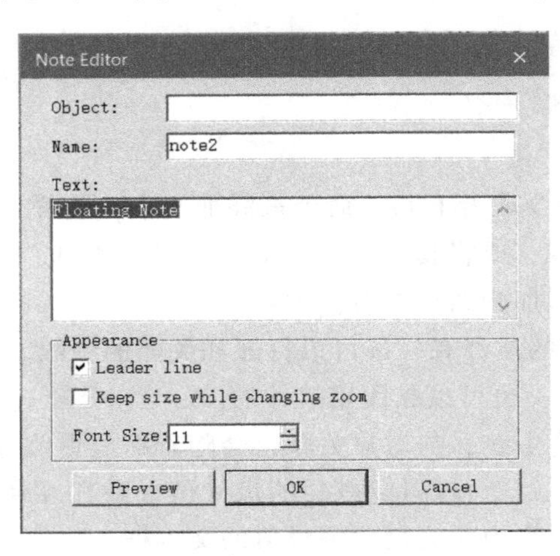

图 3-44　Create Note 对话框

需要有指引线。勾选 Keep size while changing zoom 复选框，选择注释框的大小是会随着图形的缩放而变化，这里仅可以更改文本内容的字体大小。单击 Preview 按钮，可以预览准备创建的注释，单击 OK 按钮，创建注释，每次只能创建一个对象的注释。

2）单击 Object Notes Object Notes，鼠标在图形查看器中变成选取状态，在选取了一个对象之后，会生成以该对象名称为内容的注释框。一次可以生成多个对象的注释框。

3）单击 Location Notes Location Notes，可以创建包含对象名称、位置和选定对象相对于工作坐标系方向等信息的注释。在默认情况下，注释框的大小是固定的，不随图形的缩放而变化。一次可以创建多个 Location Note。当更改对象的名称、位置和相对于工作坐标系位置等信息时，注释框里内容也会相应地更新。

4）单击 Toggle Note Visibility Toggle Note Visibility，在注释内容和旗标之间切换（显示）。

5）单击 Automatic Note Flag Placement Automatic Note Flag Placement，自动排列放置注释框，以免注释框的文本内容被互相覆盖。

6）单击 Notes Setting Notes Settings，可以设置 Automatic Note Placement 选项，以及注释文本文字的方向（保持文字从右到左排列）。

7）右击注释框，可以使用 Modify Color 选项来修改注释框的背景颜色。

选择 Labels 下拉菜单，如图 3-45 所示。

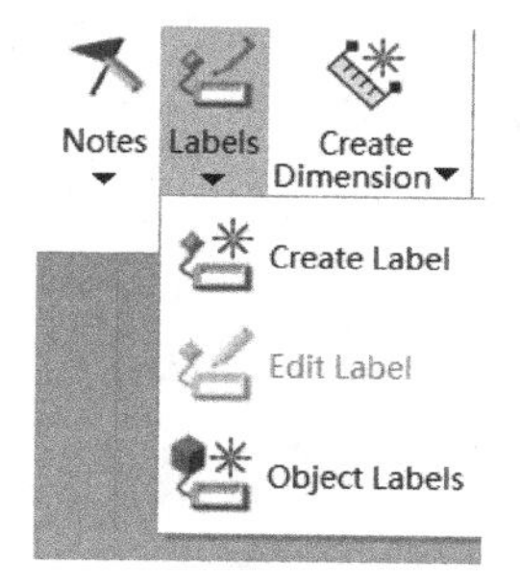

图 3-45 Labels 下拉菜单

1）单击 Create Label Create Label，创建对象的标签，默认情况下，这些标签显示的是对象的名称，但是也会弹出对话框提示用户更改它。如图 3-46 所示，这里可以更改标签显示文本的内容、标签名称，对于标签文本内容的字体也有更多的设置选项，如字体的大小、加粗、斜体、下划线、字体颜色、透明度、标签框背景色等。标签框的大小随着图形区的缩放而变化，不会保持其固定大小，一次只能创建一个对象的标签。

2）单击 Object Labels Object Labels，可以创建对象的标签，标签的内容是对象的名称。标签框的大小随着图形区的缩放而变化，不会保持其固定大小，一次可以生成多个对象的标签。

3）选取一个已有的标签，单击 Edit Label Edit Label，可以更改标签的内容，包括文本的字体显示设置等。

4）右击标签框，可以使用 Modify Color 选项来修改标签框的背景颜色。

选择 Create Dimension 下拉菜单，如图 3-47 所示。

Create Label
Labeled R2
Label Name: R2
Label Text:
R2
Appearance
Font Style: B I U
Font Size: 14
Font Color:
Background:
Border Color:
Transparency (0-100): 0
Preview OK Cancel

图 3-46 Create Label 对话框

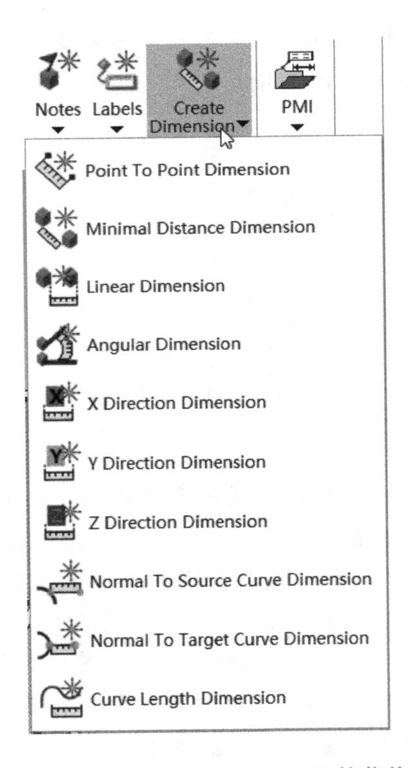

图 3-47 Create Dimension 下拉菜单

和测量工具不同的是，选择“创建尺寸”，不会弹出和测量有关的对话框，直接根据要创建尺寸的类型（如点到点，最小距离，X/Y/Z 向尺寸，角度，弧线长度等），在图形查看器中选取点来生成测量的数值框，显示在图形查看器中。

用户使用 Notes、Labels 和 Create Dimension 命令来创建添加的文本框，都可以在对象树中找到，如图 3-48 所示，可以单击相关图库前的显示状态框来显示/隐藏它们，也可以通过在对象树中选中它们，在图形查看器中快速找到它们（选中对象使用 Zoom to Selection (Alt+S) 命令）。

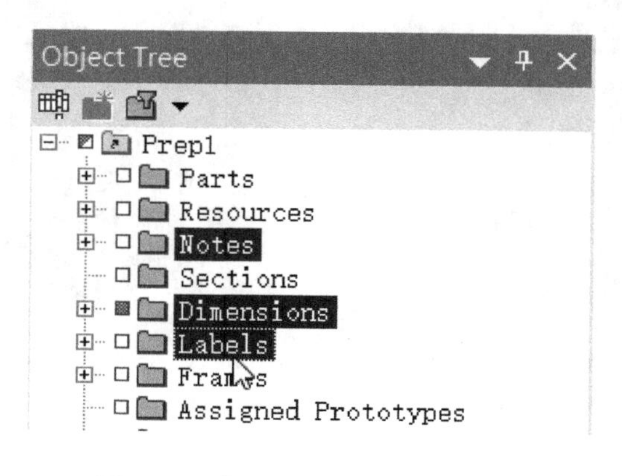

图 3-48　在对象树中添加文本命令

3.11　输出高质量的图像

在 Process Simulate 中，选择 File→Import/Export→Export Images，可以将当前图形查看器中的图像以图片的形式保存在用户指定的路径下。Process Simulate 中还提供了提高图片质量的功能：选择 View 选项卡→Ture Shading，打开 Ture Shading 选项，如图 3-49 所示。

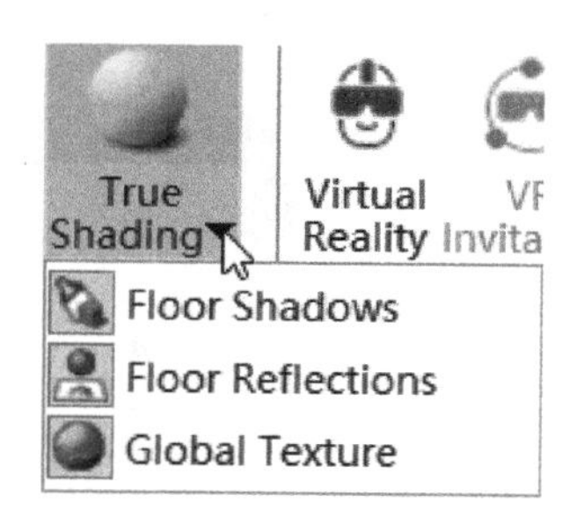

图 3-49　True Shading 选项

单击 Ture Shading 旁边的下拉菜单，用户可以选择应用三种选项中的一种或者多种。在标准模式下打开教学资源包 MBHZ15 \ STUDY 文件夹中的 StartNoLayout. psz 文件 ，确保在图形查看器中所加载的对象都显示了，可以比较启用了 Ture Shading 和未启用时图像的差异，如图 3-50 所示。

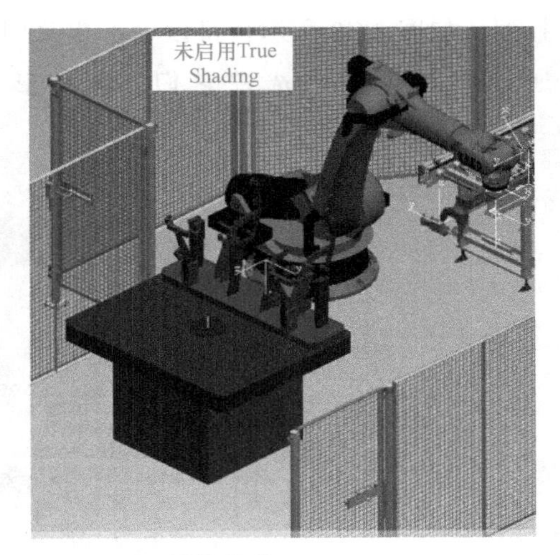

图 3-50　启用与未启用 Ture Shading 图像差异

3.12　用剖切面切割和创建截面

在 Process Simulate 中，可以使用沿着工作坐标系 YX、YZ 和 ZX 方向的平面来切割对象，切割后形成的截面在 View 选项卡→Section→Section→New Section Viewer 中查看，如图 3-51 所示，切割截面的相关功能都可以在 View 选项卡→Section 中查找到。

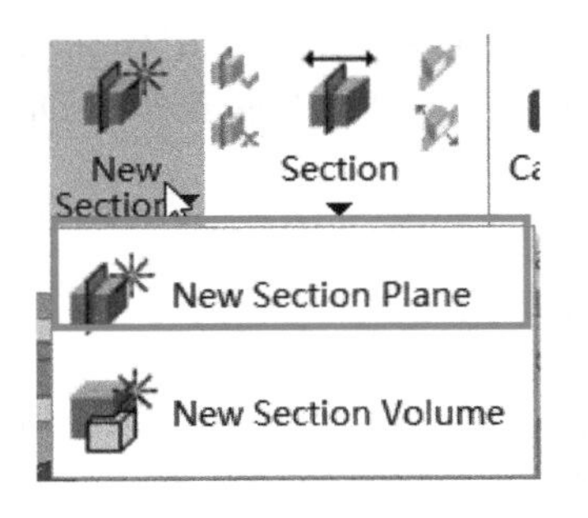

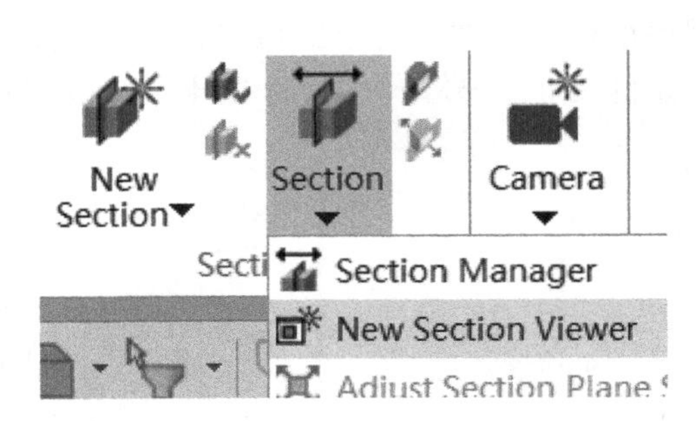

图 3-51　启用 New Section Viewer

切割截面的相关功能介绍见表 3-3。

表 3-3　切割截面图标功能

图标	功能名称	功能描述
	New Section Plane	创建并定位截面
	Section Manager	使用户创建新的截面

（续）

图标	功能名称	功能描述
	Section Alignment	使截面沿着指定的方向对齐
	Flip Section Plane Direction	选择正在创建截面的零件哪一半
	Adjust Section plane size	调整在图形查看器中截面的大小(不影响切割产品截面的结果)
	Activate Section	激活在图形查看器中的一个截面
	Deactivate Section	关闭图形查看器中一个截面的激活状态
	Clip Section	将(被截面切割掉的)所有剩下的内容都显示在截面反面的平面上,并剪切掉(被截面切割掉的)正面所有内容
	Cut Section	显示对象在切割的平面上的轮廓那部分
	Capping	在切割的边缘增加高亮的填充色,只有在显示截面轮廓线 Show Section Contours 启用后,才能使用
	Hatching	在切割的边缘增加阴影线,只有在显示截面轮廓线 Show Section Contours 启用后,才能使用
	New Section viewer	在新的截面查看器中,查看切割的平面和被切割的零件,可以最多打开 5 个新的 Section viewer 以便用户从不同角度来进行查看
	Orient View to Section Plane	将视图更改为朝向平面的 Z 轴正向,而“眼睛”与视图之间的距离中心保持不变
	Show Section Contours	剪切模式下显示零件在截面的轮廓线
	Save Section Contour as Component	将截面保存为一个新的 *. JT 或者 *. COJT 文件

实例：用剖切面创建截面

1）在标准模式下打开教学资源包 MBHZ15 \ STUDY 文件夹中的 StartNoLayout. psz 文件，确保在图形查看器中加载了将被创建截面的对象并且正确显示。使用 Display only 命令在图形查看器中显示它，例如选择只显示转台 Turntable11。

2）在图形查看器中，选择一个点，作为剖切面的原点，如果没有选择任何点，那么剖切面将以工作坐标系的原点作为原点。

3）单击 View 选项卡→Section→New Section→New Section Plane，Section Manager 对话框被打开，同时在对象树的 Sections 文件夹和图形查看器中出现了一个新的截面。需要注意的是，在 Section Manager 中，会出现一个“当前截面对齐方向”Current Section Alignment 图标，如 Align to X，这将在选定点处的 YZ 平面上剪切一个截面，如图 3-52 所示。

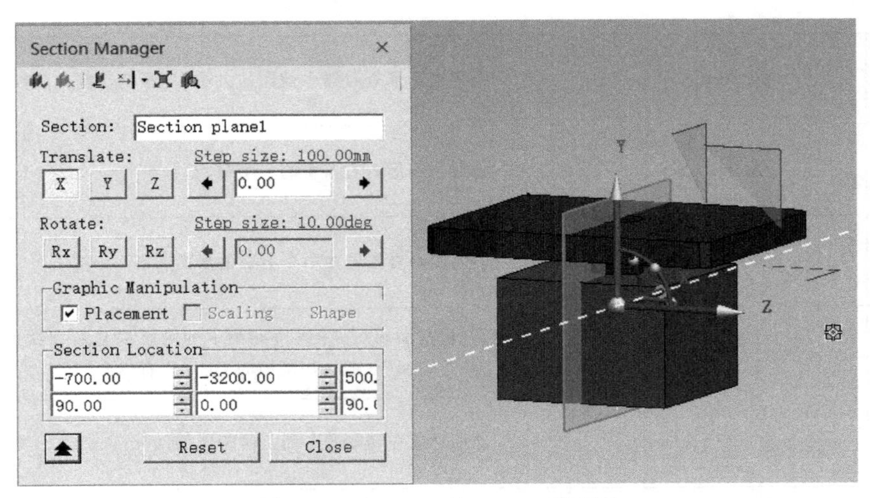

图 3-52　Section Manager 对话框

4）如图 3-53 所示，单击当前对齐方向 Align to X 右侧的下拉按钮，来选择更多对齐方向。

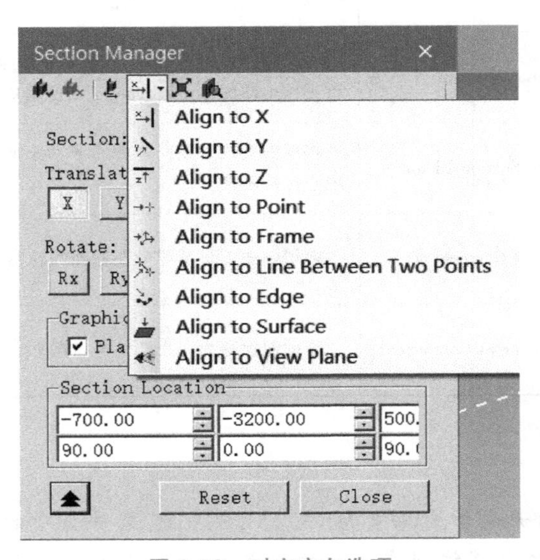

图 3-53　对齐方向选项

5）单击 Activate Section，激活剖切面，可以在图形查看器中看到转台已经被一个平面切割，如图 3-54 所示。

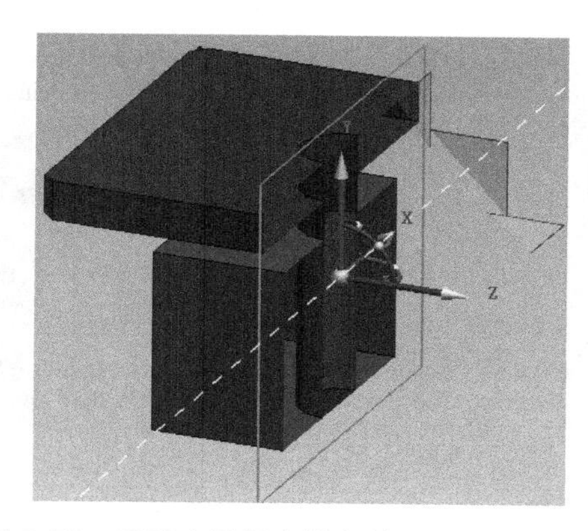

图 3-54 图形查看器中转台被平面切割的结果

6）单击 View 选项卡→Section→Section→Cut Section，可以看到被截面切割的转台在图形查看器中变成了沿着切口的 2D 线段，如图 3-55 所示。

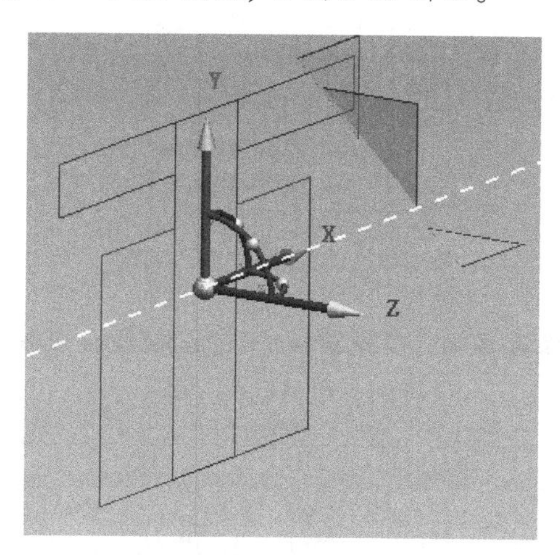

图 3-55 图形查看器中转台被切割后变成沿着切口的 2D 线段

7）用户可以在图形查看器中，拖动操纵器坐标系来改变切割平面的位置和方向，也可以在 Section Manager 对话框中，单击 Translate X/Y/Z 轴或者 Rotate RX/RY/RZ 轴，使得剖切平面沿着某个轴移动或者绕着某个平面转动，这与移动对象位置的 Placement Manipulator 命令有些类似。

8）单击 View 选项卡→Section→Section→Show Section Contours，然后再单击 View 选项卡→Section→Section→Capping and Hatching，注意观察图形查看器中截面显示的变化，如图 3-56 所示。

9）可以对一个对象添加多个截面，在对象树中的 Sections 文件夹中展开找到所有的截面，当存在多个截面时，使用 Activate Section/Deactivate Section 来指定激活哪一个截面，如图 3-57 所示。

10）如果需要保存截面，单击 View 选项卡→Section→Section→Save Section Contour

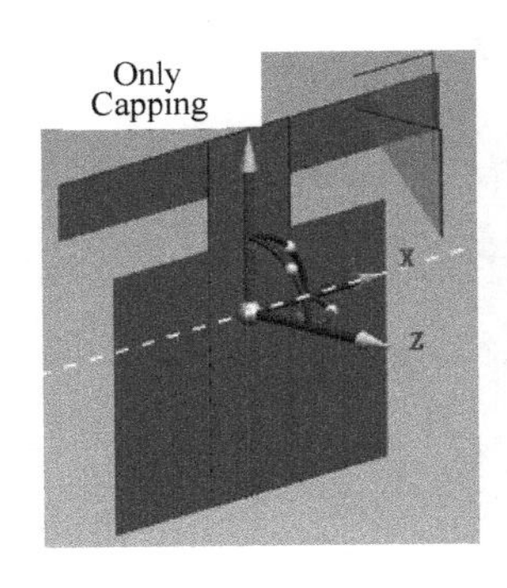

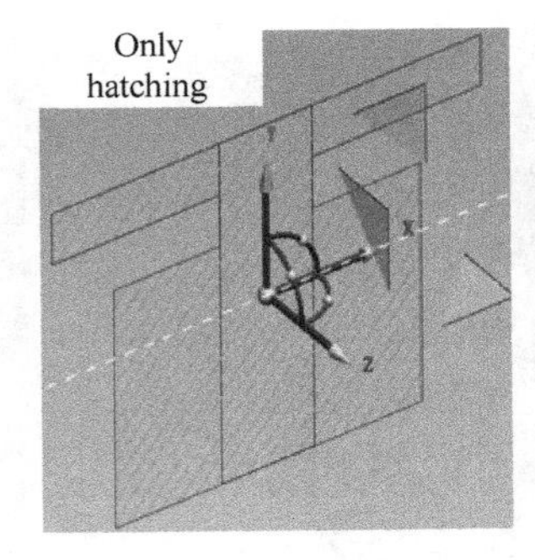

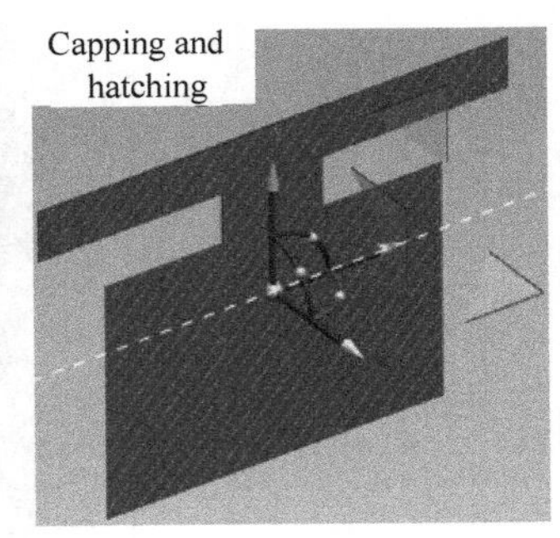

图 3-56 图形查看器中截面变化

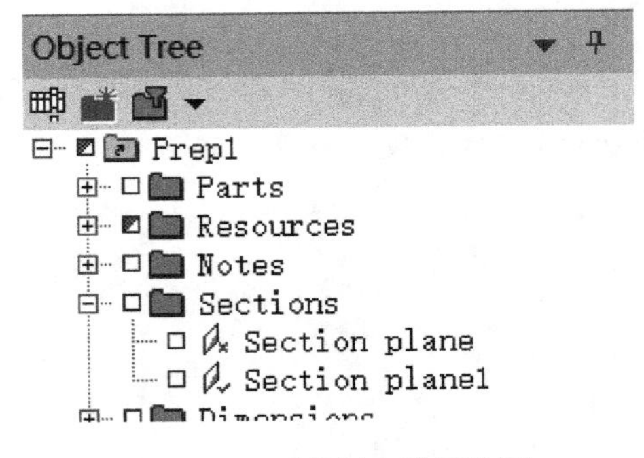

图 3-57 对象树中截面选项

as Component，将截面保存成 *.JT 或者 *.COJT 格式的文件，并存放在用户指定的路径中。

3.13 用截面体切割和创建截面

在 Process Simulate 中，除了可以使用剖切面来切割零件之外，也可以使用截面体来切割零件，使用截面体切割零件的大部分功能和使用平面切割零件是相同，如图 3-58 所示，

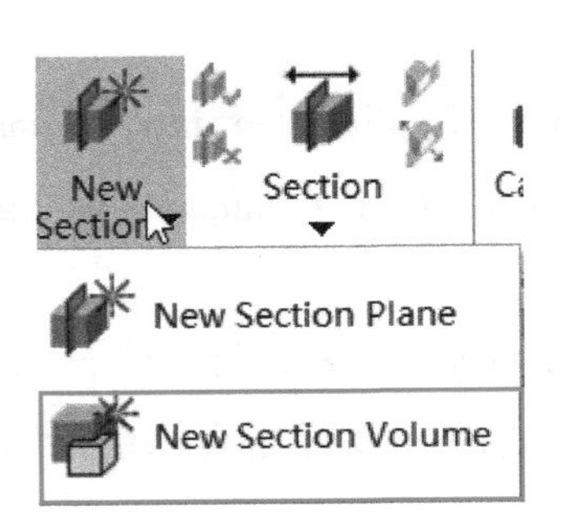

图 3-58 启用截面体切割功能

单击 View 选项卡→Section→New Section→New Section Volume，使用截面体切割功能，下面通过一个实例来练习用截面体来切割和创建截面。

实例：用截面体创建截面

1）在标准模式下打开教学资源包 MBHZ15 \ STUDY 文件夹中的 StartNoLayout. psz 文件，确保在图形查看器中加载了将被创建截面的对象并且正确显示。使用 Display Only 命令在图形查看器中显示它，例如选择只显示转台 Turntable11。

2）单击 View 选项卡→Section→New Section→New Section Volume，在弹出的 Section Manager 对话框中，利用操纵器坐标系或者直接使用对话框中的 Translate X/Y/Z 和 Rotate RX/RY/RZ 命令配合或者来移动截面体，使其到用户需要创建截面的位置，如图 3-59 所示。

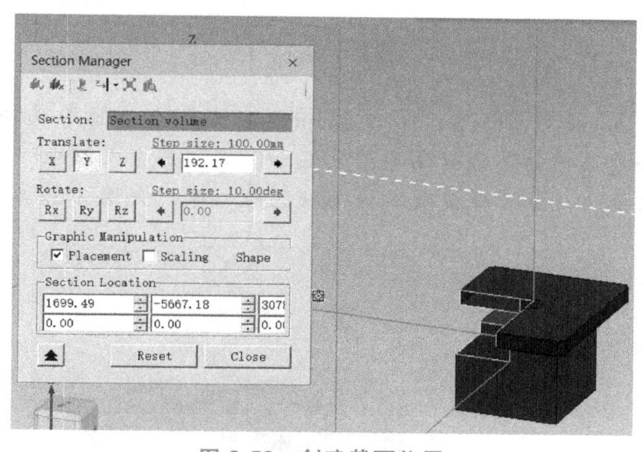

图 3-59　创建截面位置

3）在 Section Manager 对话框中，勾选 Scaling 复选框，可以在图形查看器中拖动切割截面体上的黄色缩放线段，来改变切割截面体的大小，如图 3-60 所示。

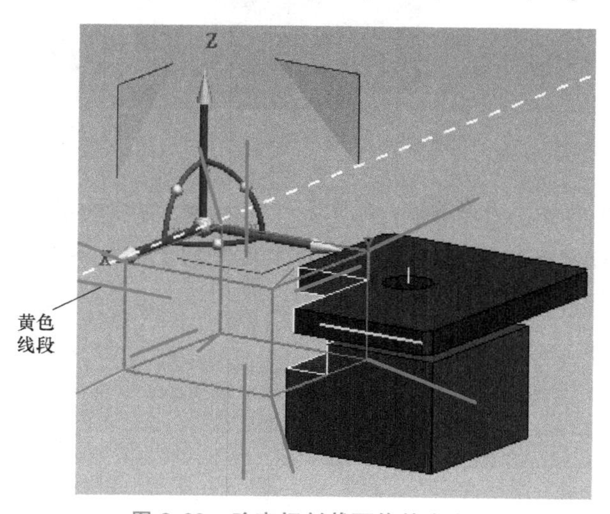

图 3-60　改变切割截面体的大小

4）单击View选项卡→Section→Section→Clip Inside/Clip Outside，可以看到两种不同切割方式在图形查看器中的区别，如图3-61所示。

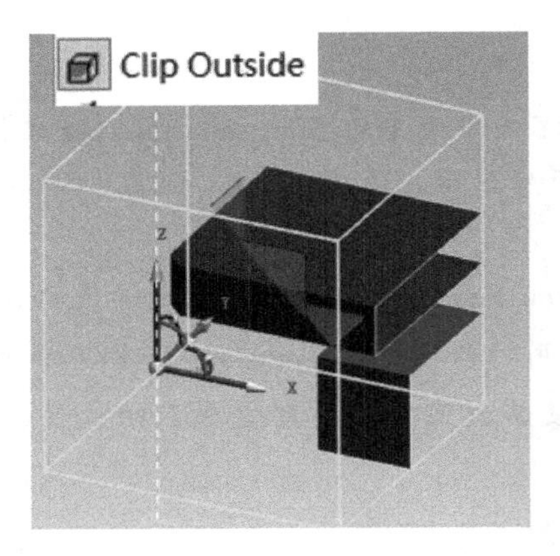

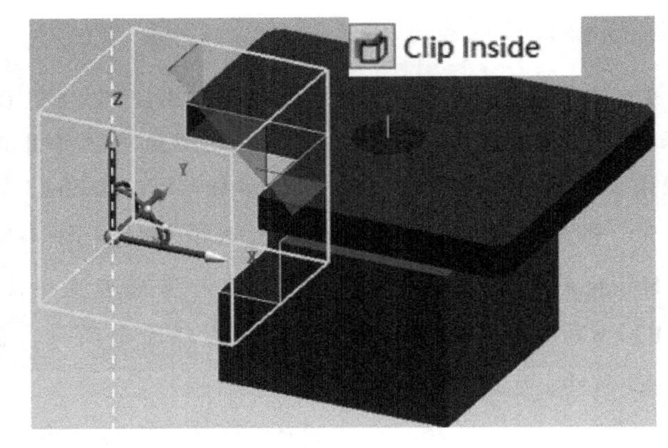

图3-61 两种不同切割方式的区别

5）在Section Manager对话框中，单击Shape，在图形查看器中选择切割截面体的某一条边，可以看到这条被选中的边线呈高亮蓝色显示，在图形查看器中，可以利用鼠标来拖拽这条边，使得切割截面体从立方体变成其他形状的棱柱体，如图3-62所示。

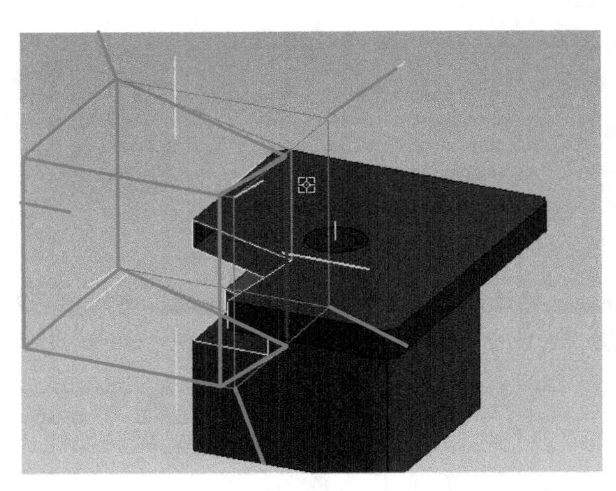

图3-62 改变切割截面体的形状

6）如果需要保存截面，单击View选项卡→Section→Section→Save Section Contour as Component，将截面保存成 *.JT或者 *.COJT格式的文件，并存放在用户指定的路径中。

第4章 CHAPTER 4

Process Simulate软件中的建模

4.1 设置建模范围

使用“设置建模范围”Set Modeling Scope 命令激活选定对象建模的范围，这时会加载所选组件的 COJT 文件并打开它以进行建模，同时将其设置为活动组件。设置建模范围支持选择多种组件，在这种情况下，最后选择的组件成为活动组件。当建模范围中有多个组件时，可以使用“更改范围”下拉列表设置活动组件。除了可以使用建模功能创建几何体，Process Simulate 中还提供了创建运动学的工具（关节运动），使机器人、CMM 三坐标测量机、焊枪、夹具、抓手以及移动装置等可以获得逼真的运动效果。通过对一个对象建模，在对象中创建几何体（实体、线框、坐标系等）、运动学和逻辑信息（定义智能组件和逻辑块等）。

要选择需要设置成建模模式的组件，可单击 Modeling 选项卡→Scope→ Set Modeling Scope（图 4-1），以激活建模范围并根据需要修改选定的组件。设置建模范围仅适用于组件。

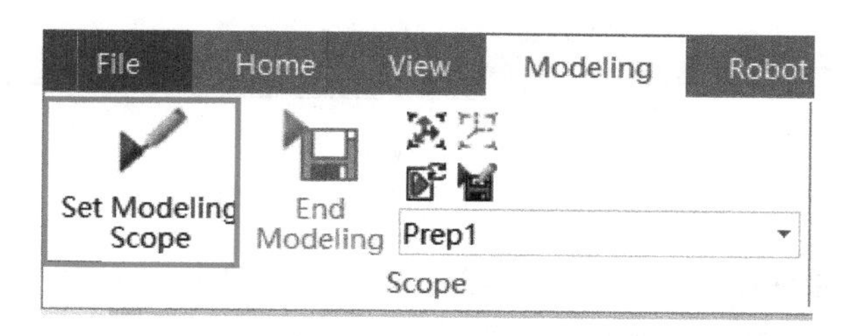

图 4-1 设置建模范围

对于处于建模状态的组件，在其名称前有一个，并显示一个新的图标叠加层，如图 4-2 所示。

默认情况下，在建模结束时，编辑原型零件或资源的单个实例会将更改传输到该原型的

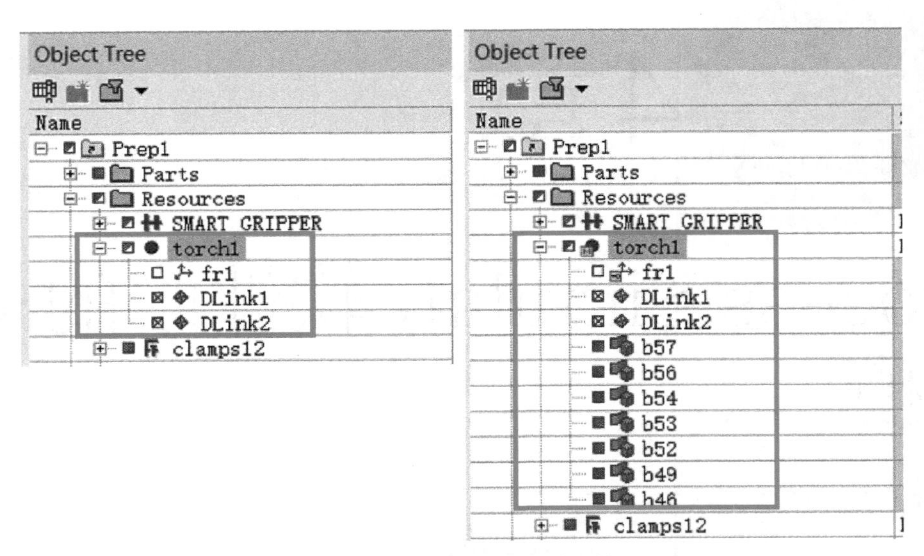

图 4-2　处于建模状态的组件

所有实例。但是，如果希望修改单个实例而不影响其他实例，则可以执行 Save Component As 命令，系统会创建一个新的原型并加载它的一个新实例。只能对可以建模的组件使用此命令，例如，由 * . COJT 文件表示的组件。单击 Modeling 选项卡→Scope→Save Component As ，弹出如图 4-3 所示的对话框。

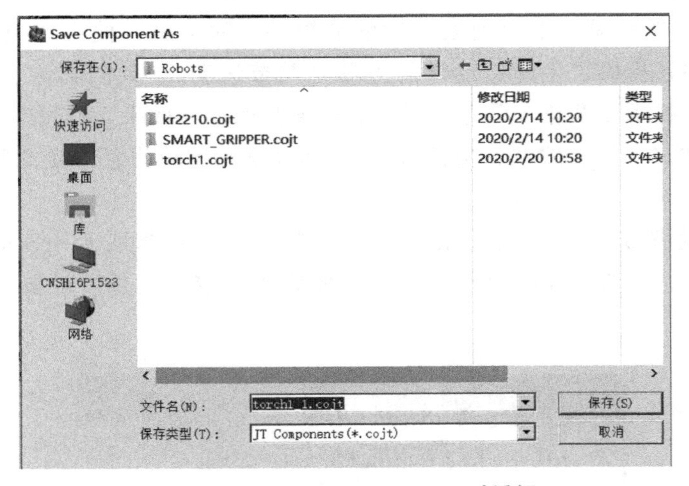

图 4-3　Save Component As 对话框

在系统根目录下选择要保存的路径并输入文件名，单击“保存”按钮，可以看到新增的另存组件会显示在对象树中，如图 4-4 所示。

单击 Modeling 选项卡→Scope→Set Working Frame （快捷键<Alt+O>），可以设置 Study 中的工作坐标系。工作坐标系是将 X、Y 和 Z 三轴交点作为 O 点的位置。Process Simulate 中 Study 的所有坐标值都是相对于工作坐标系显示的。默认情况下，每个 Study 的工作坐标系等同于全局坐标系。改变 Study 的工作坐标系会影响参考坐标、位置和旋转命令及查看器。

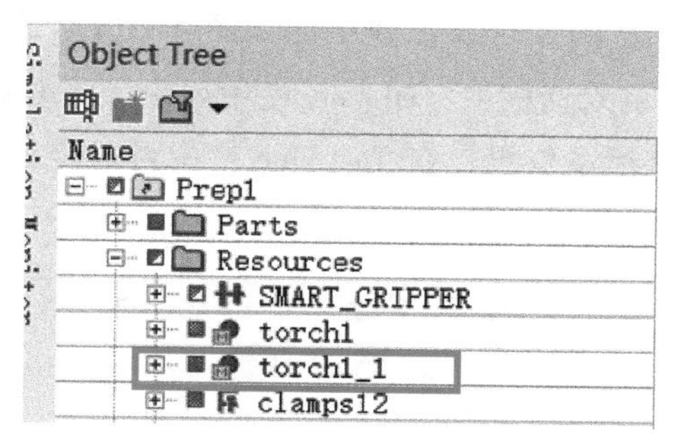

图 4-4　新增的另存组件

设置工作坐标系的对话框如图 4-5 所示，用户可以单击 Set New Working Frame 按钮右侧的下拉箭头，通过创建坐标系的方式来指定新的工作坐标系，或单击 Reset to Origin 来将工作坐标系恢复成系统默认位置。

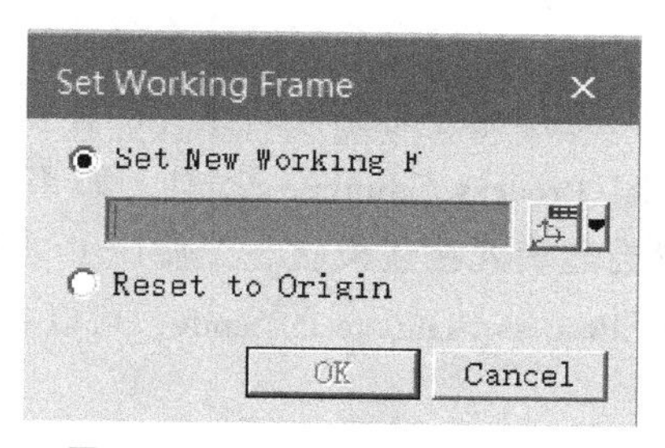

图 4-5　设置工作坐标系对话框

当需要改变一个对象的自身坐标系时，可以单击 Modeling 选项卡→Scope→Set self frame；如果在 Options→Graphic Viewer 中勾选了 Display self frame 选项，如图 4-6 所示，那么当选取了一个对象之后，它的自身坐标系会一起显示。

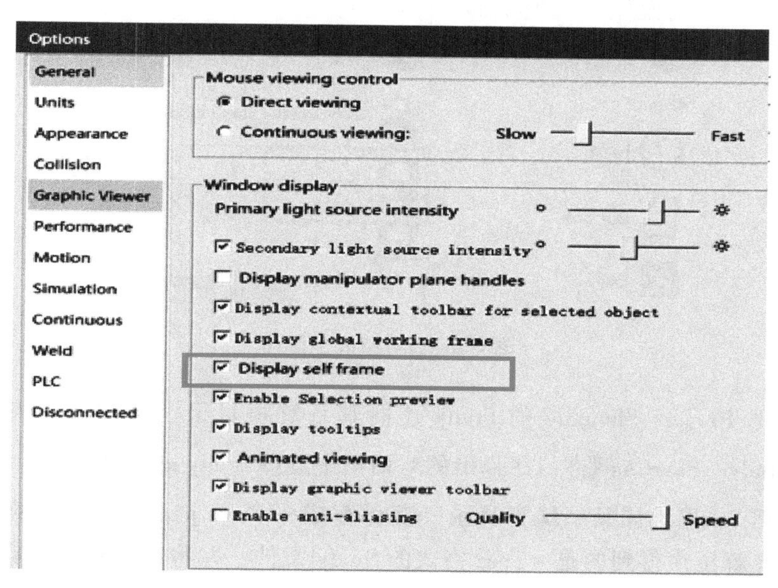

图 4-6　勾选 Display self frame

在选取了对象之后，单击，可以在弹出的如图 4-7 所示的对话框中设置对象的自身坐标系。在设置自身坐标系的对话框中，Objects 栏中列出了将要被设置自身坐标系的对象，From 栏是对象目前的自身坐标系位置，在 To frame 栏中可以定位希望设置新自身坐标系对象的新 Self 坐标位置。

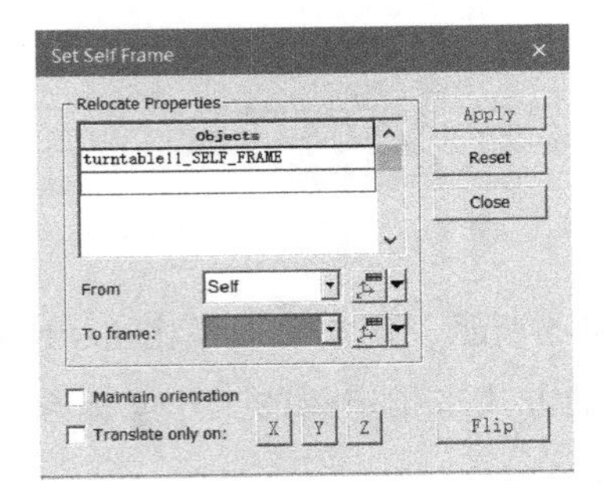

图 4-7　设置对象自身坐标系对话框

完成建模后，使用 End Modeling 命令可结束对组件的建模，Process Simulate 会将该组件保存在系统根目录下。在关闭 Process Simulate 之前，如果不结束建模会话，下次打开 Process Simulate 时，对象仍然会显示处在建模状态。使用 End Modeling 命令，系统会更新链接到该组件的所有实例。要保存 Process Simulate 的 Study，可以单击 File→Disconnected Study→Save ，如图 4-8 所示。

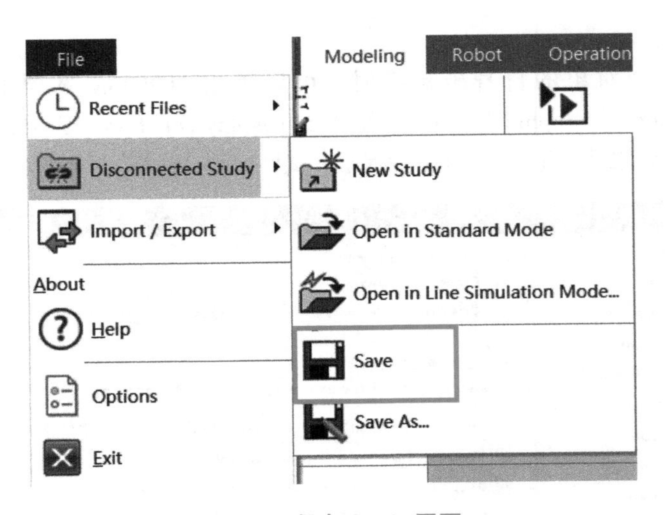

图 4-8　保存 Study 页面

如果希望把 Process Simulate 的 Study 连同其系统根目录一起保存，可以单击 File→Disconnected Study→Save As ，在弹出的对话框中选择 Study and All Components，如图 4-9 所示，系统会把 Study 连同其系统根目录一起保存成一个 *.pszx 文件，该文件使用解压缩软件打开，打开解压缩得到的是 *.psz 格式的 Study 文件，并将系统根目录路径指向解压缩得到的 Library 文件夹。解压缩后的文件可再次打开并完整加载 Study。

文件名(N)： StartNoLayout.psz 保存(S)
保存类型(T)： Study (*.psz) 取消
Include Macro
Study (*.psz)
Study (*.psz) and Modified Components (*.zip)
Study with Modified Components (*.pszx)
Study and All Components (*.pszx)

图 4-9 Study 连同其系统根目录一起保存页面

4.2 用图元来创建实体

单击 Modeling 选项卡→Geometry→Solids，如图 4-10 所示，可以在 Process Simulate 中用图元来创建实体。下拉菜单中各图标的功能见表 4-1。

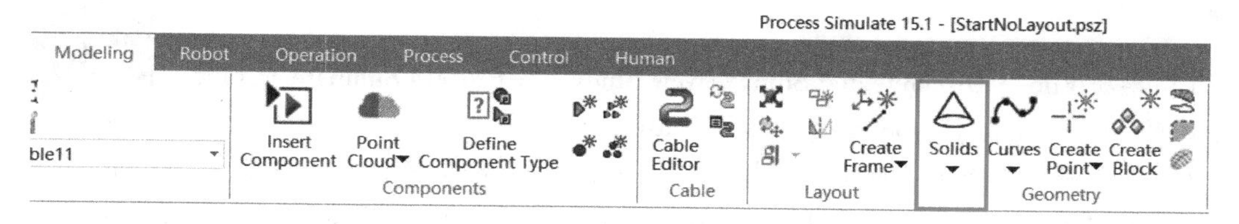

图 4-10 创建实体

表 4-1 各图标功能

图标	名称	功能
	创建方体	创建正方体或者长方体对象
	创建圆柱体	创建圆柱体对象
	创建圆锥体	创建圆锥体对象
	创建球体	创建球体对象
	创建圆环体	创建圆环体对象
	拉伸	将平面(曲线或曲面)对象展开为 3D 对象。2D 对象的点必须在同一平面中
	旋转	围绕选定的轴旋转 2D 对象并创建 3D 对象

（续）

图标	名称	功能
	缩放	更改所有尺寸的 3D 对象的大小
	两点间缩放对象	使用边界框修改所选对象的尺寸
	求和	联合两个 3D 对象来创建新对象
	求差	从另一个 3D 对象中减去一个 3D 对象的体积
	相交	提取已连接的 3D 对象的相交部分

在本节中，将通过以下两个实例练习使用 Process Simulate 的图元功能创建实体。

实例 1：用图元创建一个工作台

1）单击 File→ Disconnected Study→New Study，在 Process Simulate 中创建一个新的 Study，Study Type 选择 RobcadStudy。

2）单击对象树中的 Resources 内嵌文件夹，然后单击 Modeling 选项卡→Components→Create New Resource，如图 4-11 所示。在对话框中选择新建的 Resource 类型为 Work_Table，如图 4-12 所示，单击 OK 按钮。

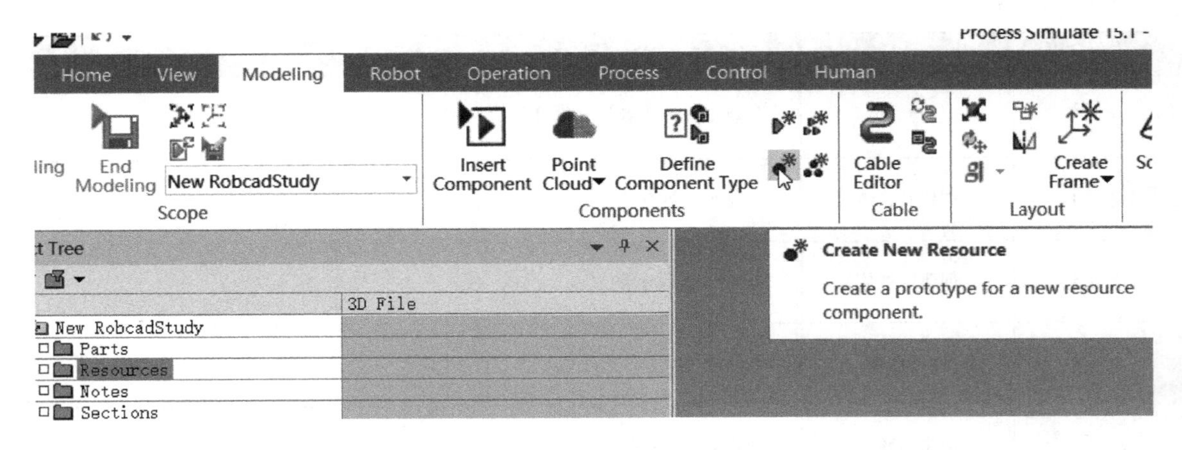

图 4-11 选择 Create New Resource

3）在对象树中找到并选中新建的 Work_Table，按<F2>键，可以将其更改为用户指定的名称。在本练习中，将其重命名为 mytable_user1，如图 4-13 所示。

4）设置长度单位和 Pick Level：按<F6>键（Options 的快捷键），在 Unit 选项卡中将长度的单位设置成 mm，如图 4-14 所示；在图形查看器的快捷工具栏中，将 Pick Level 设置成

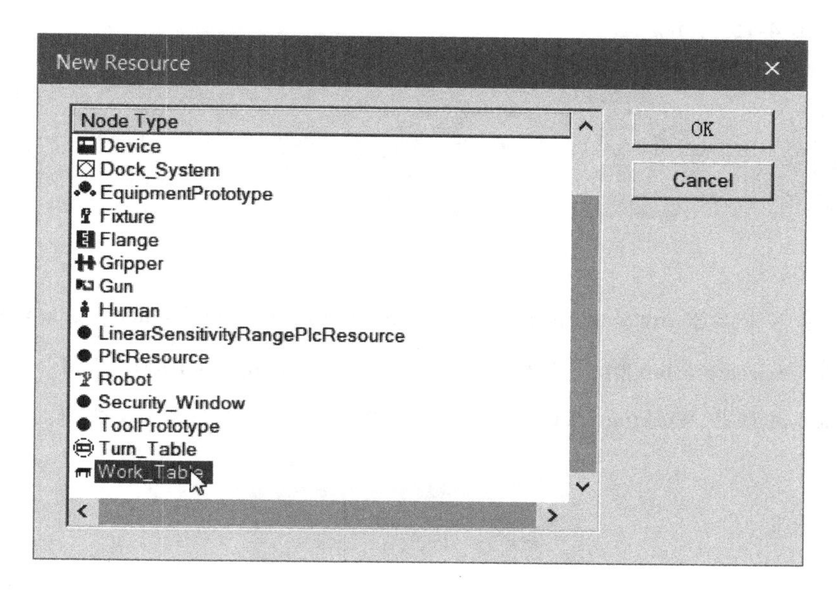

图 4-12　选择 Resource 类型

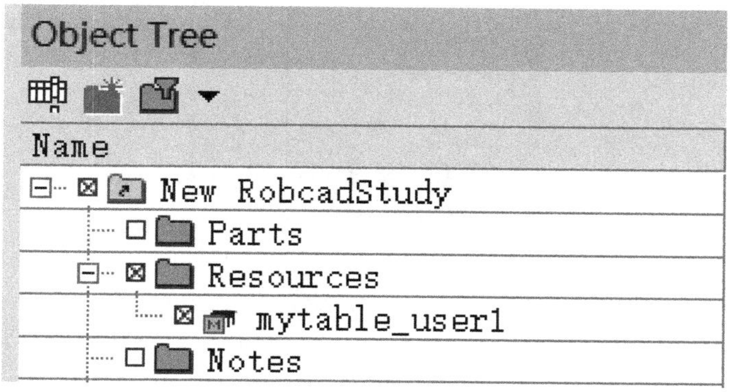

图 4-13　更改名称页面

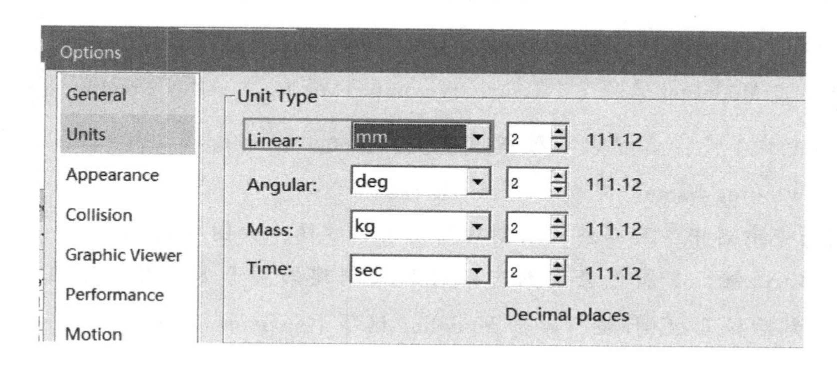

图 4-14　设置长度单位页面

Entity ，如图 4-15 所示。

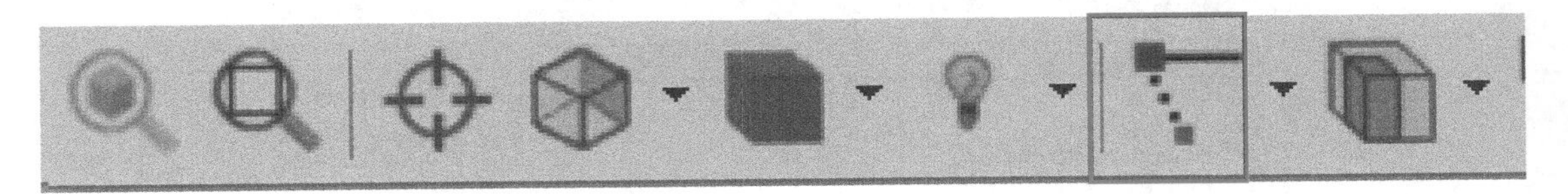

图 4-15 设置 Pick Level 页面

5）在对象树中选中 mytable_user1，单击 Modeling 选项卡→Geometry group→Solids→Box Creation→Create a box，在弹出的对话框中设置 Length = 1000、Width = 1000、Height = 1000，Locate at 选择 Working frame，如图 4-16 所示，完成后单击 OK 按钮。

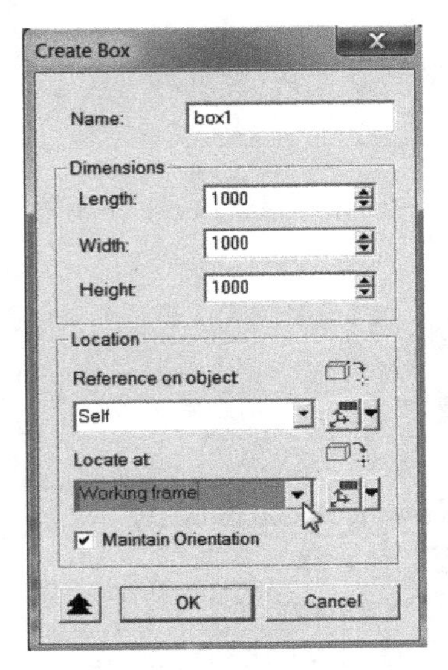

图 4-16 设置 Create Box 对话框

6）按照上一步所述，继续单击 Modeling 选项卡→Geometry group→Solids→Box Creation→Create a box，创建第二个长方体，在弹出的对话框中设置 Length = 2000、Width = 800、Height = 800，Locate at 选择 Working frame，完成后单击 OK 按钮。

7）继续单击 Modeling 选项卡→Geometry group→Solids→Box Creation→Create a box，创建第三个长方体，在弹出的对话框中设置 Length = 800、Width = 2000、Height = 800，Locate at 选择 Working frame，完成后单击 OK 按钮。

8）在图形查看器中，可以看到所创建的三个长方体，如图 4-17 所示。

9）按住<Ctrl>键，在图形查看器中选择后面创建的两个长方体或者在对象树中选择 box2 和 box3，然后松开<Ctrl>键，单击 Modeling 选项卡→Geometry group → Solids →Subtract，在弹出的 Subtract 对话框中将自动填充之前选择的两个长方体。随后设置 From entity 为 box1（边长为 1000mm 的正方体），勾选 Delete original entities 选项，如图 4-18 所示，

图 4-17　图形查看器中显示三个长方体

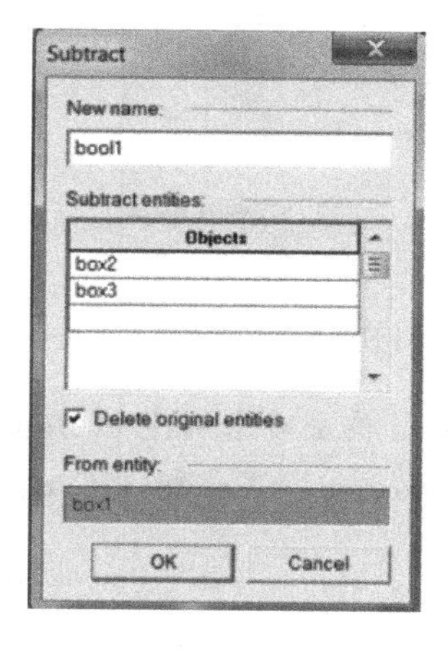

图 4-18　Subtract 对话框

然后单击 OK 按钮。

10）在图形查看器中可以看到已经创建了一个工作台，如图 4-19 所示。

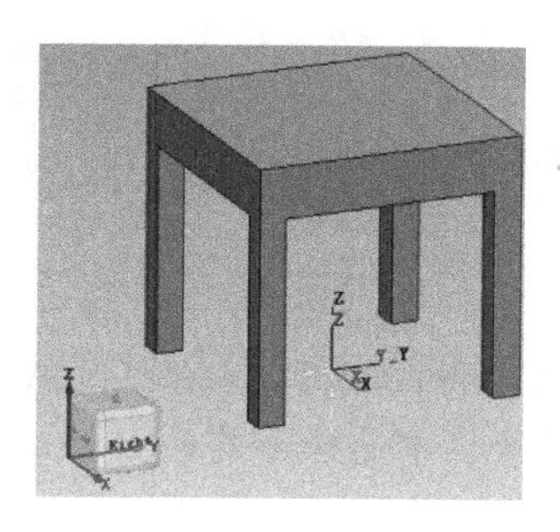

图 4-19　创建工作台

11）在对象树中选择 mytable_user1，单击 Modeling 选项卡→Scope → End Modeling ，弹出 Save Component As 对话框，可以在 Study 的系统根目录下选择对象存放的路径。单击对象树下方的 Customize ，在弹出的对话框中将 General 条目下的 3D File 项加到右侧的显示区域内，完成后单击 OK 按钮。可以在对象树中看到每个对象在系统根目录下存放的路径信息，如图 4-20 所示。

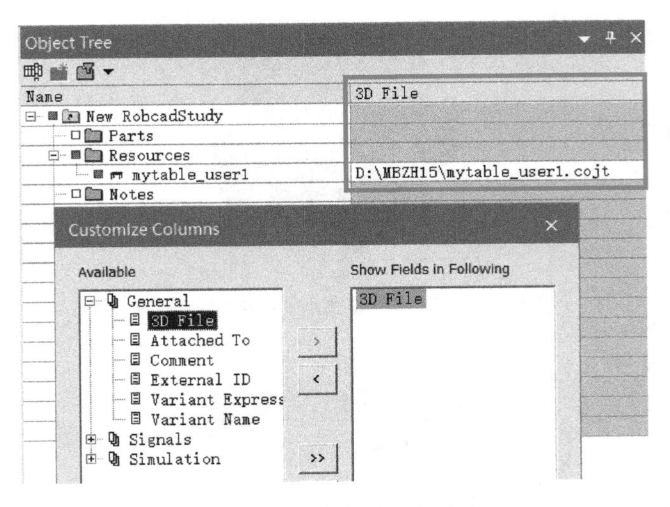

图 4-20　对象存放路径信息

实例 2：用图元创建一组螺栓和螺母

1）继续使用实例 1 中的 Study，单击对象树中的 Resources 内嵌文件夹，然后选择 Modeling 选项卡→Components→Create a Compound Resource，如图 4-21 所示。

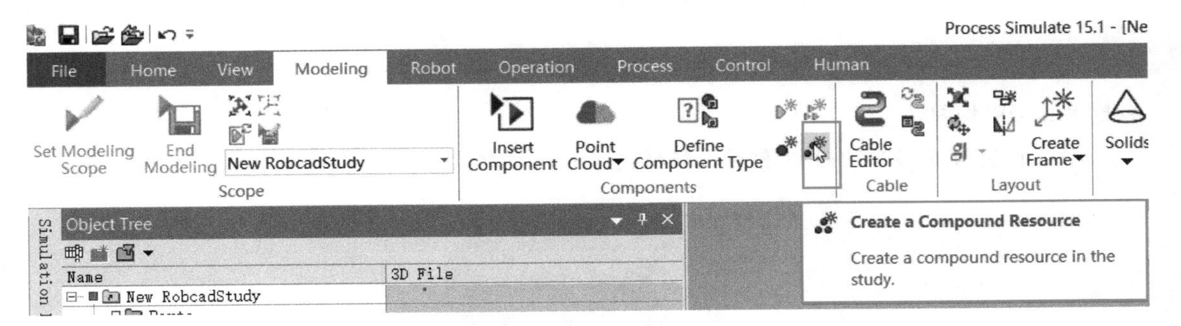

图 4-21　选择 Create a Compound Resource

2）在对象树中单击所创建的 CompoundResource1，然后选择 Modeling 选项卡→Components→Create New Resource，在对话框中选择新建的 Resource 类型为 ToolProtoype，如图 4-22 所示，单击 OK 按钮。

3）在对象树中将所创建的 CompoundResource1 重命名为 Fastener，将所创建的 ToolProtoype 重命名为 Nut，如图 4-23 所示。

4）在对象树中单击 Nut，然后单击 Modeling 选项卡→Geometry→Curves →Create Polyline，如图 4-24 所示。

5）在弹出的对话框中，按照如图 4-25 所示创建四段线条，勾选 Close Polyline 选项，然后单击 OK 按钮，在弹出的提示框中单击“确定”按钮，如图 4-26 所示。

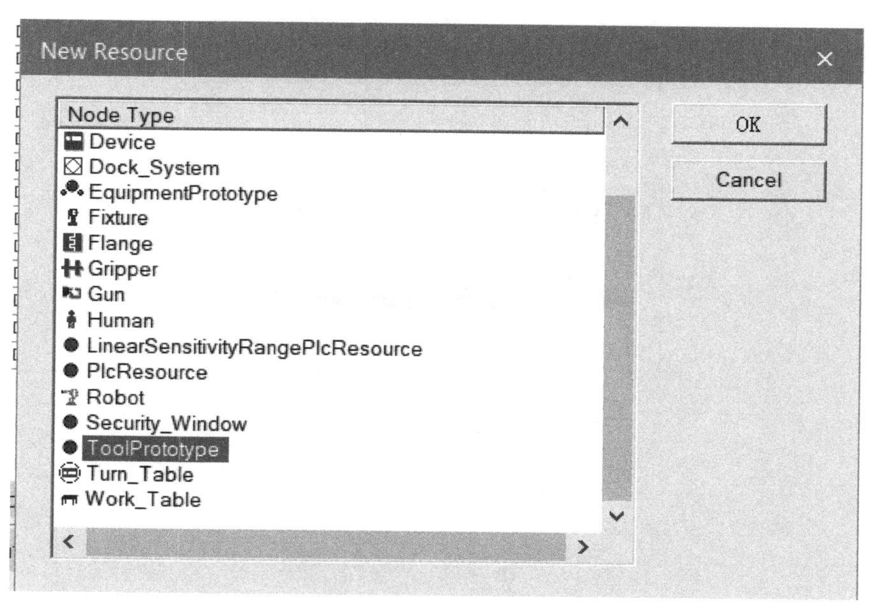

图 4-22 选择 Resource 类型页面

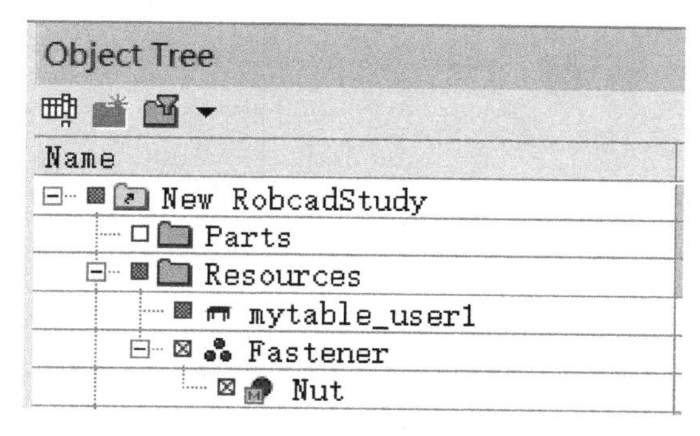

图 4-23 为创建对象重命名页面

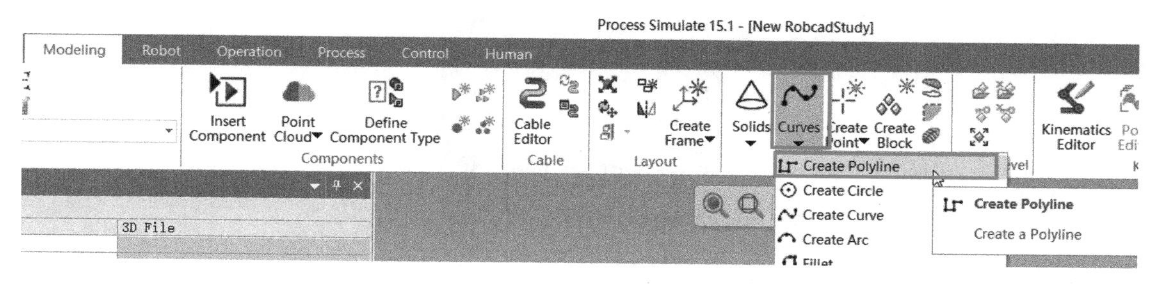

图 4-24 选择 Create Polyline

6）在对象树中选取上一步所创建的多段线 Polyline1，然后单击 Modeling 选项卡→Geometry→Solids→Revolute，如图 4-27 所示。

7）在弹出的 Create Revolved Solid 对话框中按照图 4-28 所示进行设置，完成后单击 OK 按钮，可以看到图形查看器中生成的旋转体。

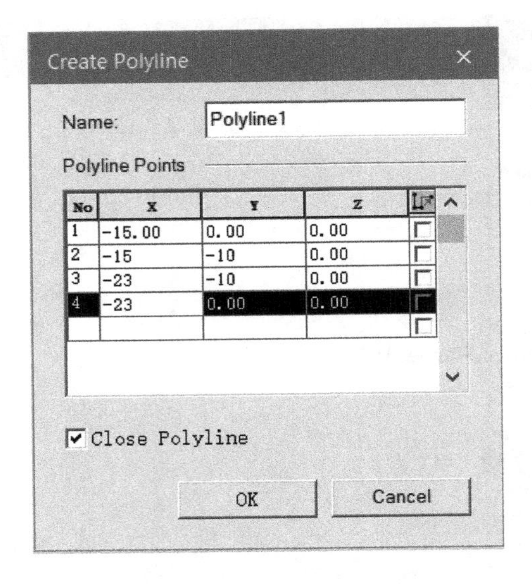

图 4-25 设置 Create Polyline 页面

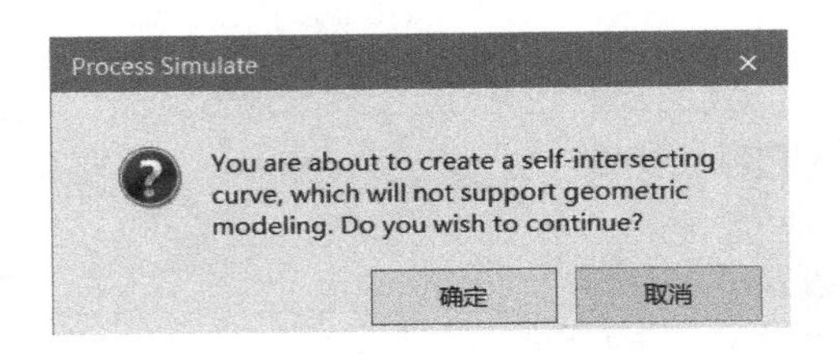

图 4-26 创建完成页面

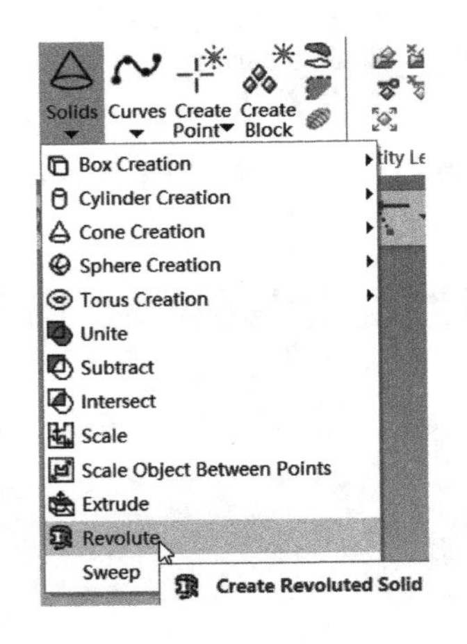

图 4-27 选择 Revolute

8）在对象树中单击 Fastener，继续添加第二个 ToolProtype Resource，并将其命名为 Bolt，如图 4-29 所示。

9）在对象树中单击 Nut 前的显示状态方框▓，使其变成隐藏显示状态□，然后单击

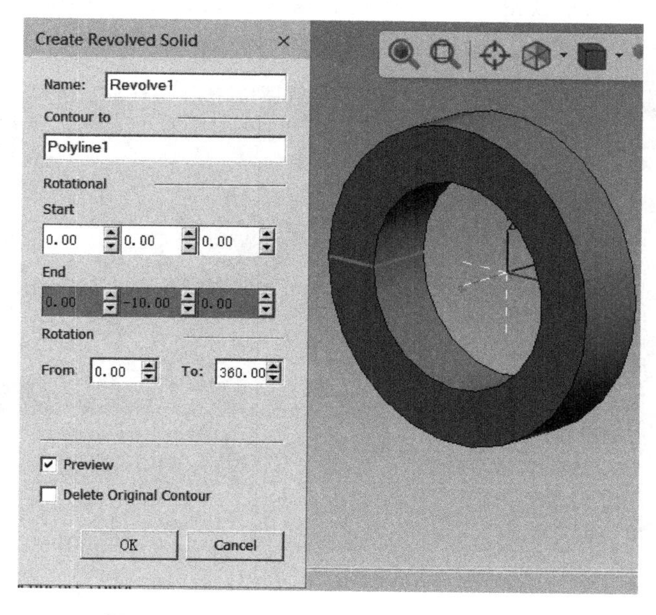

图 4-28　Creat Revolved Solid 设置对话框

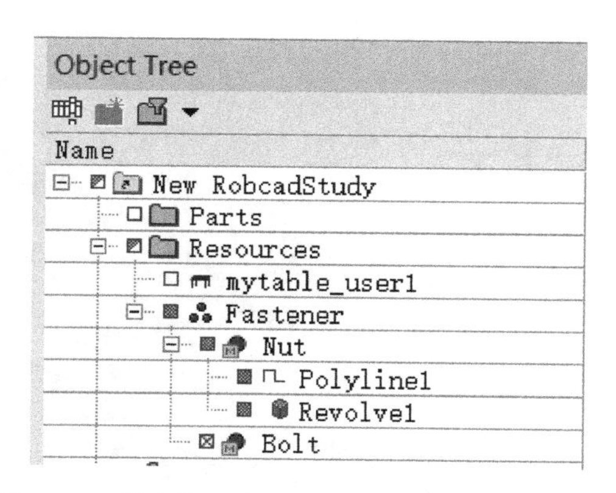

图 4-29　创建第二个 ToolProtype Resource 页面

新创建的 Bolt，然后单击 Modeling 选项卡→Geometry→Solids →Cylinder Creation →Create a cylinder，如图 4-30 所示。

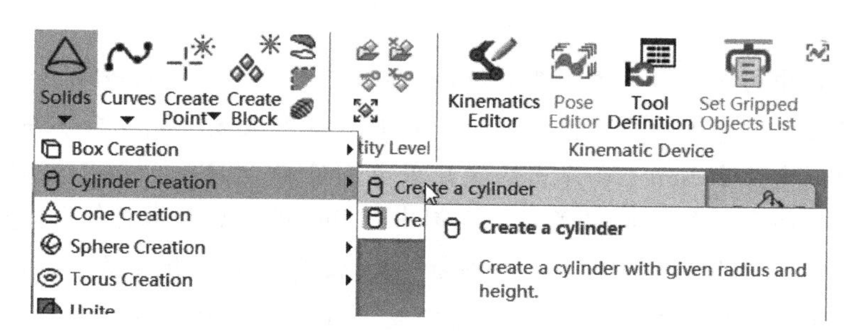

图 4-30　Create a cylinder 页面

10）在弹出的对话框中按图 4-31 所示进行设置，完成后单击 OK 按钮，可以看到在图形查看器中创建了一个圆柱体。

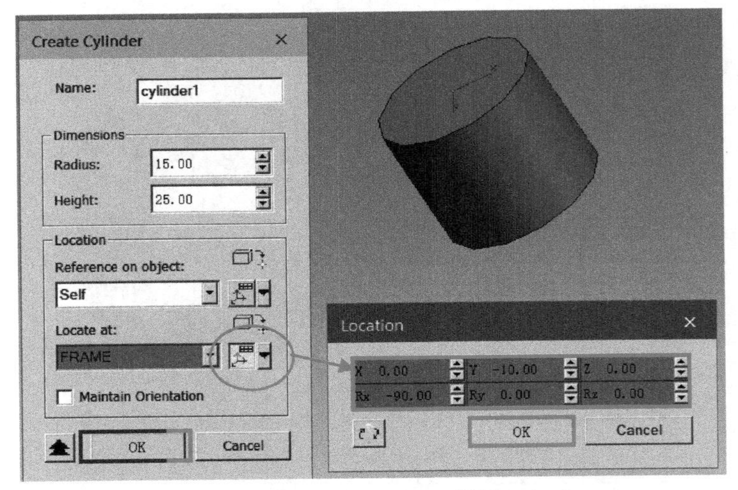

图 4-31　Create Cylinder 对话框（一）

11）在对象树中单击 Bolt，在弹出的对话框中按照图 4-32 所示进行设置，继续完成第二个圆柱体的创建。

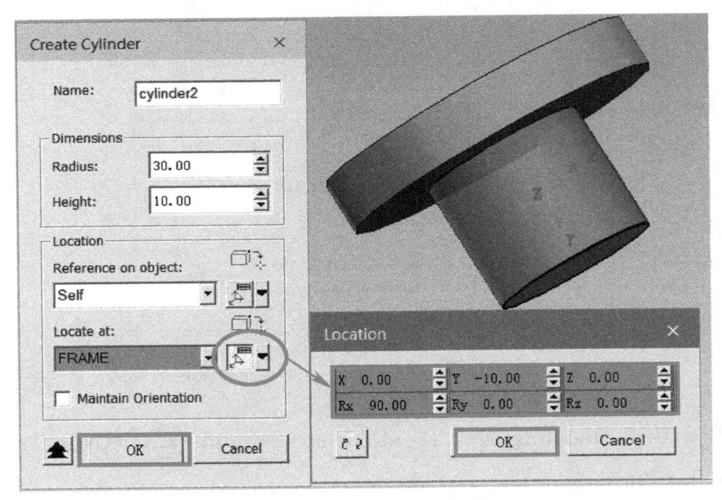

图 4-32　Create Cylinder 对话框（二）

12）在对象树中选中 Bolt，然后单击 Modeling 选项卡→Geometry→Solids →Unite ，将创建的两个圆柱体合并成一个实体，如图 4-33 所示进行设置，完成后单击 OK 按钮。

13）在对象树中右击 Bolt，在弹出的快捷菜单中选择 Modify Color，可以改变对象在图形查看器中的显示颜色，如图 4-34 所示，本例中将 Bolt 的颜色改成棕红色。

14）在对象树中单击 Nut 前的显示状态框 ，使其在图形查看器中显示，然后按照上面的步骤将其显示颜色改为深绿色，这样就完成了螺栓螺母的创建，结果如图 4-35 所示。可按实例 1 中的相关步骤保存对象和 Study。

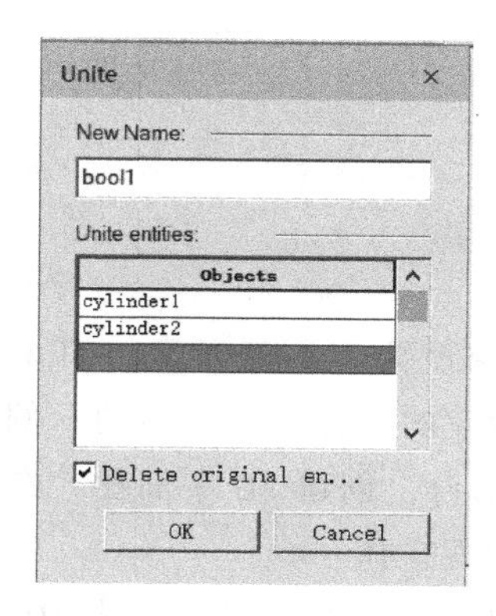

图 4-33 合并创建的两个圆柱体

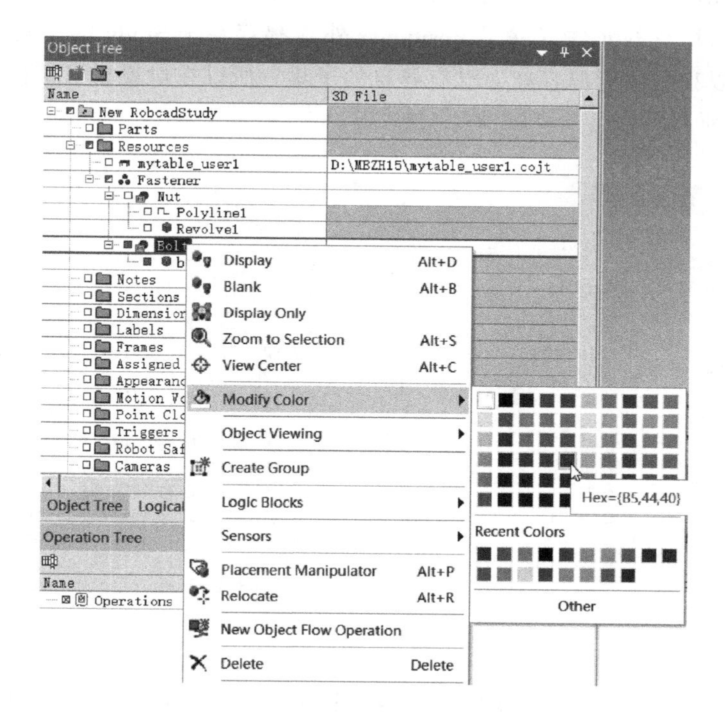

图 4-34 改变对象在图形查看器中的显示颜色页面

图 4-35 创建完成的螺栓螺母

4.3 创建 2D 平面图

在 Process Simulate 中，可以将所要使用的元素（JT 标准格式的）插入到 Study 中，并根据 2D 平面布局图将其放置到相应的位置。在下面的示例中，将使用导入的 Positioner 与现有的三维工作站和相应的布局相结合，创建 2D 平面图。在 Process Simulate 中，创建这些三维资源的 2D 平面图，可按以下步骤操作：

1）先将 Process Simulate 软件的系统根目录设置成 MBHZ15 文件夹，然后在标准模式下打开教学资源包 MBHZ15 \ STUDY 文件夹中的 StartNoLayout. psz 文件。在对象树的 Resources 中，可以看到尽管所有的元件（除了 Positioner 外）都存在于 Study 中，但是除了安全围栏以外，它们都是以独立的资源存在，没有各自的子集，所以在对象树里显得不够整齐，有些凌乱，如图 4-36 所示。

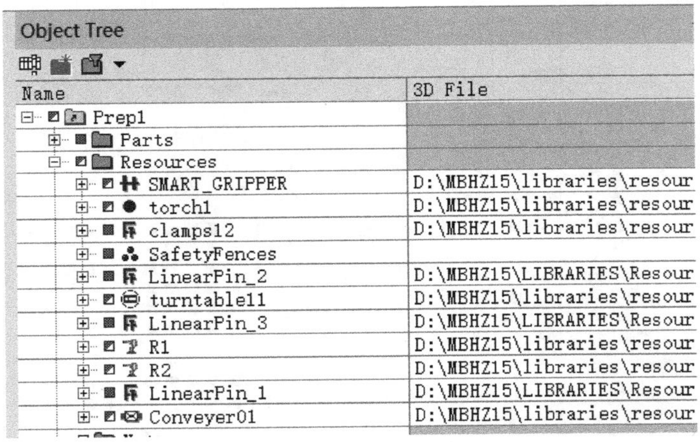

Object Tree

Name	3D File
Prep1	
Parts	
Resources	
SMART_GRIPPER	D:\MBHZ15\libraries\resour
torch1	D:\MBHZ15\libraries\resour
clamps12	D:\MBHZ15\libraries\resour
SafetyFences	
LinearPin_2	D:\MBHZ15\LIBRARIES\Resour
turntable11	D:\MBHZ15\libraries\resour
LinearPin_3	D:\MBHZ15\LIBRARIES\Resour
R1	D:\MBHZ15\libraries\resour
R2	D:\MBHZ15\libraries\resour
LinearPin_1	D:\MBHZ15\LIBRARIES\Resour
Conveyer01	D:\MBHZ15\libraries\resour

图 4-36 对象树中所有元件保存位置

2）组织资源的一个简单方法是使用复合资源 CompoundResource，正如本例中对安全围栏所做的那样，单击 Modeling 选项卡→Components→Create a Compound Resource，将新建 4 个 CompoundResource，分别是 Robot R1、Robot R2、Robot Gripper 和 Transport，并执行如下操作：

① 创建 CompoundResource 并将其重命名。

② 将相应的 Resource 作为其子集拖拽到其目录下；如图 4-37 所示。

2D 平面图可以通过以下步骤方便地完成创建，这便于与其他部门共享信息，因为这些信息将以 JT 格式创建。

3）单击对象树中的 Resources 内嵌文件夹，然后选择 Modeling 选项卡→Components→Create New Resource，创建一个类型为 Container 的 New Resource，如图 4-38 所示，并将其重命名为 Layout2D。

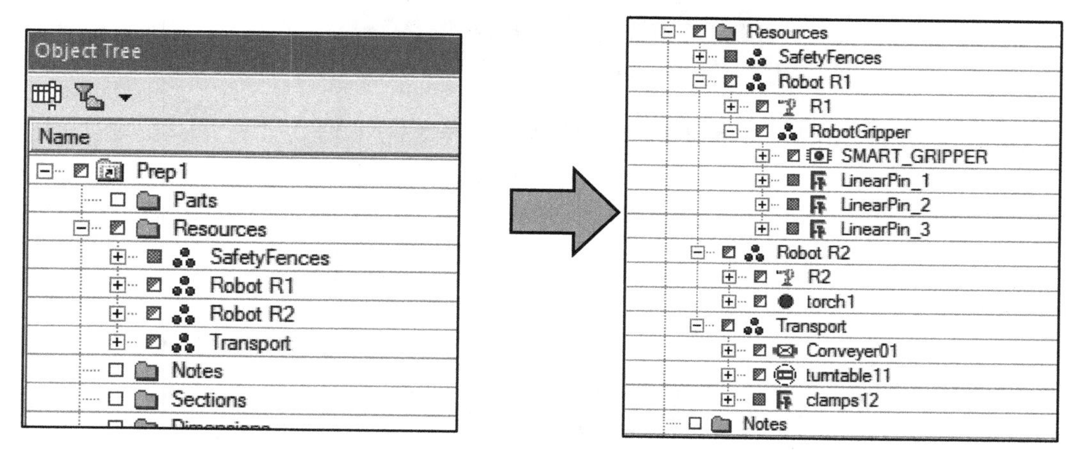

图 4-37 将子集拖拽到其目录下

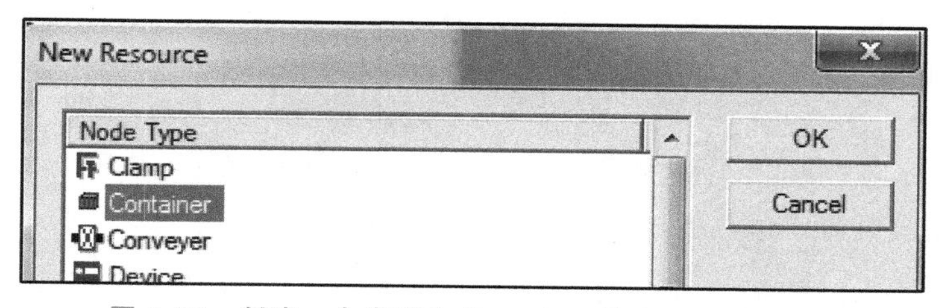

图 4-38 创建一个类型为 Container 的 New Resource

4）选中这个 Resource，单击 Modeling 选项卡→Geometry→Create 2D Outline ，如图 4-39 所示，弹出如图 4-40 所示的对话框。

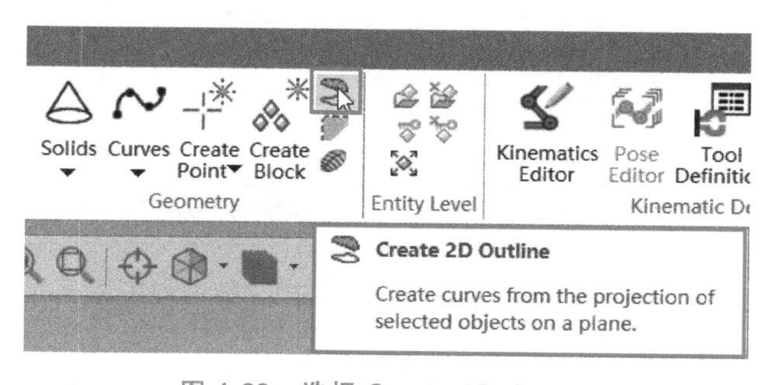

图 4-39 选择 Create 2D Outline

5）在图 4-40 所示对话框中，在 Objects 栏中可以根据用户的需要，选择需要创建 2DLayout 投影的对象，这些对象可以在对象树中选取，也可以直接在图形查看器中选取。在本例中将选取所有对象，完成后单击 OK 按钮。

6）在对象树中右击 Layout2D，选择 Display Only，看到在图形查看器中将只会显示刚才创建完成的 2D 平面图，如图 4-41 所示。

7）单击 File→Import/Export→Export JT，在弹出的图 4-42 所示对话框中可以把创建的 2D 平面图以 JT 格式导出，根据用户需要设置所导出 JT 文件的文件名和存放路径等。

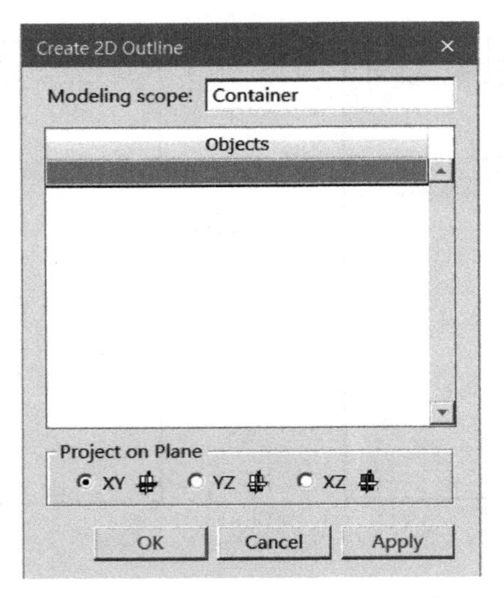

图 4-40　Create 2D Outline 对话框

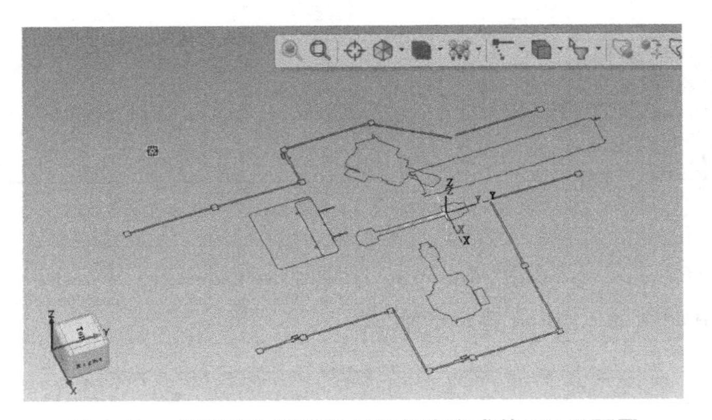

图 4-41　在图形查看器中显示创建完成的 2D 平面图

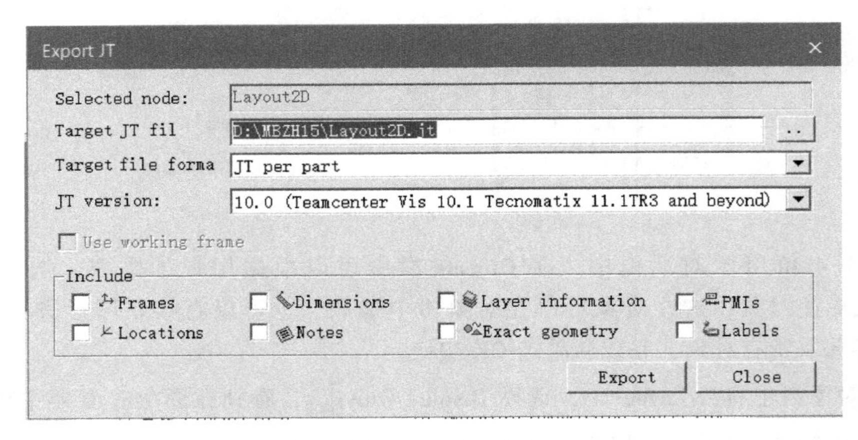

图 4-42　Export JT 对话框

8）在对象树中单击选中 Resources 节点，也可以使用 Modeling→Insert Component 命令将

2D 平面图插入当前的 Study 中，如图 4-43 所示。为了方便用户的使用，此命令带有预览功能，单击 Open 按钮即可完成插入。

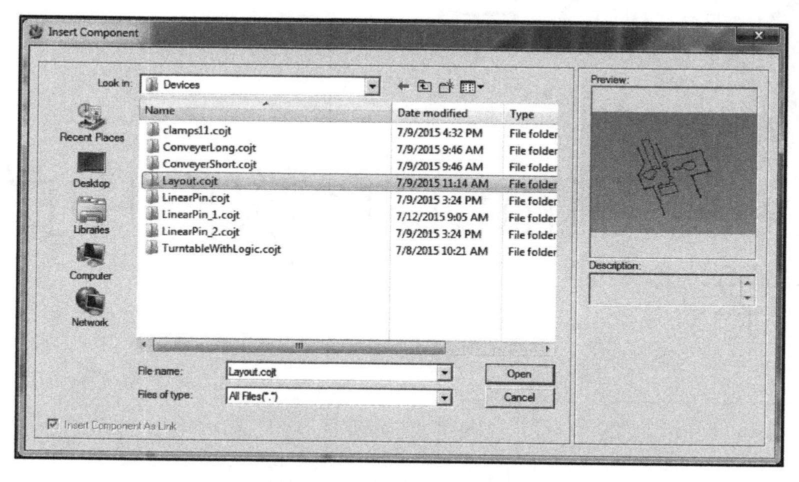

图 4-43　插入 2D 平面图

第5章 CHAPTER 5

Process Simulate软件中的运动学

5.1 运动学概述

在 Process Simulate 软件中，提供了建模工具可用于定义零部件的运动学。在定义所选定零部件的运动学时，将创建使零部件能够移动的链接和关节的运动链。这是使用一个特殊编辑器完成的，称之为运动学编辑器 Kinematics Editor 的。在默认情况下是无法使用“运动学编辑器”命令的，要先选定某个零部件，也可以创建新组件并将其选中，或者从图形查看器或对象树中选择现有组件。

用户可以在 Process Simulate 软件的 Help 文档中，使用 Kinematics 搜索来获得更多关于运动学方面的解释说明。

在标准模式下打开教学资源包 MBHZ15 \ STUDY 文件夹中的 StartNoLayout. psz 文件，在对象树中选取 R1，然后单击 Modeling 选项卡→Kinematic Device→Kinematics Editor，可以看到 R1 机器人的运动学定义，如图 5-1 所示。

“运动学编辑器”工具栏中提供以下图标，其功能见表 5-1。

表 5-1　工具栏中各图标功能

图标	名称	描述
	创建链接	定义和创建链接
	建立关节	定义和创建关节
	反向关节	保持父子链接并更改关节的方向
	将当前关节值设置为零	如果运动学编辑器中有链接，则此函数通过编译将当前关节值设置为零；Process Simulate 在执行命令之前会提示。如果没有链接，则禁用该功能
	关节依赖编辑	打开 Joint Dependency Editor，可以定义关节的依赖关系

（续）

图标	名称	描述
	创造曲轴	定义和创建曲轴
	属性	查看和修改现有的关节属性
	删除	删除选定的链接和关节
	设置基准坐标系	为组件指定基础框架
	设置工具坐标系	为组件创建工具框架
	放大	放大运动学编辑器中的图像显示
	缩小	缩小运动学编辑器中的图像显示

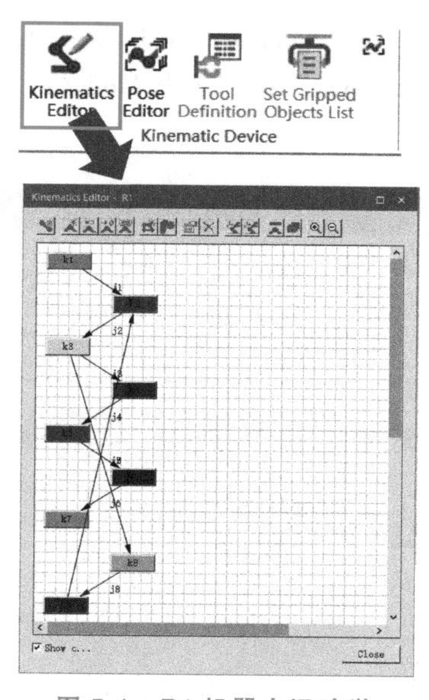

图 5-1 R1 机器人运动学

5.2 定义对象的运动学

定义组件的运动学是一个过程，需要创建链接和关节的运动链。运动链的顺序是由链节之间的关系确定的。父链接按顺序位于子链接之前。当父链接移动时，子链接将跟随。在运动链中，链接数等于关节数加 1。例如，如果有六个关节，将有七个链接。

一旦定义了一个组件的运动学，就可以创建一个设备或机器人。设备是定义了运动学的组件；机器人是定义了工具的设备。使用运动学编辑器，可以创建链接、关节和曲轴，以及添加基准端 Base 坐标系和工具端 Tool 坐标系。

下面将通过几个实例来练习如何定义对象的运动学。

实例 1：定义单运动关节

本例中，运动学链接的相互关系如图 5-2 所示。

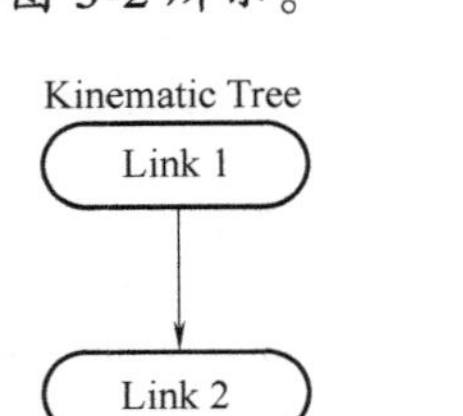

图 5-2　运动学链接相互关系

1）在 Process Simulate 的标准模式下，打开教学资源包配套练习 demo 文件 two blocks. psz。

2）在对象树中，单击 two_blocks_user1 *，将其设置为建模状态。

3）选中对象树中的 two_blocks_user1 *，单击 Modeling 选项卡→Kinematic Device →Kinematics Editor，如图 5-3 所示。

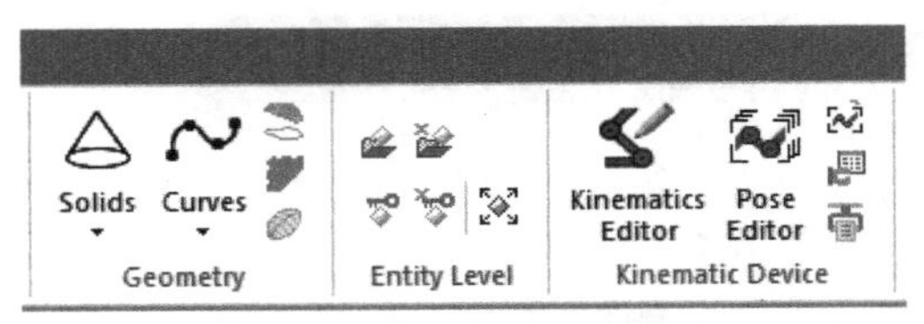

图 5-3　启用 Kinematics Editor 对话框

4）在 Kinematics Editor 对话框中，单击 Create Link，在图形查看器中，选择下部的长方体，在 Link Properties 对话框中，单击 OK 按钮，如图 5-4 所示。

5）重复上一步的操作，在创建的第二个 Link 中，选择图形查看器中上部的那个长方体。

6）单击 Kinematics Editor 中的 Link1，按住<Ctrl>键，单击 Link2，再单击 Create Joint，在 Joint Properties 对话框中，单击 OK 按钮，这样设定的运动关节的方向是从原点（0，0，0）位置沿着其 Z 轴方向运动至（0，0，100）位置，如图 5-5 所示。

7）设置 Pick Level 模式为 Component，右击对象树中的 two_blocks_user1 *，选择 Joint Jog，弹出如下对话框，可以检查上述为对象 two_blocks_user1 定义的运动学设置，如图 5-6 所示。

8）拖动 Joint Jog 对话框中的 Steering/Poses 滑动条后，单击 Reset 按钮使其复位到 0。

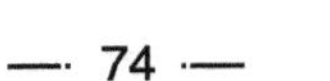

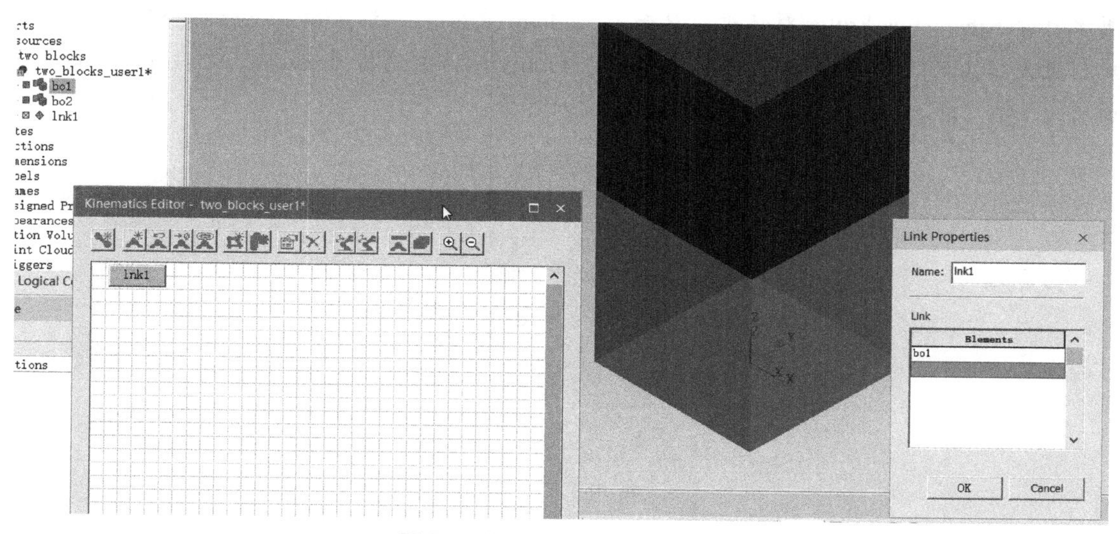

图 5-4 Link Properties 对话框

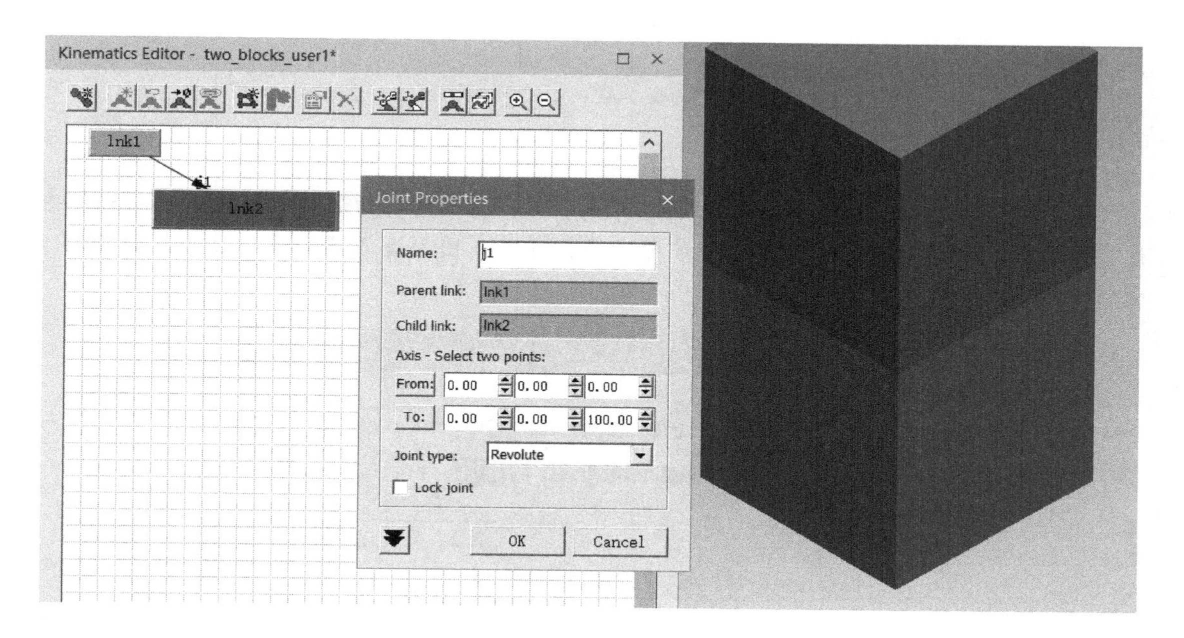

图 5-5 Joint Properties 设置对话框

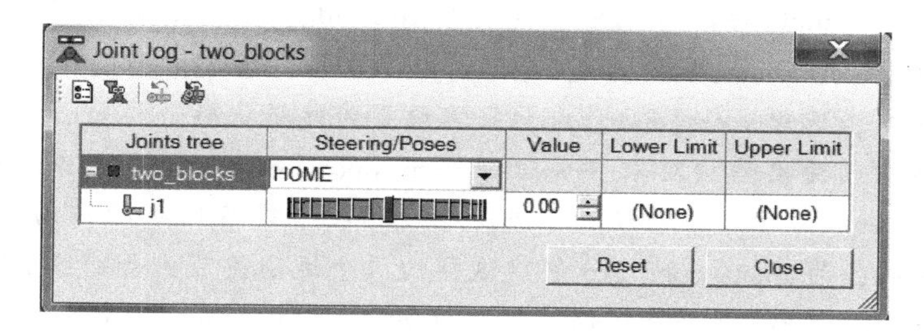

图 5-6 Joint Jog 对话框

再次打开 Kinematics Editor 对话框，双击 j1 的 Joint 箭头，弹出 Joint Properties 对话框，单击对话框左下角的下拉按钮展开对话框，在 Limits type 中选择 Constant，在 High limit 的值中输入 150，单击 OK 按钮，关闭对话框，如图 5-7 所示。

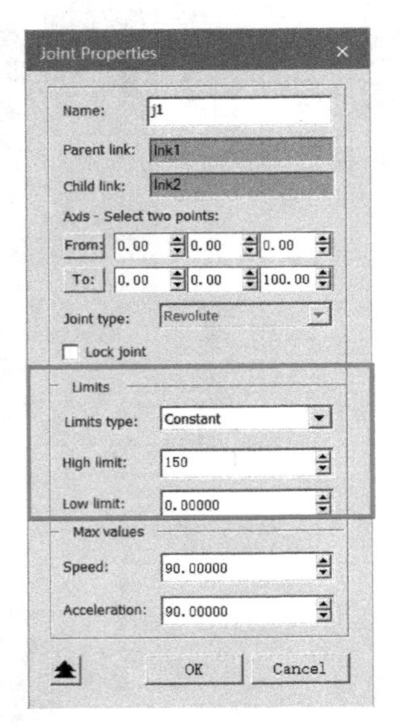

图 5-7　Joint Properties 参数设置页面

9）再次打开 two_blocks_user1 * 的 Joint Jog，可以看到对它的运动范围做了 0~150 的限制，如图 5-8 所示，拖动 Steering/Poses 滑动条，可以在图形查看器中看到上部方体的转动受到了相应范围的限制。

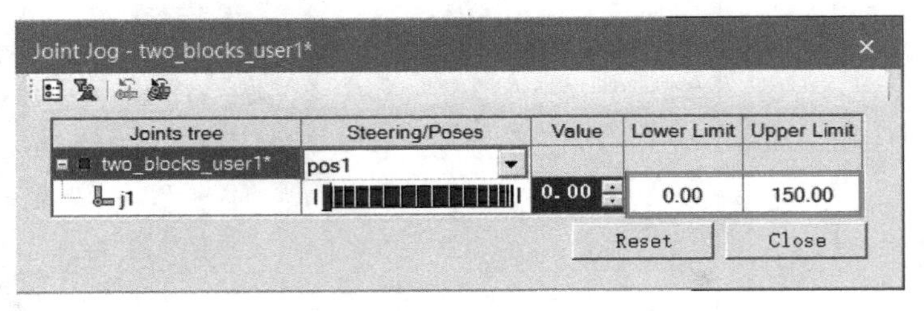

图 5-8　设置运动范围限制页面

实例 2：定义简单结构对象的运动学

1）在 Process Simulate 标准模式下新建一个 Robcad Study，然后使用 Insert Component 命令，将 room_door_geo_user2. cojt 作为 ToolProtype 类型插入。

2）在对象树中，选中 room_door_geo，将其设置为建模状态。

3）对于本例中的简单结构对象——门（room_door_geo），它一共有两个运动关节，一个是门板绕着门铰链相对于门框的转动，另一个是门把手绕着门板的转动。所以将打开 Kinematics Editor 页面，为 room_door_geo 创建这样的两个运动关节，如图 5-9 所示。

4）打开 Kinematics Editor，分别创建三个 Link：门框（不运动的）部分命名为 Base，门板部分命名为 Link1，门把手部分命名为 Link2，如图 5-10 所示。

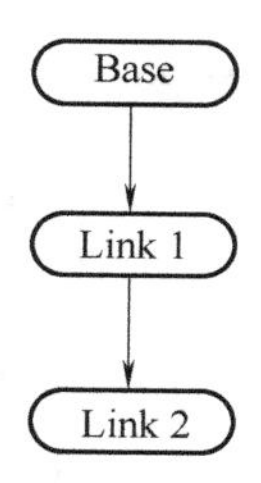

图 5-9 创建两个运动关节

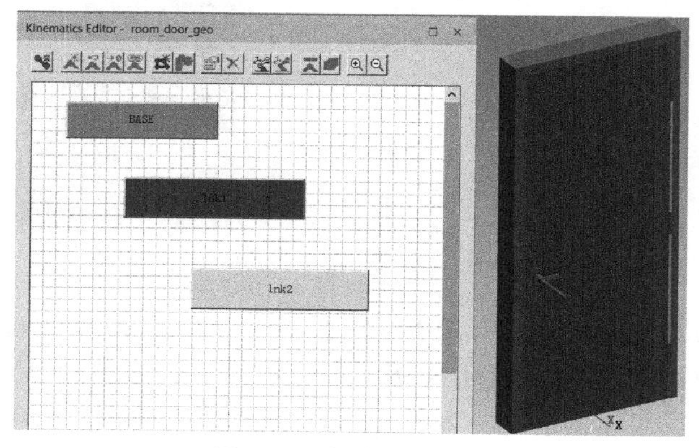

图 5-10 创建三个 Link

5）添加 BASE 和 Link1 之间的运动关节 j1：绕着沿铰链 Z 向的轴转动。选中 BASE 和 Link1，单击 Create Joint，在 Joint Properties 对话框中，设定运动轴的起点是铰链 Z 向的顶部中心点，终点是铰链 Z 向的底部中心点。一般情况下，门向里的方向打 90°，所以也要给 j1 的运动范围设定限制。如图 5-11 所示设定 j1 的 Joint Properties，完成后单击 OK 按钮。

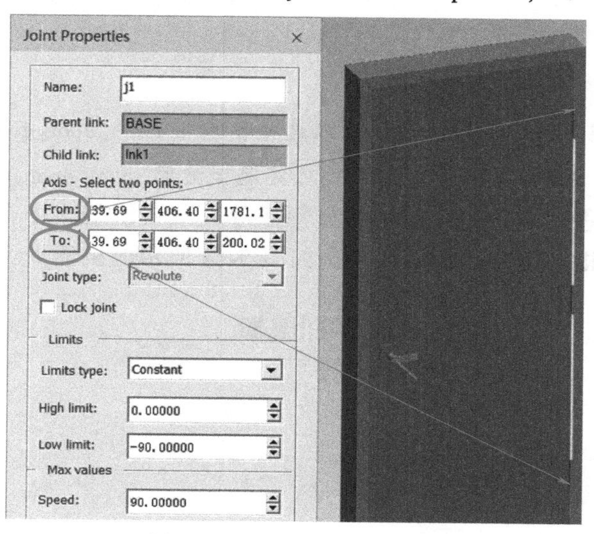

图 5-11 设定门的运动范围

6）添加 Link1 和 Link2 之间的运动关节 j2：门把手绕着 X 方向的轴转动，如图 5-11 所示设定 j1 的 Joint Properties，完成后单击 OK 按钮，如图 5-12 所示。

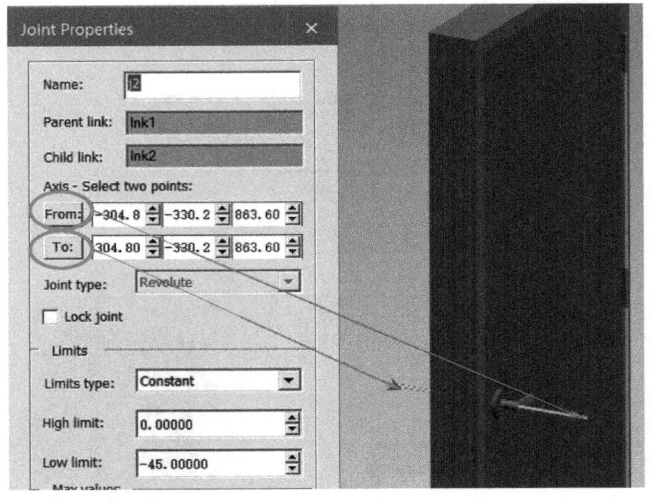

图 5-12　设定门把手的运动范围

7）打开 room_door_geo 的 Joint Jog 页面，拖动 Steering/Poses 滑动条，如图 5-13 所示，可以在图形查看器中看到相应部件随运动关节的运动，这帮助检验对象的运动学定义正确性。

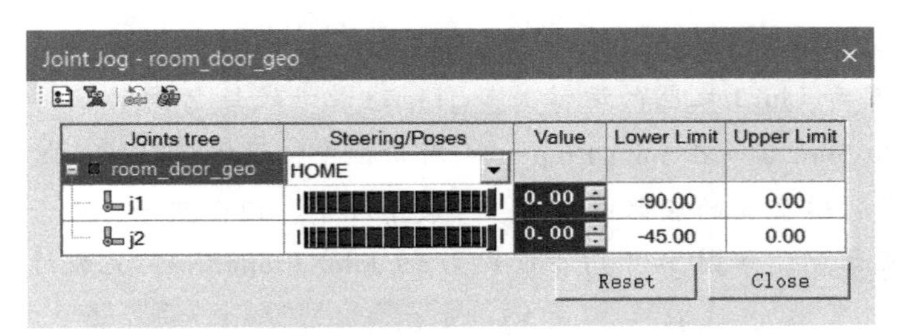

图 5-13　Joint Jog 页面

8）完成后，关闭 Joint Jog 对话框。可以选择结束对 room_door_geo 的建模，然后保存当前 Study。下次打开该 Study 时，可以看到已经定义好的 room_door_geo 的运动学。

很多情况下，某些设备（如 X 型焊枪、抓手等）或者机器人中存在多个运动关节，这些运动关节中有些互相之间存在从属关系，如图 5-14 所示的机器人，该机器人后背有一个

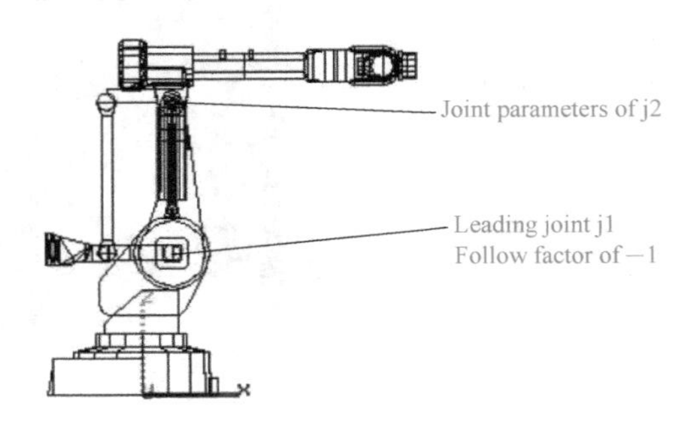

图 5-14　运动关节中存在从属关系的机器人

四连杆机构（三个关节取决于第四关节的运动）。首先，假设关节 j1 和 j2 开始时都处在 0°的位置。因为 j2 从属于 j1，当将 j1 移动到 30°时，那么同时 j2 会被移动到−30°。但是，如果 j2 不从属于 j1，那么将 j1 移动到 30°时，将不会影响 j2 的值，j2 仍旧会保持 0°，如图 5-15 所示。

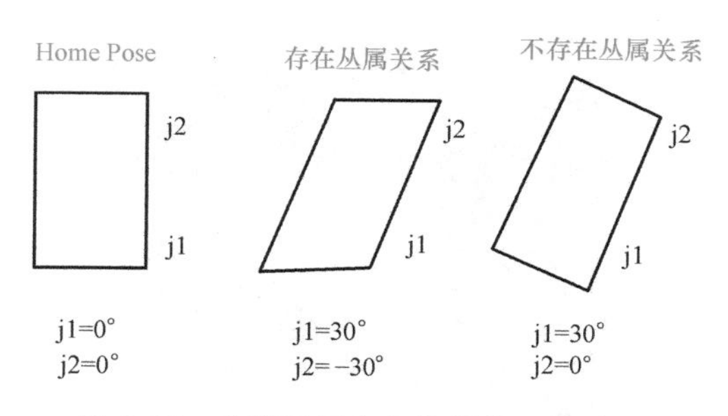

图 5-15　关节是否存在从属关系的对比

实例 3：定义从属关节的运动学

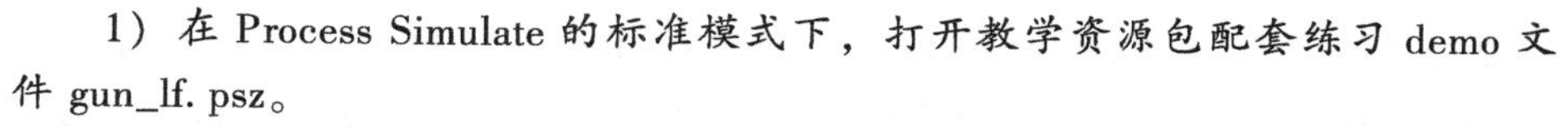

1）在 Process Simulate 的标准模式下，打开教学资源包配套练习 demo 文件 gun_lf. psz。

2）在对象树中，将 gun_lf_user1 * 设置为建模状态，并确认其已完全加载并显示在图形查看器中。

3）选中 gun_lf_user1 *，打开 Modeling 选项卡→Kinematic Device→Kinematics Editor，按照图 5-16 所示的运动关节关系，分别创建名为 Body、Upr_arm、Lwr_arm 的三个 Link，其中 Body 是焊枪的固定部分，Upper arm 是焊枪的上电极臂，Lower arm 是焊枪的下电极臂，如

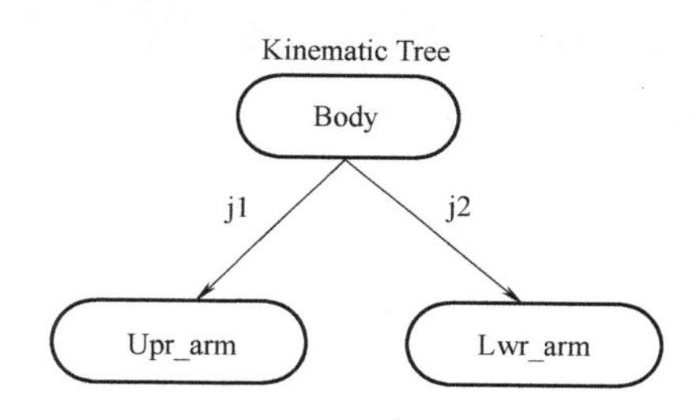

图 5-16　运动关节关系

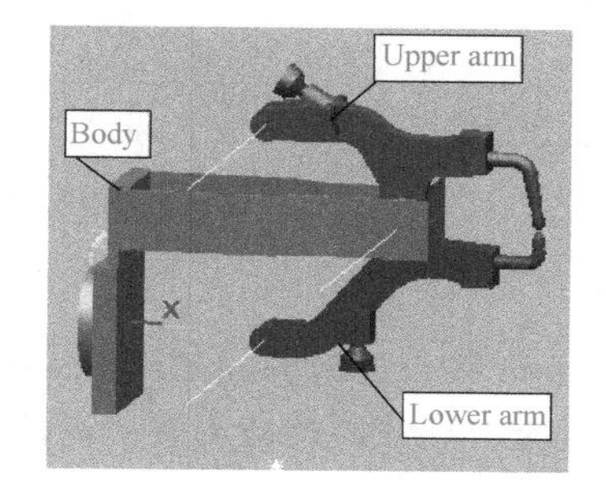

图 5-17　设置三个 Link

图 5-17 所示。需要注意的是，在设置 Link 时，需要将系统的 Pick Level 设置为 Pick Entity。

4）如图 5-16 所示的运动关节关系，创建焊枪的两个运动关节 j1 和 j2，它们都是绕着如图 5-18 所示红色箭头所指的轴线旋转而运动的。

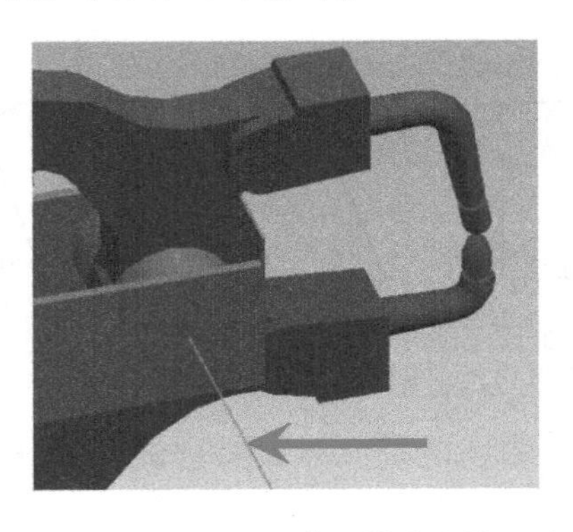

图 5-18　j1 和 j2 关节绕轴线旋转运动

5）本例中，j2 是从属于 j1 运动的，所以在 Kinematics Editor 中，把 j2 设置成从属 j1 运动，选择 j2，单击 Joint Dependency，在弹出的对话框中，其默认值是 Independent，需要选择 Joint Function，单击 Joint Name 右侧的下拉箭头并选择 j1，需要在函数表达框中输入正确的跟随系数。这个系数是一个关节运动与另一个关节运动的比率（跟随系数=从属关节范围/带领关节的范围）。本例中，跟随系数设置为-2. 13，如图 5-19 所示，设置 j1 和 j2 的从属关系：单击 j1，再单击 *，输入（-2. 13）。

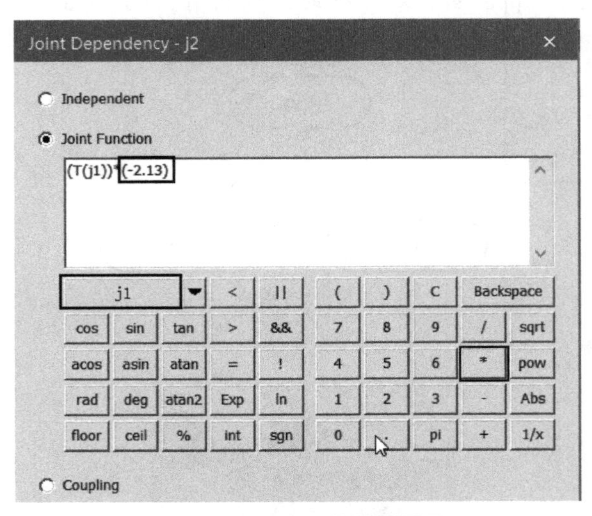

图 5-19　跟随系数设置页面

6）完成后单击 Apply 以及 Close 按钮关闭 Joint Dependency 对话框。打开 Joint Jog，在图形查看器中，可以看到 j1 和 j2 这两个关节的运动关系，拖动 j1 的 Steering/Poses 滑动条，j2 随着 j1 一起运动。

实例4：定义曲轴机构的运动学

1）在Process Simulate的标准模式下，打开教学资源包配套练习demo文件dump.psz。

2）在对象树中，将dump2_user1 * 设置为建模状态，并确认其已完全加载并显示在图形查看器中。在图形查看器中，有如图5-20所示的三个坐标系。

图5-20 图形查看器中显示三个坐标系

3）选择dump2_user1 *，打开Kinematics Editor，单击Create Crank ，创建曲轴。在弹出的对话框中，选择RPRR 类型，单击Next按钮，在RPRR Slider Crank Joints对话框中单击连杆图上的点（在连杆上方），如图5-21所示。

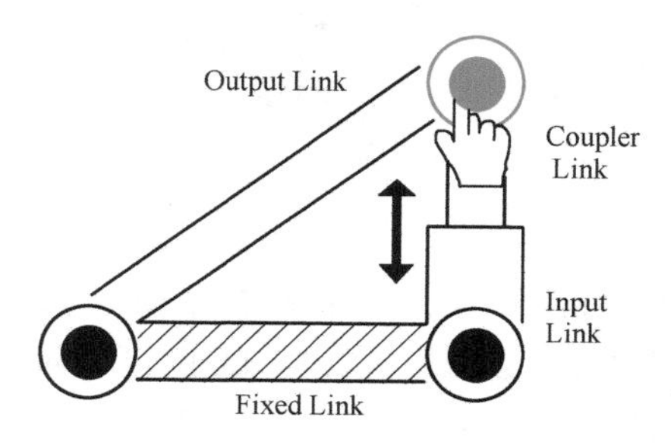

图5-21 选定Coupler

4）如图5-23所示，在RPRR Slider Crank Joints对话框的右侧，在相应的Coupler-Output Joint栏中，按照图5-22所示，选择相应的坐标系位置。

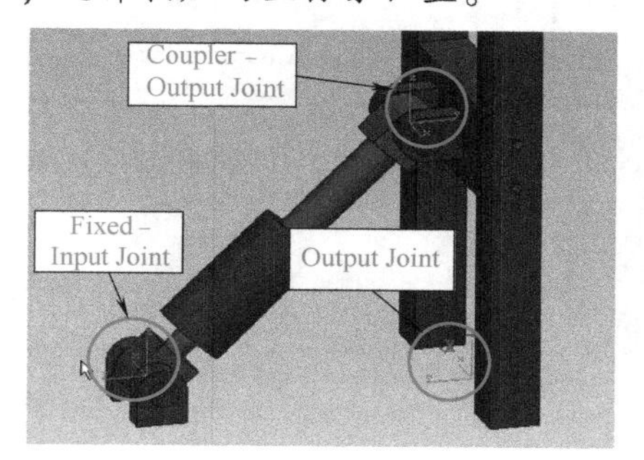

图5-22 图形查看器显示结果

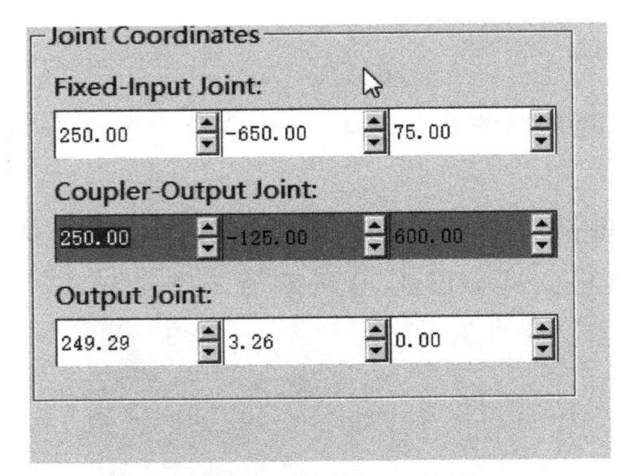

图 5-23 各坐标系设置

5）如图 5-22 和图 5-23 所示，在 RPRR Slider Crank Joints 对话框的右侧，分别为剩下的两个 Joint 选择对应的坐标系位置，完成后，可以看到图形查看器中出现了一个连接这三个点的三角形（通常情况下，选择的这三个点要保持在同一个平面上），单击 Next 按钮。

6）进入 Prismatic Joint Offset 设置页面，选择 Without Offset 类型，完成后单击 Next 按钮。

7）在 Select a link from the diagram 页面，单击左侧的 RPRR 示意图上的 Fixed Link，如图 5-24 所示。

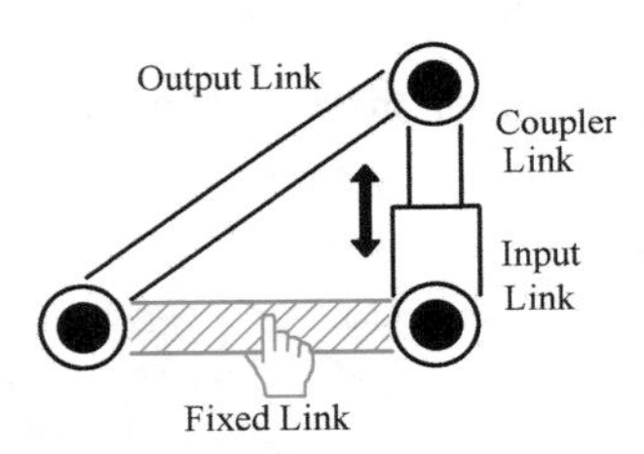

图 5-24 选择 Fixed Link

8）在右侧 Fixed Link Elements 栏里，选择图 5-25 所示土黄色的部件，完成 Fixed Link 运动链的创建。同理依次单击 Input Link、Coupler Link、Output Link，按照图 5-25 所示，完成相应的 Link Elements 的选择，完成后单击 Finish 按钮。

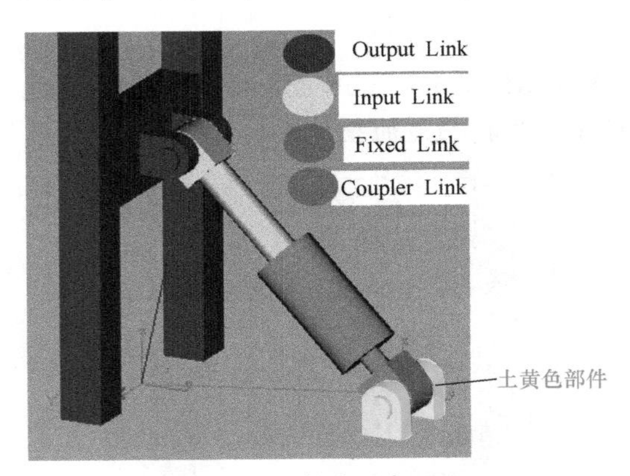

图 5-25 创建四个 Link

9）可以看到，在 Kinematics Editor 里已经定义好了 dump2_user1 * 的运动学关系，如图 5-26 所示，打开 Joint Jog 来验证定义的运动学的正确性。

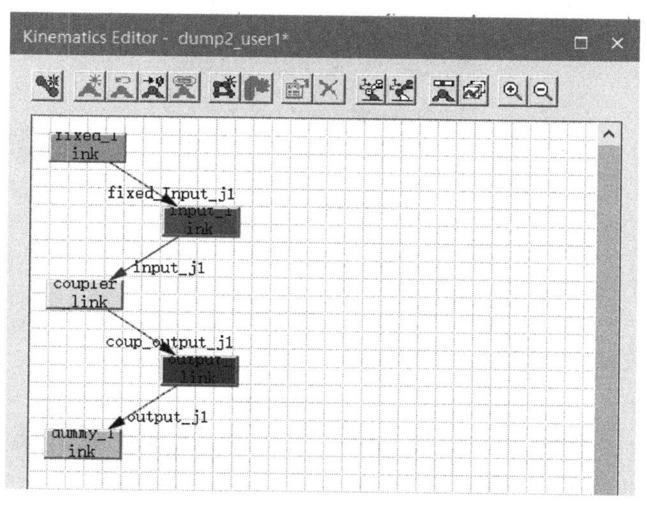

图 5-26 已定义好的运动学页面

10）完成后关闭 Joint Jog 和 Kinematics Editor 对话框，单击 End Modeling 结束建模，并保存对 dump2_user1 * 的建模和运动学定义，可以保存或者另存当前的 Study；如果有需要，还可以作为 Part 或者 Resource 用于其他的仿真场景中。

5.3 Pose Editor 姿态编辑器

姿态是根据在 Joint Jog 对话框中显示的关节值定义的，对于已经创建了运动学的设备或者机器人，使用“姿态编辑器” Pose Editor 命令，可以创建并保存它们的新姿态，并编辑和删除现有的姿态。可以在姿态编辑器中保存姿态，并随后将设备或机器人随时返回姿态。

在标准模式下打开教学资源包 MBHZ15 \ STUDY 文件夹中的 StartNoLayout. psz 文件，在对象树中选取 R1，然后单击 Modeling 选项卡→Kinematic Device →Pose Editor，可以打开 R1 机器人的姿态编辑器，如图 5-27 所示，可以看到 R1 机器人目前已有的一个姿态 HOME。

HOME 姿态是设备或机器人在首次定义运动时所处的原始位置。默认情况下，HOME 姿态始终显示在姿态编辑器中。当设备或者机器人处于建模状态时，在姿态编辑器中，可以执行以下操作：

1）创建一个新的姿态。在姿态编辑器中，单击 New Pose，可以为当前的设备或者机器人创建一个新的姿态，弹出的对话框会显示当前所选设备或机器人的关节列表，姿态名称 Pose name 处有一个唯一的默认名称，如图 5-28 所示。

在每个关节栏中，可以通过直接在 Value 中输入值或使用向上和向下箭头指定关节位置的值，来改变设备或者机器人姿态。完成后，可以在 Pose name 中，编辑默认的姿态名称。

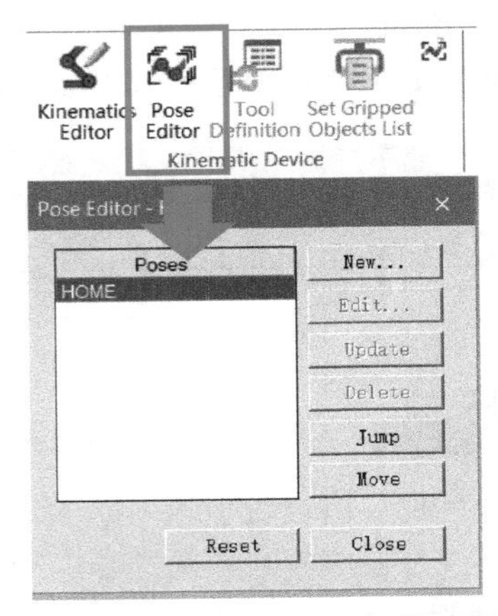

图 5-27 机器人姿态编辑器页面

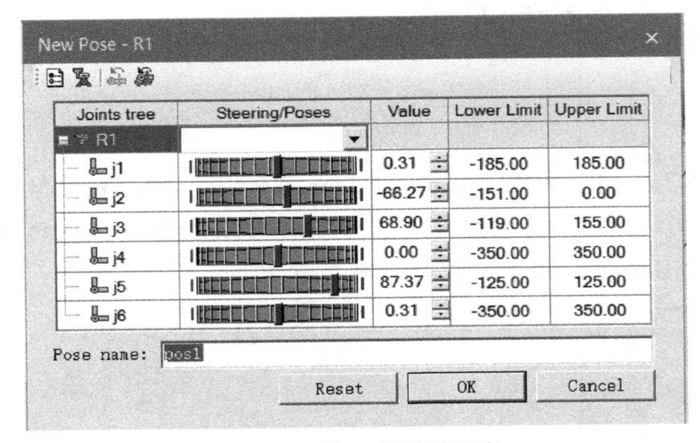

图 5-28 姿态编辑器列表

单击 OK 按钮，所选设备或机器人将移动到新姿态，新姿态将保存并显示在姿态编辑器对话框中。

2）编辑一个已有的姿态。在姿态编辑器中，选择一个现有的姿态，单击 Edit Selected pose，可以对选定的姿态进行编辑。例如，在标准模式下打开教学资源包 MBHZ15 \ STUDY 文件夹中的 StartNoLayout. psz 文件，在对象树中选取 turntable11，将其设置成建模状态，再用 Editor Pose 打开，可以看到 turntable11 已有四个姿态，选择其中的一个姿态，单击 Edit Selected pose 按钮，可以对选定的姿态进行编辑，如图 5-29 所示。

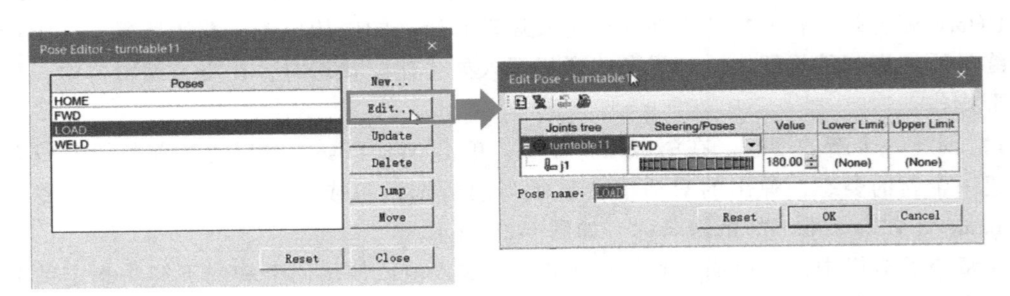

图 5-29 姿态编辑页面

3）标记姿态。当使用 Joint Jog 命令来改变设备或者机器人的姿态时，可以使用“标记姿态”Mark Pose 命令，将当前姿态作为一个新的姿态添加到设备中，可以使用 Pose Editor 打开查看，默认的姿态名是 posX。

4）在姿态编辑器中，选定一个姿态，使用 Delete 命令，可以将该姿态删除。使用 Jump 命令，当前选定的设备或者机器人将立刻切换到当前的姿态。使用 Move 命令，当前选定的设备或者机器人将从当前的姿态以一定的速度移动到选定的姿态。

5.4 New Device Operation 创建新的设备操作

使用“创建新的设备操作”New Device Operation 命令，用户能够创建设备的操作，这个操作包含设备从一个姿态到另外一个姿态的移动过程。通常把具有运动学定义的部件称为装置 Device，如说一台冰箱，它的门是可以打开的，所以它是定义了运动学的装置。一旦定义了设备，就可以为设备定义姿态。姿态是代表设备位置的一组联合值。只有对于定义了多个姿态的设备，才能为其创建新的设备操作。

按照以下步骤，创建新的设备操作。

1）选择 Operation 选项卡→Create Operation→New Operation→New Device Operation，弹出对话框，如图 5-30 所示。对话框中的 Device 选项，需要从对象树或者图形查看器中，选择基于创建操作的对象。直接在对象树中，右击所要创建新设备操作的装置，也可以使用 New Device Operation 命令。

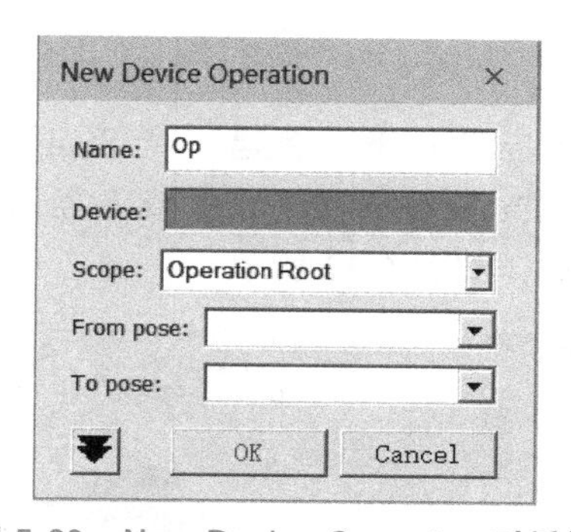

图 5-30 New Device Operation 对话框

2）在 Name 栏中，可以输入操作的名称。默认情况下，所有新设备操作都命名为 Op#。可以更改操作的名称，在操作树中也可以更改名称。

3）在 Scope 中，单击下拉列表以选择操作范围作为新设备操作的父项，也可以单击操作树中的操作。如果在使用创建新设备操作命令之前选择了某个复合操作，那么新创建的这个设备操作将自动作为这个复合操作的子操作项。

4）从 From pose 下拉列表中选择设备的开始姿态。所有设备都有一个 HOME 姿态。这是设备操作的默认启动姿态。

5）从 To pose 下拉列表中选择设备的最终姿态。

6）单击 Expand 按钮，可以展开对话框，如图 5-31 所示。

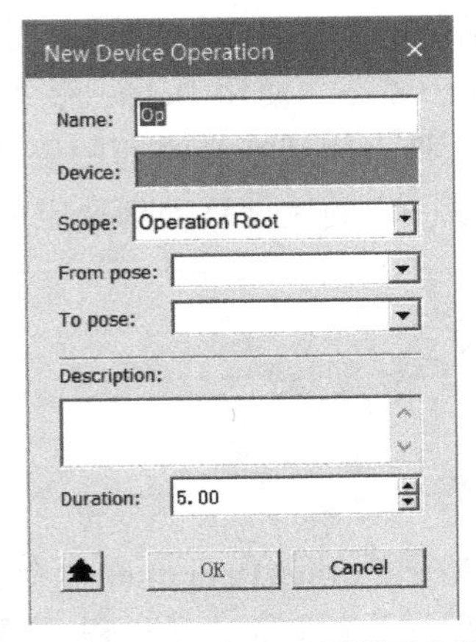

图 5-31 启用展开对话框页面

7）在 Description 栏中，可以输入对该操作的描述。不是所有的操纵都必须输入描述。如果在 Description 栏中输入说明，那么它将出现在操作属性对话框中。

8）在 Duration 栏中，通过使用向上和向下箭头或输入所需时间来修改操作的持续时间。默认情况下，持续时间为 5s。如果需要，可以在通过选择 Options→unit 选项来更改时间的单位。

9）完成后单击 OK 按钮。这样新的设备操作就会被创建并显示在操作树中。新操作会自动设置为当前操作。当编辑相关设备的姿态时，使用该姿态的设备操作会自动更新。

实例：添加 Room Door 的姿态 POSE 并对其创建 Device Operation

1）在 Process Simulate 的标准模式下，新建一个 Study，将 room_door_demo. jt 文件通过 Resource→ToolProtype 选项导入，或者插入定义为 Toolprotype 的 room_door_demo. cojt 文件，如图 5-32 所示。

图 5-32 导入文件

2）在对象树中，选取 room_door_demo，打开 Pose Editor，为其创建两个新的姿态，这样，连同其原有的 HOME 姿态，一共有了三个姿态，如图 5-33 所示。

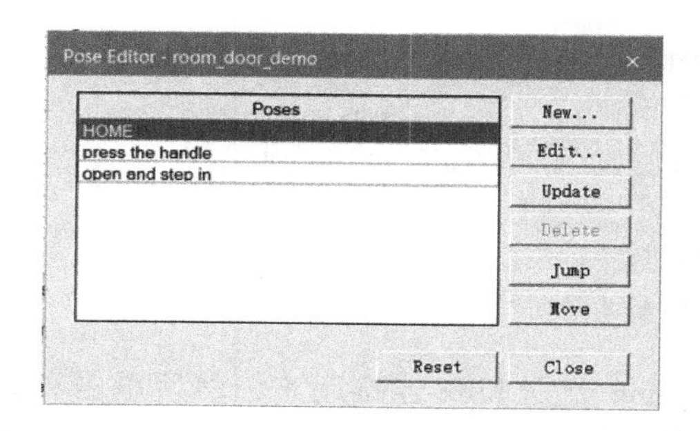

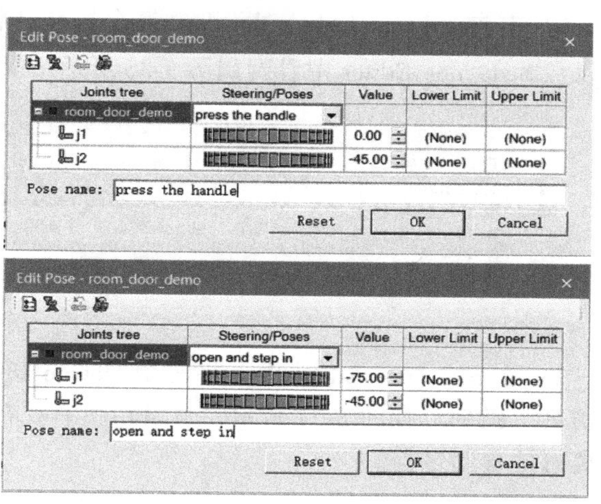

图 5-33　创建两个新姿态

3）单击 Operation 选项卡→Create Operation→New Compound Operation，创建一个新的复合操作，将其命名为 open and close the door。

4）在对象树中，选中新创建的 open and close the door 复合操作，然后单击 Operation 选项卡→Create Operation→New Device Operation，创建三个基于 room_door_demo 的新建设备操作，分别将其命名为 try to open、open 和 close。并按如图 5-34 所示进行新建设备操作的设置。

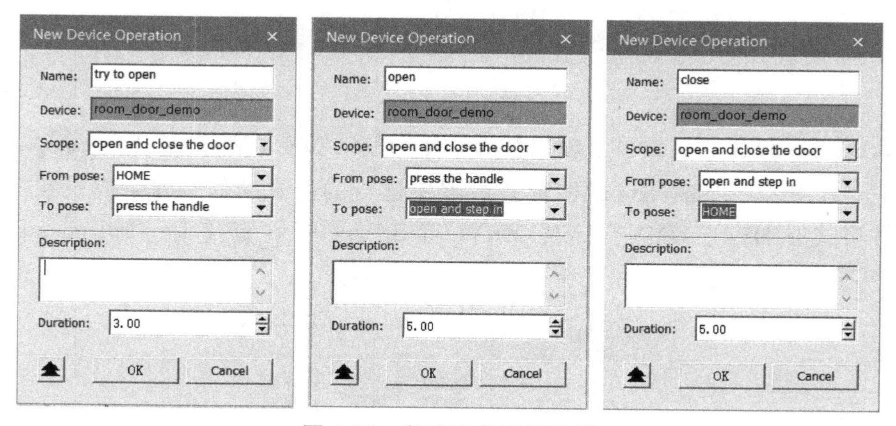

图 5-34　新建设备操作设置

5）完成后，可以在对象树中看到所有创建的操作，如图 5-35 所示。

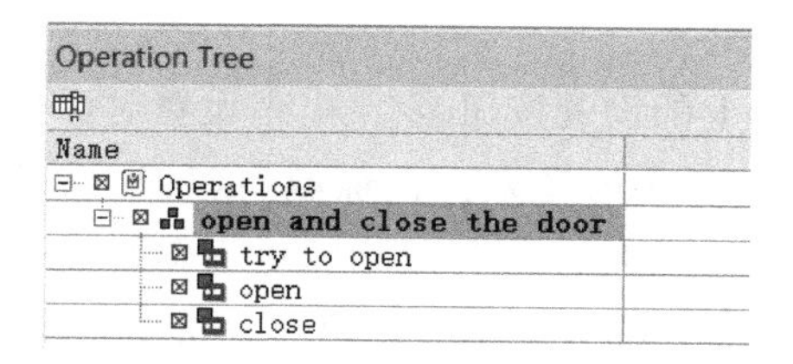

图 5-35　对象树中显示创建的操作

6）右击 open and close the door 复合操作，将其设置为当前操作 Set Current Operation，可以在 Sequence Editor 中看到如图 5-36 所示结果。

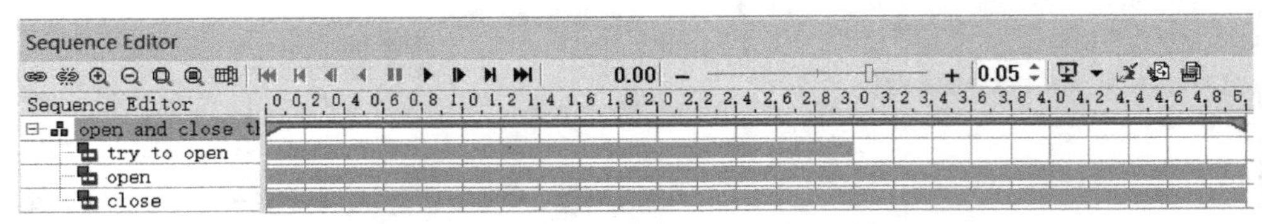

图 5-36 设置当前操作显示页面

7）在 Sequence Editor 中，将三个 Device Operation 分别 Link 连接起来，然后单击“播放仿真”按钮，如图 5-37 所示，可以在图形查看器中看到完整的 room door 从打开姿态到关闭姿态的移动过程。

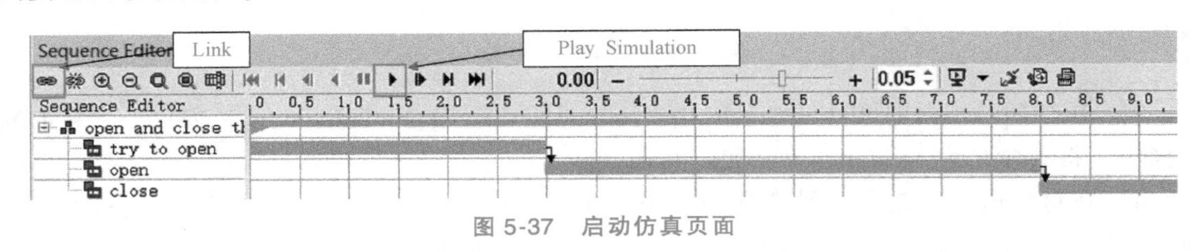

图 5-37 启动仿真页面

5.5 输出仿真的动作

在 Process Simulate 中，提供了输出仿真动作视频的功能 AVI Recorder，使用该功能，可以记录在 Process Simulate 的图形查看器中运行的仿真动作，并生成视频文件，支持的视频文件格式有 MP4、WMV、AVI、MKV。单击 Operation 选项卡→Documentation →AVI Recorder，启动 AVI Recorder 命令，如图 5-38 所示。

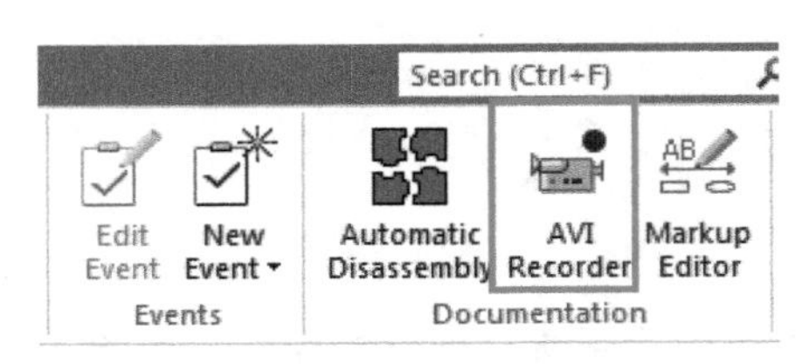

图 5-38 启动 AVI Recorder 功能

单击 Movie Recorder 页面上的设置按钮，出现设置对话框，如图 5-39 所示。

1）Video code：指定视频的压缩技术，也称编解码器，直接录屏可能会导致文件非常大，采用编解码器技术，可以大大减小文件尺寸，也不会影响视频结果的清晰度。

2）Capture area：设定图像标准分辨率、自定义分辨率，或者屏幕截图。

3）Timing：设置帧速率。

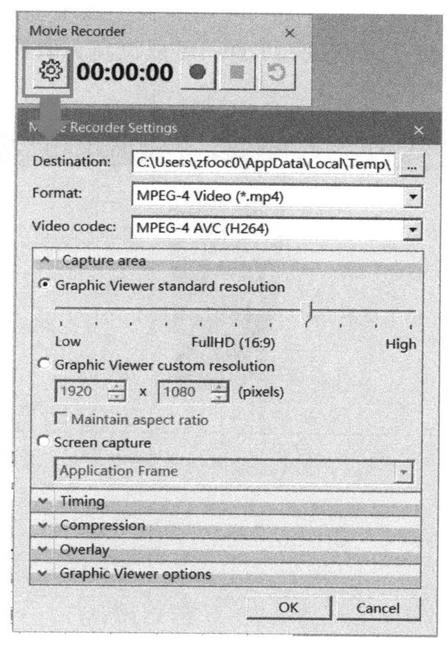

图 5-39　Movie Recorder 设置页面

4）Compression：是解码器功能的一种。

5）Overlay：在视频结果上覆盖文本或 logo。

6）Graphic Viewer options：选择在视频结果上是否显示导航立方体、工作坐标系、路径/位置、二维对象或删除零件。

除了上述的输出仿真视频的功能之外，还可以在 Process Simulate 中创建 3D HTML 格式输出结果，使用 File→Import/Export→Export to Web 命令，可以将仿真结果以 HTML 的格式输出。这样就可以将仿真的输出结果分享给任何需要的人，只需要使用支持 HTML5 和 WebGL 的 Web 浏览器就可以打开浏览仿真的结果。在浏览器中，可以进行平移/缩放/旋转的操作。

如图 5-40 所示，使用 Export to Web 命令，在弹出的对话框中进行设置。在 Output 栏中，选择要保存的 HTML 文件的路径以及名称。在 Level of details 下拉菜单中，选择输出文件质量的高/中/低，质量高则文件尺寸大，反之亦然。最后，勾选 Include simulation 选项，

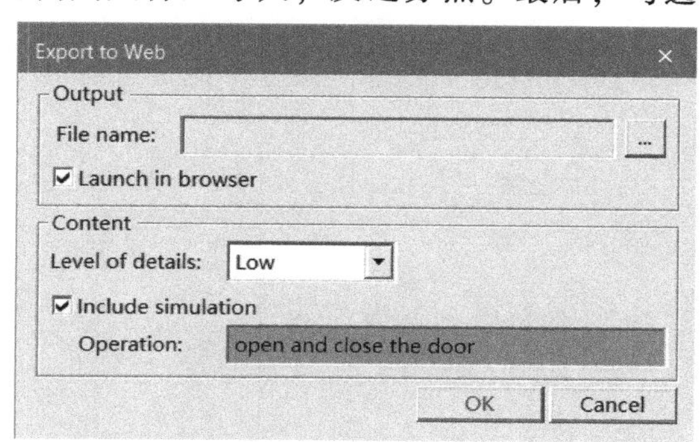

图 5-40　Export to Web 对话框

选择要输出的操作，如选择 open and close the door 复合操作。用浏览器打开，可以看到如图 5-41 所示的 Process Simulate Web View 页面，可以浏览并且运行仿真而不需要任何额外的工具。

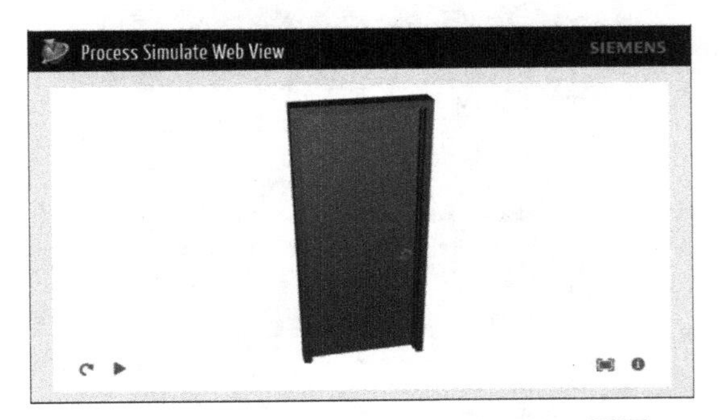

图 5-41 Process Simulate Web View 页面

第6章 CHAPTER 6 Process Simulate软件中的装配仿真

6.1 创建路径

Process Simulate 工艺仿真基本流程：第一步是加载一个装配体（零件）并创建一个最初的路径，之后将不断地对路径进行改进和优化。通过对路径的仿真和模拟，可以检测并消除路径中的错误和误差。不断重复这个过程，直到错误和误差被完全消除。

创建路径，使用 Process Simulate 提供的放置命令将装配体（零件）移动到所需位置。当一个零件被移动后，可以标记（创建）位置并将其添加到路径中。当路径被标记后，使用仿真来模拟它的移动时，Process Simulate 中的路径规划功能会使零件在这些位置之间平顺地运动。

以下是一些和路径相关的选项功能：

（1）总成零件 Assembly Part　指装配体中的某个部件。每个装配部件可以有一个或多个与其关联的路径流。

（2）路径流 Flow Path　指一系列的位置，它们中的每个位置都构成了一个零件装配的位置和方向。装配零件移动路径的连续位置构成了组装或拆装零件工艺过程。

（3）持续时间 Duration　指部件沿路径移动所需的时间。每个路径具有指定的持续时间。

（4）夹点坐标系 Grip Frame　指附着在沿着路径移动的零件或总成上的。创建路径时，路径的位置生成夹点坐标系。如果零件没有夹点坐标系，或者夹点坐标系处于非活动状态，则在零件的自身原点坐标系处生成位置。

（5）路径 Path　指对象将如何移动的一系列位置。通常，对象会从路径中的第一个位置移动到最后一个位置。路径在图形查看器中表示为虚线。路径通常和操作树中的操作关联。

在 Process Simulate 中，最基本的一个创建路径的方法就是通过创建 New Object Flow Operation 来实现的，本章后续章节介绍的装配仿真的相关内容就是基于 New Object Flow Operation 来进行的。通过单击 Operation 选项卡→New Operation→New Object Flow Operation 命令，如图 6-1 所示，可以创建路径和相关的操作。此路径/操作与 Study 中的对象关联。正常情况下这个对象是一个零件，但它可以是其他的类型，如资源或坐标系。

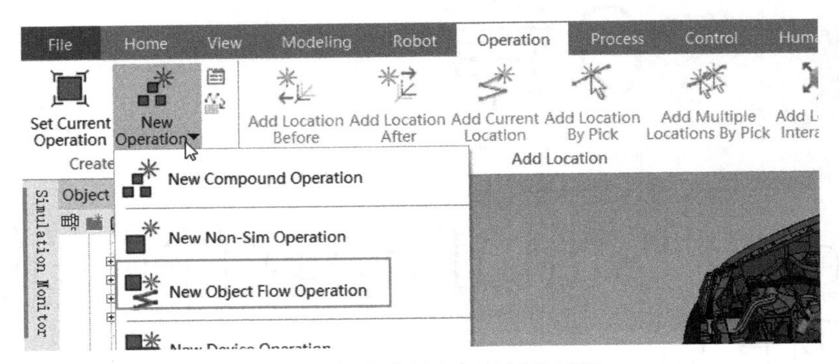

图 6-1　创建路径和相关操作页面

使用 New Object Flow Operation 命令，出现图 6-2 所示对话框。

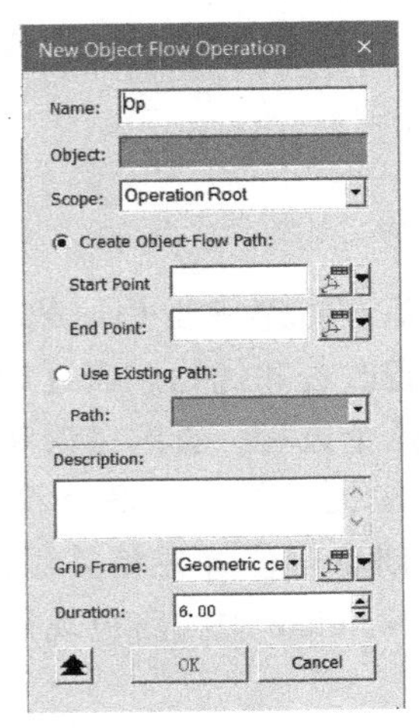

图 6-2　New Object Flow Operation 对话框

1）在 Name 栏中，用户对新建的 Object Flow Operation 命令命名。

2）Object 栏中，用户可以在图形查看器中或直接在对象树中，选择 Object Flow Operation 所要基于的零件（或者资源）。用户也可以直接在图形查看器或者对象树中右击一个对象，在弹出菜单中选择 New Object Flow Operation，在弹出的对话框中，会在 Object 栏自动选择之前在图形查看器或者对象树中所选的对象。

3）如果要创建新的路径，单击 Create Object-Flow Path，然后通过单击 Start Point/End Point 字段并选择希望路径开始/结束的位置来指定开始点和结束点。用户可以在图形查看器中选择一个位置。默认情况下，所选对象的当前位置是开始点。位置在指定点处创建并显示在图形查看器中。如果要使用现有路径，单击 Use Existing Path，然后从路径下拉列表、图形查看器或对象树中选择路径。

4）单击 Expand 按钮，可以定义更多 Object Flow Operation 的信息，如在 Description 栏中，可以添加对操作的描述，这不是一个必须要做的操作，用户添加的描述和说明将会出现在操作属性对话框中。

5）从 Grip Frame 下拉列表中为所选对象选择一个夹点坐标系。默认情况下，Grip Frame 位于所选对象的几何中心。可以通过单击 Grip Frame 旁边的下拉箭头按钮，并使用四种可用方法之一指定坐标系的确切位置。选定的 Grip 坐标系会在图形查看器中和对象树中的组合体下创建并显示。默认情况下，所有 Grip 坐标系均为蓝色。用户不能修改现有坐标系的颜色，要修改新坐标系的颜色，可以通过 Options 中相关选项进行修改。

6）在 Duration 栏中，通过使用向上和向下箭头或输入所需时间来修改操作的持续时间。默认情况下，持续时间为 5s。如果需要，可以在 Options 对话框的相关选项卡来更改时间的单位。

在完成了上述的设置和输入后，单击 OK 按钮，会在指定的开始点和结束点之间创建一个路径，并显示在图形查看器中。Object Flow Operation 沿路径创建并显示在操作树中。新操作会自动设置为当前操作（如果当前操作尚不存在），并且显示在序列编辑器 Sequence Editor 中，也可以将操作添加到路径编辑器 Path Editor 中，在这三处地方路径上的每个位置都会显示为操作的子项。

实例：New Object Flow Operation 操作

1）在标准模式下打开教学资源包 MBHZ15 \ STUDY 文件夹中的 StartNoLayout. psz 文件，使用 Display Only 命令，在图形查看器中只显示零件 LongBar。

2）在图形查看器中，右击 LongBar，选择 New Object Flow Operation 命令，在 End Point 栏中单击，在图形查看器中选择任意位置，如图 6-3 所示，单击 OK 按钮。

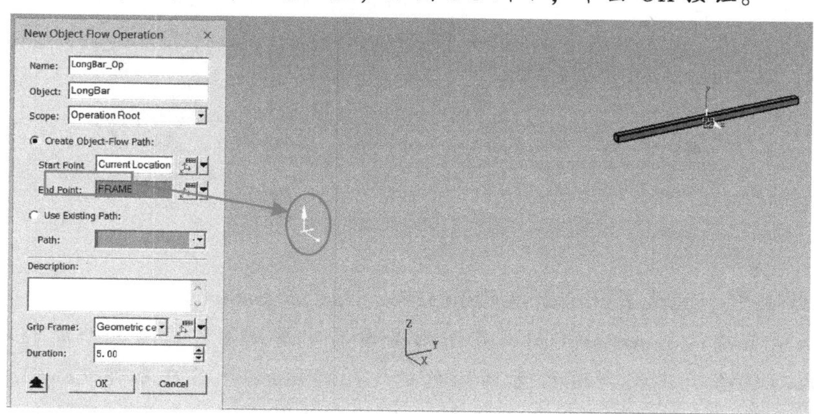

图 6-3 设置 End Point 栏

3）在 Sequence Editor 中，单击 Play Simulation 按钮，运行当前创建的 LongBar_Op，在图形查看器中看到零件沿着一个路径移动，路径在图形查看器中显示为白色的虚线，起终点位置以绿色的坐标系表示，Grip Frame 的位置以一个白色的坐标系显示，如图 6-4 所示。

4）继续创建一个新的基于零件 LongBar 的 Object Flow Operation，和上一个不同的是，将改变默认的 Grip Frame 的位置：单击 Grip Frame 按钮旁边的下拉箭头按钮，在图形查看器中另外指定一个任意的 Grip Frame 位置，或者按照图 6-5 所示输入指定位置的值。

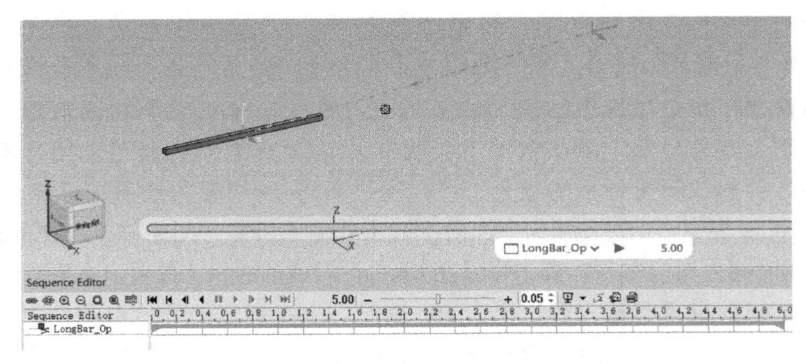

图 6-4　运行创建的 LongBar_Op 页面

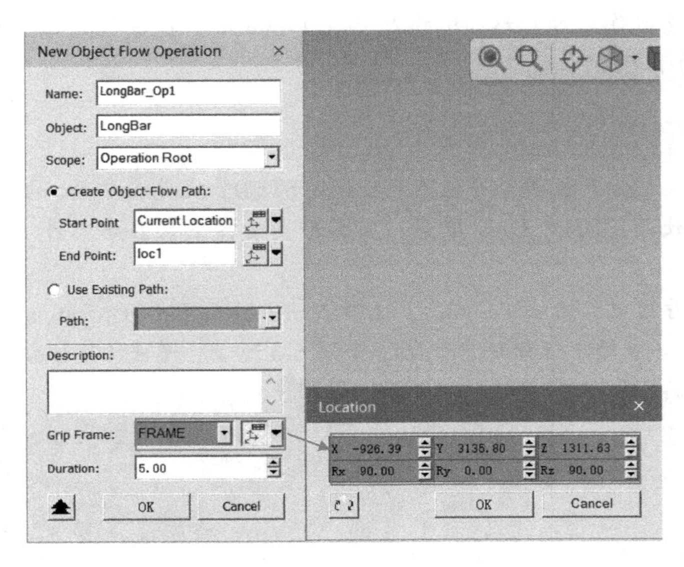

图 6-5　指定 Grip Frame 位置页面

5）在操作树中，隐藏第一次创建的 LongBar_Op，在 Sequence Editor 中，单击 play simulation，运行当前创建的 LongBar_Op1，在图形查看器中看到零件沿着一个新的路径移动，和第一次创建的路径略有不同，这次看到操作的 Grip Frame 并不在零件 LongBar 的几何中心点，而是在其上方，以按照图 6-5 来指定 Grip Frame 位置为例，如图 6-6 所示。

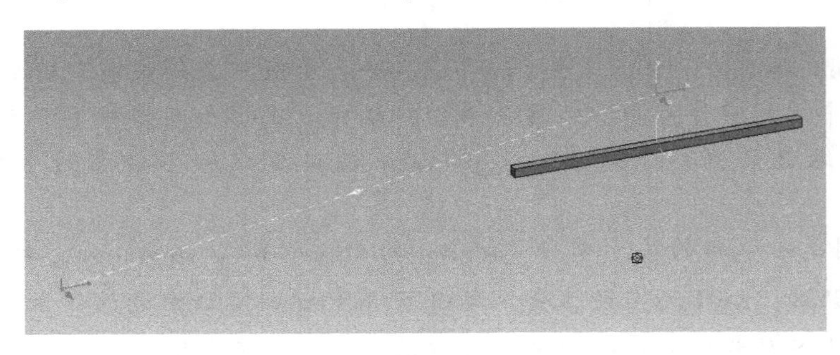

图 6-6　零件沿一个新的路径移动

6.2 序列编辑器和路径编辑器

在 Process Simulate 中，可以使用 Sequence Editor 序列编辑器来运行指定的仿真操作和进行仿真操作的排序，Sequence Editor 一般在软件页面的右下角，需要先把选定的操作设为当前操作（通过选择 Operation 选项卡→Set Current Operation），然后选定的操作就会出现在 Sequence Editor 中，如图 6-7 所示。Sequence Editor 包含两个可调整大小的区域，左侧为树状区域，右侧为甘特图区域。

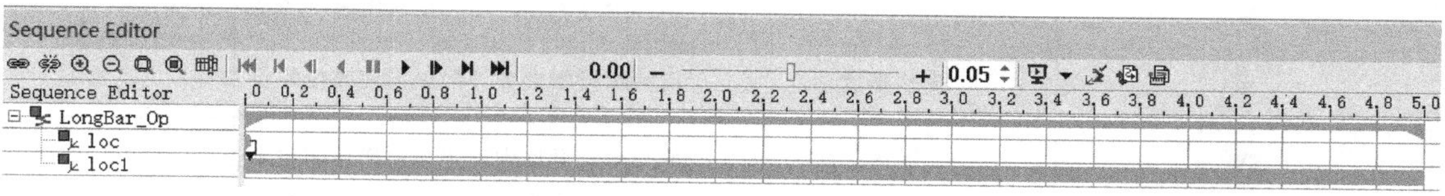

图 6-7 当前操作出现在 Sequence Editor 中

树状区显示当前操作的分层树。树的根部是当前操作的名称，如果是复合操作，则子操作显示在下面。例如，在 Object Flow 操作中，路径位置显示在操作名称下面的树状结构中。

在甘特图区域显示操作和子操作的甘特图，这说明它们的关系和运行它们所需的时间。当模拟一个操作时，可以看到在图形查看器中运行的操作，并且一条垂直的红色线条沿着甘特图中的操作移动。可以将垂直的红色线条拖动到操作中的任意点，并且在图形查看器中的显示会相应地进行调整，以显示操作中的相同点。

在序列编辑器中，可以链接或者取消链接子操作并将事件附加到操作中，这些内容已经在《数字化制造生产线规划与工厂物流仿真》教材中讲过，本教材只讨论基于 Standard 模式下的操作。还可以在 Options→appearance 选项中修改显示在甘特图中的事件和操作的颜色。

如果暂停仿真并对操作进行更改，仿真将在后台快速重置并运行，直到将其暂停为止。当恢复仿真时，它会从暂停的那个时间开始。可以使用工具栏中的任何播放控件来操纵仿真的播放/暂停/重置。

表 6-1 介绍了“序列编辑器”工具栏中的可用选项的功能。

表 6-1 “序列编辑器”工具栏选项

图标	命令	描述
	链接	将一个子操作链接到复合操作中的另一个操作
	取消链接	取消链接选定的链接操作
	放大	调整甘特图中的图像以显示更短的时间段，从而可以更详细地查看操作的一部分
	缩小	调整甘特图中的图像以显示更长的时间段，可以查看整个操作

（续）

图标	命令	描述
	缩放至适合	调整甘特图中的图像以在同一视图中显示所有操作
	缩放到选定的操作	调整甘特图中的图像以显示在树区域中选择的操作
	配置列	配置序列查看器树状区域中列的可见性
	跳转仿真开始	将图形查看器中当前操作的仿真从当前查看点跳回到操作开始处
	向后播放操作开始	在图形查看器中将当前操作的仿真向后运行到操作的开头
	退后一步	逐步向后运行图形查看器中当前操作的仿真
	向后播放	向后运行图形查看器中当前操作的仿真
	暂停	在图形查看器中停止当前操作的仿真
	向前播放	在图形查看器中向前运行当前操作的仿真
	向前一步	以当前操作的时间间隔,步进运行当前的仿真
	播放到操作结束	在图形查看器中运行当前操作的仿真,直到操作结束
	跳转仿真结束	将图形查看器中当前操作的仿真从当前查看点向前跳转到操作结束
0.05	仿真设置	配置并显示当前仿真时间间隔。也可以在 Options→Simulation 中设置。指定仿真时间间隔可以用于计算仿真路径位置的采样间隔。更短的时间间隔提供更准确和更好的流动仿真,较长的时间间隔可以减少对计算机资源的占用,但会产生跳跃并降低仿真的查看质量
11.10	仿真时间	显示正在运行的仿真的经过时间
- +	真实的仿真速度	使用滑块调整模拟速率,最右边的代表快速地以最高速度运行,移动到中点使模拟以其实际速度运行,最左侧代表以最低转速运行它
	动态碰撞报告	打开动态碰撞报告
	最小距离报告	打开最小距离报告

使用过滤器来选择树区域中显示的操作类型，这样可以轻松过滤大量数据，并仅查看选定类型的操作。通过筛选出可能会降低性能的数据，以提高系统的性能。可以通过选择预定义的过滤器来选择显示或隐藏哪些级别和节点来过滤树。

应用序列编辑器的过滤器步骤如下：

1）右击序列编辑器树区域中的空白区域，然后选择 Tree Filters editor “树过滤器编辑器”，以显示“序列编辑器过滤器”对话框，如图 6-8 所示。

2）在 By Type 选项卡中，选择要在树中显示的操作类型和细节级别，并取消选择不希

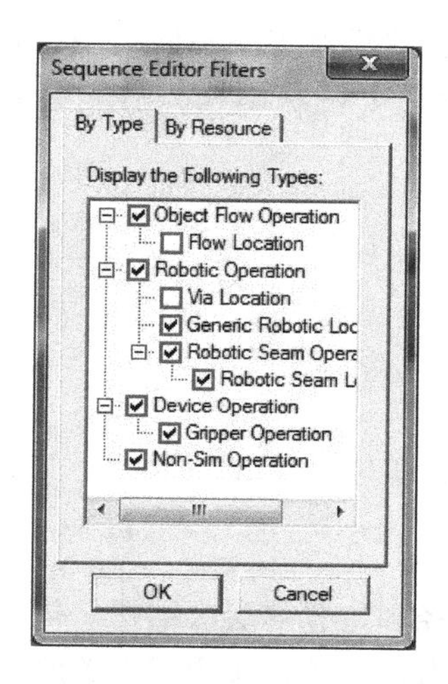

图 6-8 “序列编辑器过滤器”对话框

望显示的操作类型和细节级别，这可以防止加载“序列编辑器”树中可能降低系统性能的不必要实体。在“序列编辑器过滤器”对话框中选择或取消选择父节点，会自动选择或取消选择该节点的所有子节点。也可以通过单独选择或取消选择，更改独立于父节点的子节点的选择。

3）要对 By Type 选项卡中选定的操作类型应用第二级过滤，只能选择与特定资源关联的操作：在图形查看器或对象树中选择所需的对象，选择 By Resource 选项卡，显示选定的资源，如图 6-9 所示。

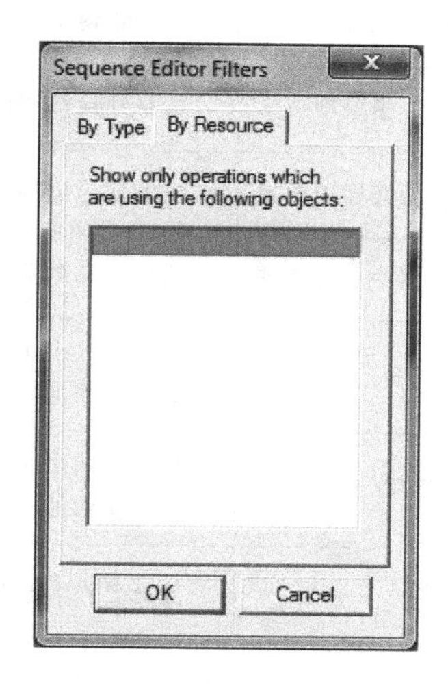

图 6-9 By Resource 选项卡

4）单击 OK 按钮，根据选定的操作和资源显示树状层次结构，系统会保存设置，用于以后的 Process Simulate Study。

在 Process Simulate 中，路径编辑器 Path Editor 也显示有关路径和位置的详细信息，提供了一种可视化操作路径数据的简单方法。一般情况下，路径编辑器位于软件页面的左下角，和序列编辑器交替显示，路径编辑器支持不同类型操作的路径，包括装配、人因工程、焊接等。路径编辑器在左侧包含一个树状结构，右侧包含一个各种数值的表，如图 6-10 所示。

Paths & Locations	Motion Type	Speed	Zone	OLP Commands	Attachment	X	Y
LongBar_Op							
loc						-92...	313...
loc1						-253...	63...

图 6-10　路径编辑器页面

树状结构包含当前操作中路径和位置的层次结构。树的根部是当前操作的名称。选择一个位置将显示在图形查看器中。右侧的表格包含了有关路径中每个位置的详细信息，可以根据需要通过单击表格单元格内的数据来更改数据。

在路径编辑器中，可以添加、删除、复制、粘贴和重新排序路径、位置和操作，这可以在路径内和不同路径之间执行。可以从操作树、对象树或图形查看器中单击并拖动路径（只能将位置从图形查看器中拖出）为复合操作。可以将相同的操作添加到多个程序中；在图形查看器中选择多个位置，然后将其拖放到路径编辑器树中的操作的任何位置。

表 6-2 介绍了路径编辑器工具栏中的可用选项功能。

表 6-2　路径编辑器工具栏中的选项

图标	命令	描述
	向编辑器添加操作	将对象树中的当前操作添加到路径编辑器
	从编辑器中删除项目	从路径编辑器中删除所选项目（不会删除操作）
	将操作添加到路径编辑器	将操作添加到路径编辑器
	从路径编辑器中删除操作	从路径编辑器中删除操作
	提升	将一个或多个选定（顺序）位置向上移动到树中的节点，即更改操作的有序序列
	下移	将一个或多个选定（顺序）位置向下移动到树中的节点，即更改操作的有序序列
	自定义列	选择要在“路径编辑器”表中显示的列 要加载现有的路径编辑器列集，单击“自定义列”图标中的箭头，然后选择预定义的列集 Path Editor Paths & Locations Set A Set B

（续）

图标	命令	描述
	设置位置参数	编辑多个位置的参数
	路径段仿真	选择路径的一部分(一组连续的位置)进行仿真参考
	将仿真设置为开始	将仿真设置为加载操作的开始,机器人跳转到分段范围的第一个位置
	播放仿真后退到操作开始	向后播放仿真,直到加载操作开始,图形显示仅在操作段范围内更新
	步骤仿真向后	向后步骤仿真,图形显示仅在操作段范围内更新
	播放仿真向后	向后播放仿真,图形显示仅在操作段范围内更新
	停止、暂停	停止仿真
	播放仿真前进	向前播放仿真,图形显示仅在操作段范围内更新
	步骤仿真快进	向前快进仿真步骤,图形显示仅在操作段范围内更新
	播放仿真前进到操作开始	向前播放仿真直到加载操作结束,图形显示仅在操作段范围内更新
	将仿真设置为结束	将仿真设置到加载操作的结尾,机器人跳转到段范围的最后位置
	从这个位置播放	选择位置操作后,使用此命令在后台运行仿真,直到到达所选位置
0.05	仿真设置	配置并显示当前仿真时间间隔。也可以在 Options→Simulation 中设置,指定仿真时间间隔,可以用于计算仿真路径位置的采样间隔。更短的时间间隔提供更准确和更好的流动仿真,较长的时间间隔可以减少对计算机资源的占用,但会产生跳跃并降低仿真的查看质量
11.10	仿真时间	显示正在运行的仿真的经过时间
- +	真实的仿真速度	使用滑块调整模拟速率,最右边代表以最高速度运行,中点(1:1)代表以其实际速度运行,最左侧代表以最低转速运行它

可以选择在路径编辑器表格的列中显示信息的类型，需要自定义路径表。

1）单击图标，显示 Customize Columns 对话框，如图 6-11 所示。

2）要选择在右侧的 Show columns in following order 栏显示的列，可以按照如下步骤操作：从 Available columns 列表中选择一个列并单击 > 按钮，单击 >> 按钮以选择所有可用的列。按照以下顺序在显示列中选择一列，然后单击 < 按钮将其删除。单击 << 按钮删除所有列。可以使用最右侧的↑和↓按钮按各列的显示顺序排列。

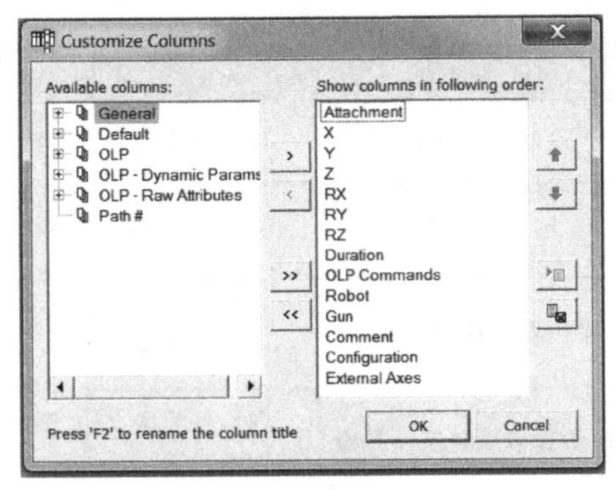

图 6-11　Customize Columns 对话框

3）如果用户希望编辑 Available columns 列表中列的标题，选择该列并按<F2>键，列标题成为可编辑字段，编辑标题并按<Enter>键。

4）单击图标，将 Show columns in following order 栏中当前显示列保存为列集，以便以后可以重新加载。

5）单击图标，出现“载入列设置”对话框，可以将已经保存的列设置载入。

6.3　使用 Object Flow Operation 创建零件的装配过程

通常情况下，使用 Object Flow Operation 来创建和仿真零件的装配过程，对于由多个部件组成的装配体总成，可以通过 Sequence Editor 来定义各组件安装的先后顺序，也可以通过打开干涉查看器来验证产品和工艺设计的正确性和合理性，尽早发现问题，以避免产生“不可制造问题” no build issue。

本节将通过具体的实例介绍使用 Object Flow Operation 创建和仿真发动机总成的装配过程

实例：Engine Assembly Flow Operation

1）在 Process Simulate 标准模式下，打开 Engine Assembly. psz 文件。

2）在对象树中，可以看到 Engine Assembly 作为一个装配体总成，它的各个部件组成情况如图 6-12 所示，一共有 6 个分总成部件。

3）右击操作树中的空白区域，选择 New Compound Operation，新建一个复合操作，并将其命名为 Engine Assembly。

4）一般情况下进行装配仿真的过程是一个相对装配总成的拆卸过程，所以将从 Engine Assembly 最外侧的部件入手，由外而内地对其部件结构进行分解，最后再用 Sequence Editor 进行排序和链接。

5）设置 Pick Level 为 Component ，选择 Engine Assembly 复合操作，按住<Ctrl>键，

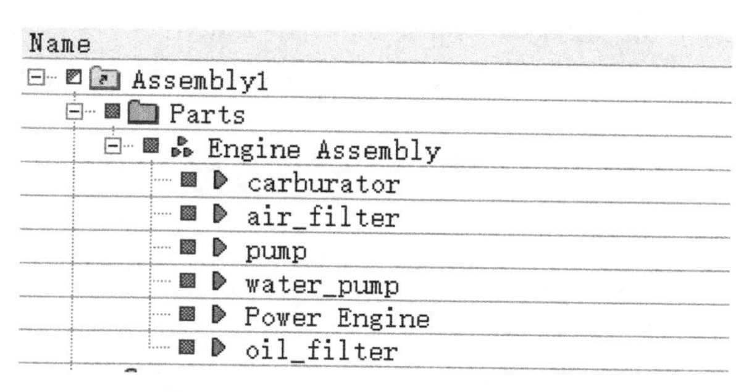

图 6-12　对象树中各个部件组成

在图形查看器中选择发动机总成上部的 air_filter 部件，右击在弹出的快捷菜单中选择 New Object Flow Operation，在弹出的对话框中的终止点 End Point 位置选择 air_filter 部件上方（Z 向）的某个点，将持续时间 Duration 设置为 3.5s，如图 6-13 所示，完成后单击 OK 按钮。

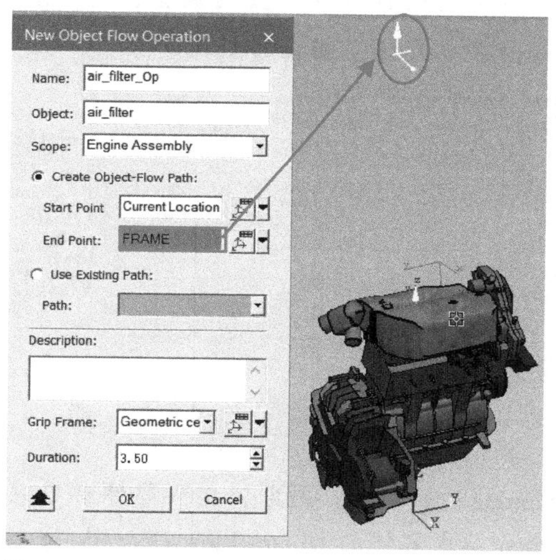

图 6-13　New Object Flow Operation 参数设置

6）在操作树中，可以看到已经创建的复合操作和它包含的子操作 air_filter_Op。在 air_filter_Op 操作下，包含了两个路径点，这两个路径点就是刚才在创建 air_filter 的 Object Flow Operation 时输入的 Start Point（loc）和 End Point（loc1），如图 6-14 所示。

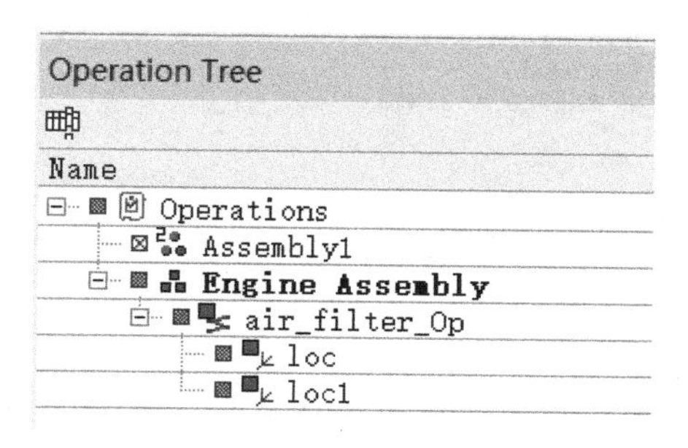

图 6-14　在操作树中显示创建对象

7）在操作树中，选中 air_filter 的 Object Flow Operation，然后在路径编辑器中，单击工具栏上的按钮，可以看到 air_filter_op 被添加到路径编辑器中，如图 6-15 所示。

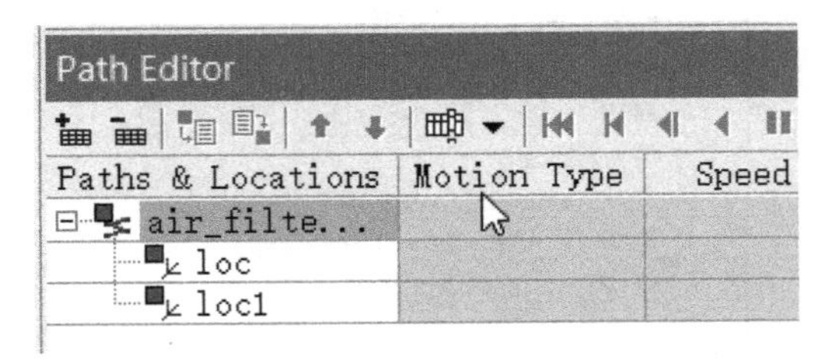

图 6-15　创建对象被添加到路径编辑器

8）因为要做的装配仿真是发动机各部件从分散状态到组装为总成的过程，所以需要将 air_filter_Op 中起始、终点的位置互换一下，可以在路径编辑器中直接用鼠标拖动对应的路径进行操作，或者使用工具进行路径位置的调整，完成后如图 6-16 所示，可以看到对象树中对应操作下的路径顺序也发生了相应的变化。

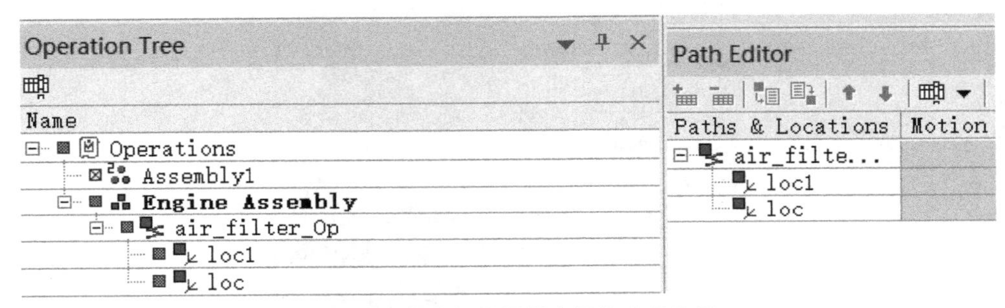

图 6-16　在路径编辑器中调整路径位置

9）以主体零件 power engine 为中心，将其余 5 个部件都安装在其上。同理，参照上述的步骤，分别创建剩下 4 个分总成零件的 Object Flow Operation，需要注意的是，装配体零件的装配顺序是从内到外的，所以每次为一个新的部件创建的 New Object Flow Operation 都应该排列在复合操作下的最前面，全部完成后，可以看到操作树下所有操作，如图 6-17 所示。

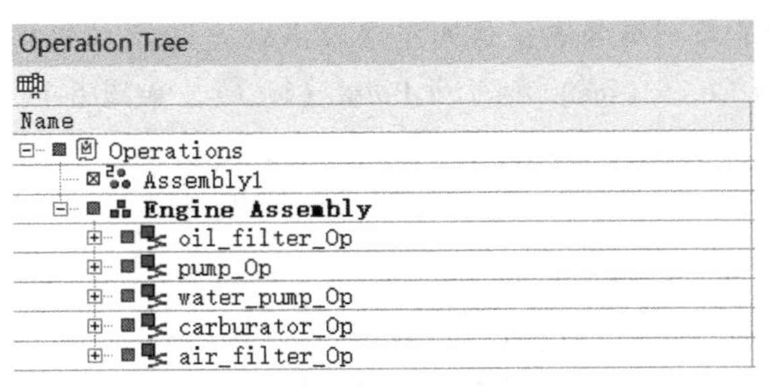

图 6-17　操作树下显示所有操作

10）在序列编辑器中，看到右侧的甘特图区域中所有的子操作都是对齐的，那是因为所有操作设置的时间（Duration）都是一样的 3.5s，单击序列编辑器上的“播放仿真”按钮，可以看到仿真运行的过程是 5 个组件同时往 power engine 移动的过程。如果希望看到部件一个接一个的安装，可以在序列编辑器里将5个组件的Flow Operation使用Link功能连起来。选中序列编辑器树状区域中复合操作下的所有子操作（不要选中复合操作本身）单击按钮，可以看到操作序列的变化，如图6-18所示。

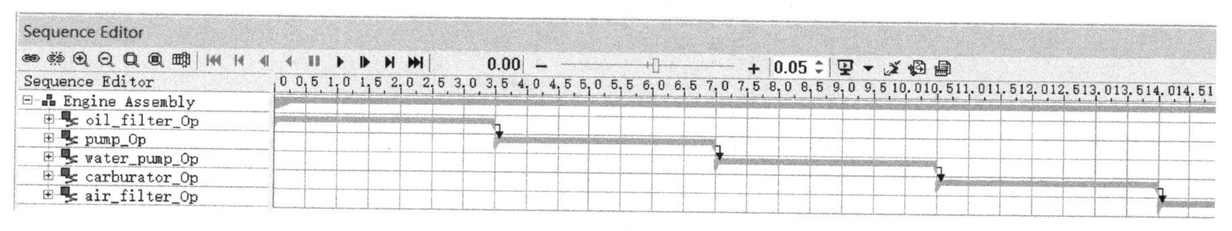

图6-18 子操作选在甘特图区域

11）再次单击序列编辑器上的"播放仿真"按钮，这次可以看到5个组件依次安装在power engine上。其中，在安装air_filter部件时，安装的最佳路径应该是沿着power engine的正上方垂直向下安装，由于之前在定义Object Flow Operation的起始点时，并没有精确定位，所以需要修正一下安装air_filter部件的路径。

12）在操作树中，单击air_filter_Op操作，然后在路径编辑器中，单击最后一个路径loc，最后单击Operation选项卡→Add Location→Add Location Before，如图6-19所示。

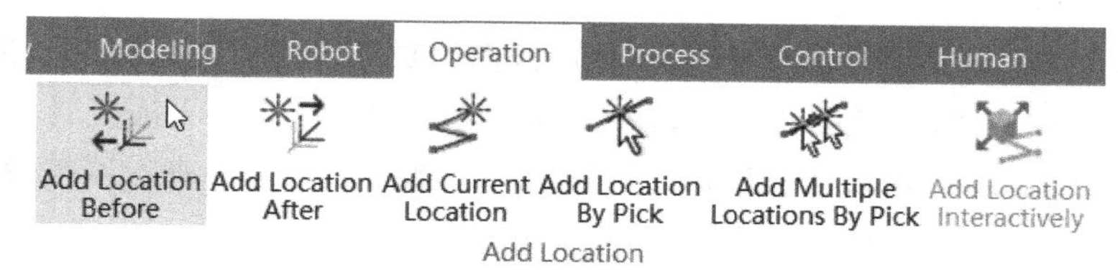

图6-19 启用Add Location Before功能

13）可以看到弹出Placement Manipulator对话框，并在图形查看器出现位置的操纵器坐标系，由于希望路径是沿着终止点的Z向移动的，所以拖动操纵器坐标系的Z向（蓝色的轴），或者直接使用对话框中的Translate Z功能，如图6-20所示。

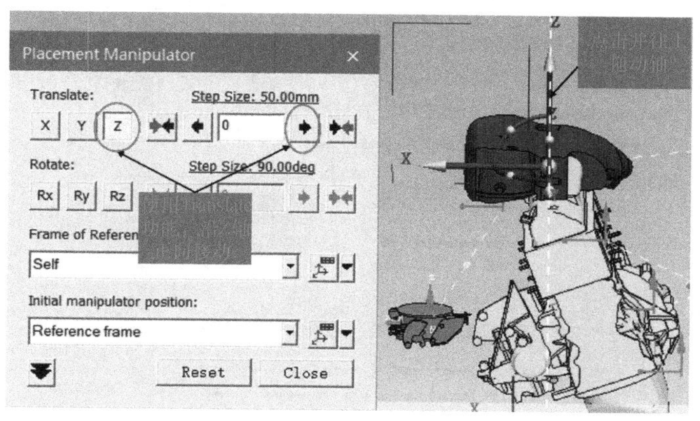

图6-20 路径沿Z轴移动设置页面

14）完成后单击Placement Manipulator对话框中的Close按钮，可以看到路径编辑器中，air_filter_Op操作的路径位置增加为了3个，包括刚刚插入的新位置，如图6-21所示。

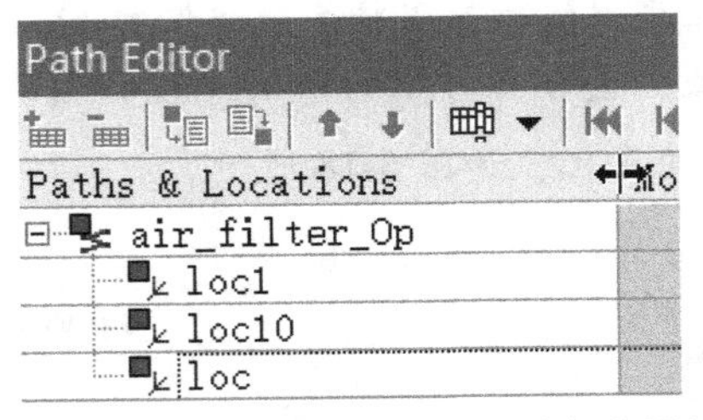

图 6-21 路径编辑器中显示新增路径位置结果

15）单击序列编辑器，展开其中的 air_filter_Op，可以看到它下面包含的路径位置也相应地更新了，再次单击序列编辑器上的“播放仿真”按钮，可以看到 air_filter_Op 操作的变化。对于其他的子操作也可以采用相同的方法在路径中添加新的位置。

16）完成后，可以保存或者另存相关的 Study 文件。

6.4 干涉查看器

在 Process Simulate 中提供了干涉（碰撞）检查的功能，用户可以通过干涉查看器 Collision Viewer 来使用相关的功能或者进行相关的设置。通常情况下，干涉查看器、序列编辑器和路径编辑器通过切换的方式显示在软件页面的右下部。如果干涉查看器被隐藏了，可以通过 View 选项卡→Viewers→Collision Viewer 来重新打开。

在使用干涉查看器或者使用干涉检查功能之前，可以先在 Process Simulate 的 File→Options→Collision 选项中对干涉检查的属性进行一些设置，这样可以更好地应用 Collision Viewer。进行干涉检查选项设置的页面如图 6-22 所示，Collision Check Options 栏里的相关内容，

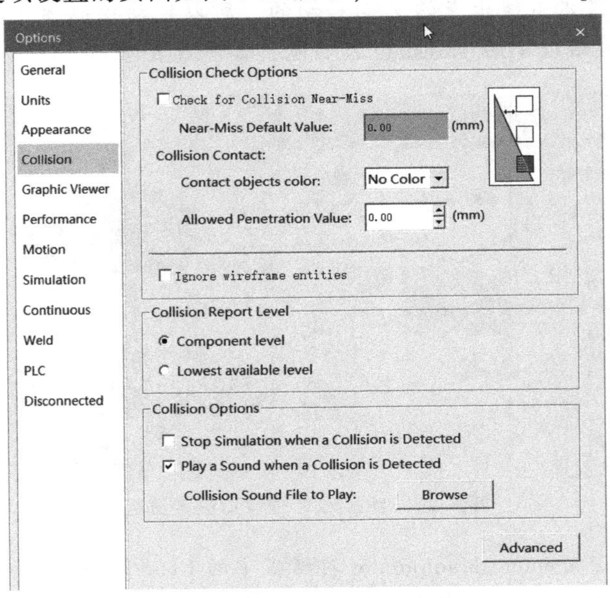

图 6-22 干涉检查选项设置页面

允许用户对碰撞的三个颗粒度进行设定。

1）未遂碰撞 Near-Miss：如果物体侵入到相互间预定间隙的包络线区域中，则以高亮的黄色显示，如图 6-22 所示，用户可以勾选 Check for Collision Near-Miss 复选框，启用检查 Near-Miss 功能。

2）碰撞接触 Collision Contact：在对象之间彼此接触（即发生碰撞或干涉）的第一时间，则可以在 Contact objects color 下拉菜单选择显示的颜色。

注：选择 No color 情况下，如果没有勾选 Near-Miss 选项，则从对象接触到的瞬间开始，到没有超过设置的允许侵入量时，不会有高亮的颜色提醒，一旦超过了设置的允许侵入量，还是会有高亮颜色（红色）提醒的。如果勾选了上一条的 Near-Miss 选项，则在发生 Near-Miss 的情况下，显示为黄色，在对象接触瞬间开始到没有超过设置的允许侵入量时，可以使用 Contact objects color 下拉菜单选择显示的高亮颜色。

3）设置允许侵入的值 Allowed Penetration Value：激活该选项，则可以允许对象之间彼此接触，并且一个对象有一部分已经侵入到另一个对象，允许侵入值的范围是 0~5。

当发生碰撞时，相关对象的颜色在图形查看器和干涉查看器中始终显示为红色。此外，用户还可以设置当干涉发生时，是否要暂停运行仿真或者播放一个提示的声音。

使用 Collision Viewer 可以定义、检测和查看当前显示在对象树中数据的冲突，以及查看碰撞报告，如图 6-23 所示。

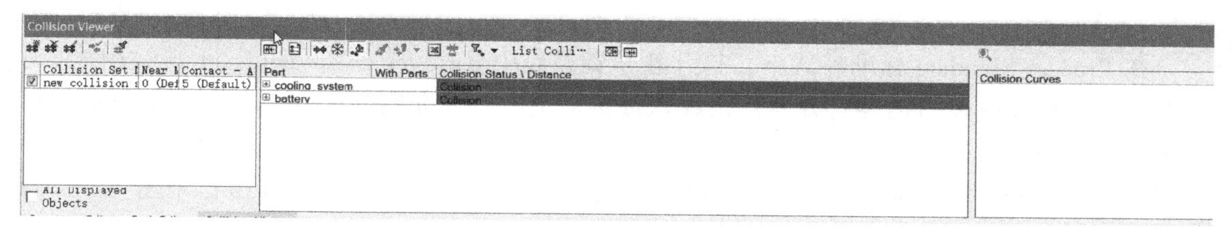

图 6-23　Collision Viewer 显示信息

默认的碰撞查看器由三个窗口组成。左侧窗口包含一个用于创建和管理碰撞集的编辑器。中间窗口显示碰撞结果并包含查看选项。主对象节点呈红色，碰撞对象呈蓝色。右侧窗口显示所选碰撞的碰撞曲线列表。每条曲线都以其碰撞对象命名。可以单击 按钮切换是否显示最右侧窗口的显示碰撞曲线列表，也可以单击 按钮打开一个是否显示碰撞细节的新窗口。

Collision Viewer 左侧窗口包含的选项见表 6-3。

表 6-3　Collision Viewer 左侧窗口选项

图标按钮	工具	描述
	新建碰撞设定	定义一个新的碰撞设定
	删除碰撞设定	删除已有的碰撞设定
	编辑碰撞设定	更改已有的碰撞设定

（续）

图标按钮	工具	描述
	快速创建碰撞设定	从所选对象快速创建碰撞设定。该碰撞设定显示在名称为 fast_collision_set 的 Collision Viewer 的左侧窗口中。使用此选项创建的碰撞集合是一个自我集合，这意味着集合中的所有对象都会被检查是否相互碰撞。Study 中可能只存在一个快速碰撞集。如果创建另一个，它会替换之前的快速碰撞集。如果选定的对象仅由点云/点云层组成，则快速碰撞被禁用。如果选定的对象包括点云/点云图层和其他对象，则所有点云/点云图层均列在快速碰撞窗口的左侧窗口中
	着重显示碰撞零件	用颜色着重显示图形查看器中的碰撞零件：可以设定为黄色、蓝色和灰色来显示。在左侧对象（Check:）的碰撞设定编辑器栏中零件显示为黄色。右侧（With:）列中的对象显示为蓝色。图形查看器中的其他未参与碰撞检查的零件以灰色显示。可以单击图标切换是否开启颜色着重显示模式
All Displayed Objects	显示所有的对象	勾选后，检查图形查看器中显示的所有对象之间的冲突。该选项忽略定义的碰撞设定。启用此选项可能会对系统性能产生重大影响。Note 表示此选项不检查点云和点云图层

在 Process Simulate 标准模式下，打开教学资源包中 parts for check collision. psz 文件，确认 Collision Viewer 窗口已经打开并固定在软件页面上，下面介绍如何使用 Collision Viewer 左侧工具栏上的图标按钮。

1）在对象树中，确认有两个或两个以上的零件显示在图形查看器中，单击 Collision Viewer 左侧工具栏上的第一个 new collision set 按钮 。

2）在弹出的新建碰撞设定对话框中，在左侧（Check）栏中选择要检查碰撞的零件，在右侧（With）栏中选择要和哪些零件进行干涉检查。如图 6-24 所示，两侧栏中都至少选择一个零件，且零件必须显示在图形查看器中。

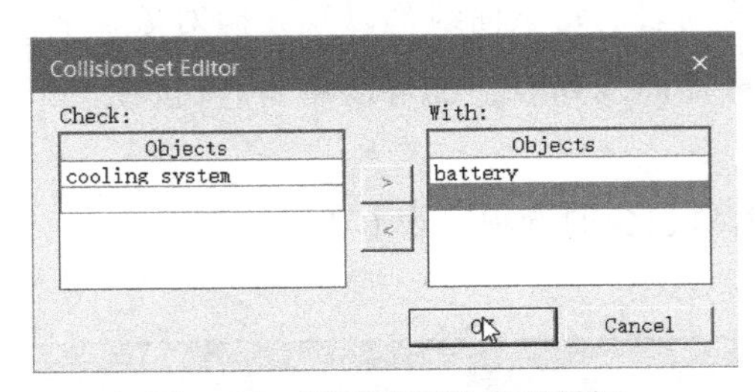

图 6-24　新建碰撞设定对话框

3）选取好零件后，单击 OK 按钮，然后在图形查看器中，选择左侧（Check）栏中的零件，然后执行 Placement Manipulator 命令，使用操纵器坐标系上的某一个轴，向右侧（With）栏中零件的方向拖动，可以看到当两个零件发生接触后，零件变成以高亮的红色显示。

4）如果在 Options 中，设置了打开检查 Near-Miss 功能，可以看到，当零件靠近被检查零件在一定范围内时，零件变成高亮的黄色显示，当零件碰撞后，就变为红色高亮显示，如图 6-25 所示。

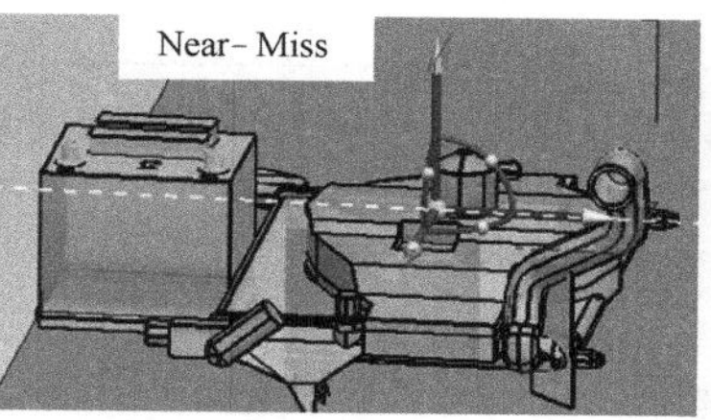

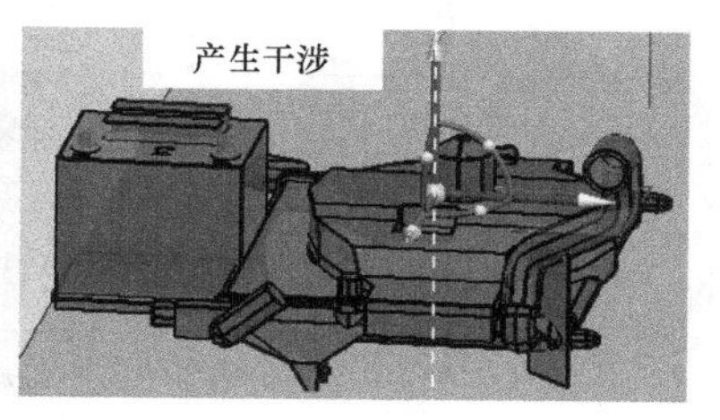

图 6-25 零件发生碰撞过程变化

5）在对象树中，单击使图形查看器显示全部零件，然后单击 Collision Viewer 左侧工具栏上的 Fast Collision，可以看到 Collision Viewer 左侧窗口下面生成的快速干涉检查设定，单击按钮可以打开查看这个快速干涉检查的设定，看到它的左右侧零件栏里的零件都是一样的，这表示系统快速生成了一个计算这些零件相互之间碰撞情况的干涉检查设定，使用 Fast Placement命令在图形查看器中拖动零件或者使用 Placement Manipulator 命令，可以观察相应的零件碰撞情况。如果要使零件回到初始位置，可以使用 Restore Object Initial Position命令。

6）保持图形查看器中显示全部零件，然后单击按钮以删除 Fast Collision Set。在 Collision Viewer 左侧窗口栏中，仅保留步骤 2）中的干涉检查设定，然后单击按钮启用 Emphasize Collision Set 着重显示碰撞零件功能，可以在图形查看器中看到它和未启用这个功能的区别，如图 6-26 所示。

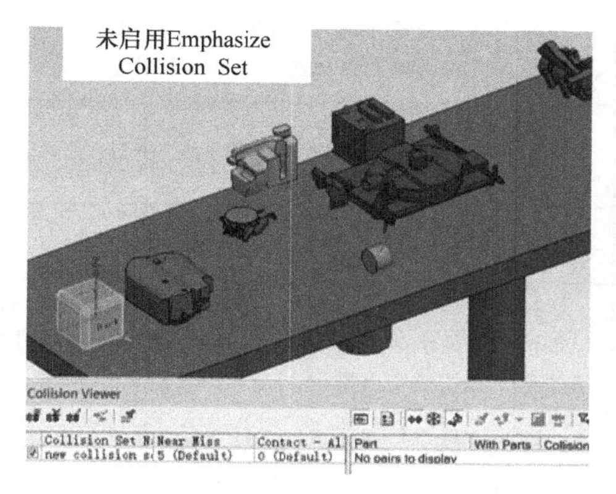

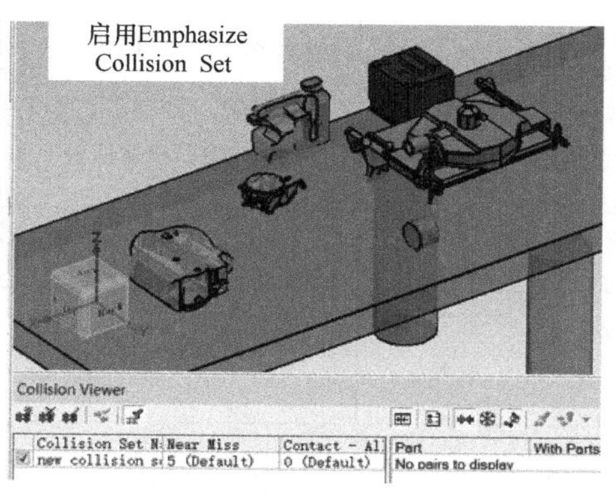

图 6-26 启用与未启用 Emphasize Collision Set 对比

Collision Viewer 的中间窗口栏下方中显示碰撞报告 Collision Report 的内容，用户可以在碰撞报告栏中查看具体的零件干涉信息，包括零件名称、干涉状态（如果发生干涉，会显示干涉位置和干涉量信息，如果激活 Near-Miss 选项，在 Near-Miss 状态下会显示黄色，并显示 Near-Miss 量。

Collision Viewer 的中间窗口上方工具栏选项见表 6-4。

表 6-4　Collision Viewer 的中间窗口上方工具栏选项

图标按钮	工具	描述
	显示/隐藏碰撞设定	显示/隐藏 Collision Viewer 的碰撞设定编辑窗口（左侧窗口）
	碰撞模式打开/关闭	激活/取消激活碰撞模式
	冻结碰撞查看器	冻结碰撞查看器，使窗口下方的碰撞报告栏中的内容不随着零件移动所产生的新的碰撞情况而更新
	碰撞选项	其功能和前面通过 File→Options 进行设定的一样
	显示碰撞曲线	切换图形显示中碰撞对象的碰撞部分的轮廓曲线，曲线显示为黄色。选中时，曲线显示为绿色。还可以在“碰撞曲线”窗口中右击曲线，然后选择“缩放到”选项以放大显示碰撞曲线。碰撞曲线不一定是连续的线，它可由多个线段组成，当碰撞物体在某些地方相互接触但不接触其他物体时，如果碰撞集包含多个碰撞对象，则会生成多个碰撞轮廓。点云和点云层不会产生碰撞轮廓
	显示碰撞对	定义显示一对碰撞对象的碰撞状态。当没有选择按钮时，下拉选择被忽略；否则，应用以下选项之一——颜色选择对：所选对在图形查看器中被着色，主对象节点呈红色，碰撞对象呈透明蓝色，所有其他物体都是白色的；仅显示所选对：所选对显示在图形查看器中，其他项目不显示
	导出到 Excel	将信息保存在 Collision Viewer 中作为 *.CSV 文件
	显示/隐藏碰撞细节	当使用碰撞设置选项卡中的最低可用级别选项时，碰撞查看器可以在链接和实体级别显示碰撞详细信息
	显示/隐藏碰撞曲线	显示/隐藏碰撞查看器中“碰撞曲线”窗口（右侧窗口）
	碰撞深度	计算碰撞物体的穿透深度
	以颜色显示碰撞对象	切换碰撞对象的颜色突出显示，以便清晰查看碰撞对象。如果该功能处于活动状态，将在红色、透明蓝色和对象的原始颜色之间切换突出显示
	碰撞结果过滤器	过滤碰撞结果。选择仅列出碰撞对（以红色突出显示）或列出所有对（显示单元格中所有可见对象之间的距离）选项

继续使用之前的 parts for check collision. psz 文件，学习使用 Collision Viewer 工具栏上的相关功能。

1）单击 New collision Set，新建一个 cooling_system 和 battery 的碰撞设定。

2）在图形查看器中，确保零件 cooling_system 和 battery 之间不存在干涉情况，然后单击 Freeze Viewer “冻结查看器”，最后使用 Placement Manipulator 命令，拖动零件 cooling_system，使之和 battery 发生碰撞，注意查看中间窗口下方的干涉内容报告栏，可以看到尽管图形查看器中的干涉零件已经以高亮的红色显示，但是干涉内容报告栏中却没有任何内容显示，这是因为启用了“冻结查看器”功能，如图 6-27 所示。

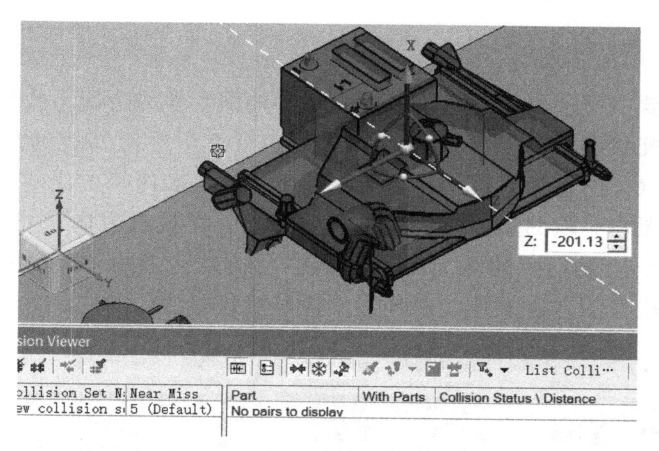

图 6-27　零件发生碰撞信息显示

3）单击 Freeze Viewer“冻结查看器”，保持 cooling_system 和 battery 的干涉状态，单击 Collision Viewer 中间工具栏上的按钮，激活显示碰撞轮廓线功能，可以看到图形查看器中两个对象干涉部位的黄色轮廓线，以及最右侧窗口中每段轮廓线的列表。单击按钮，可以看到图形查看器中显示干涉渗透量长度的数值，以及 Collision Depth 对话框，如图 6-28 所示。

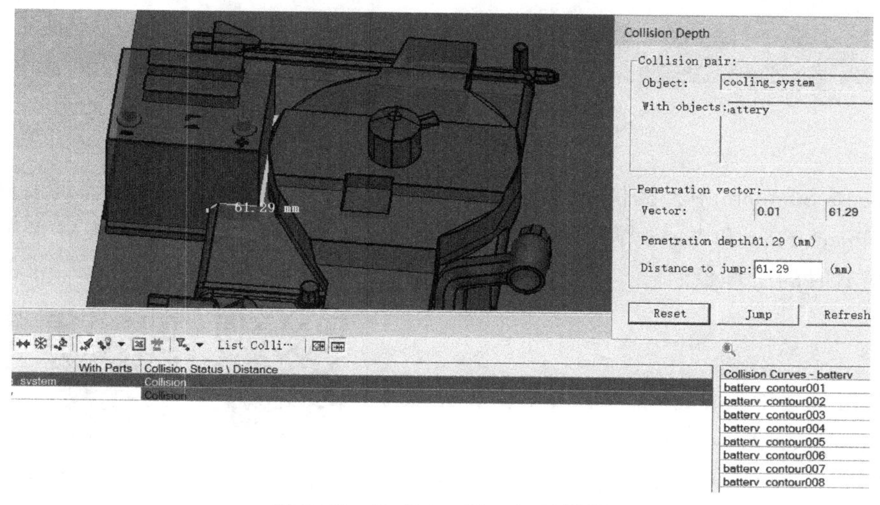

图 6-28　Collision Depth 对话框

Collision Viewer 是规划、优化装配和其他工艺过程的重要工具。在使用 Process Simulate 进行工艺仿真过程设计和验证时，通过启用 Collision Viewer 干涉和碰撞检查功能，可以检查装配和其他工艺仿真过程中计划操作的可行性，确保整个工艺过程顺利正确地进行。

6.5 自动路径规划器基础

一些情况下需要在很狭小的空间或者存在众多外部干涉的情况下找到一条可行的工艺路径，来完成诸如装配或者其他类型的一些操作。如将汽车座椅安装到驾驶室中，如图 6-29 所示。可以看到，汽车的左前门框对于座椅总成来说，安装座椅的空间是非常狭小的，安装座椅的机械手臂需要在有限的空间内，不断地翻转和变化接近方向，才能完成最终的安装。如果要对于这样一个比较复杂的装配工艺过程进行仿真，采用 Object Flow Operation 功能，通过手动调整路径位置的方法来完成，其工作量显然是会比较大的。

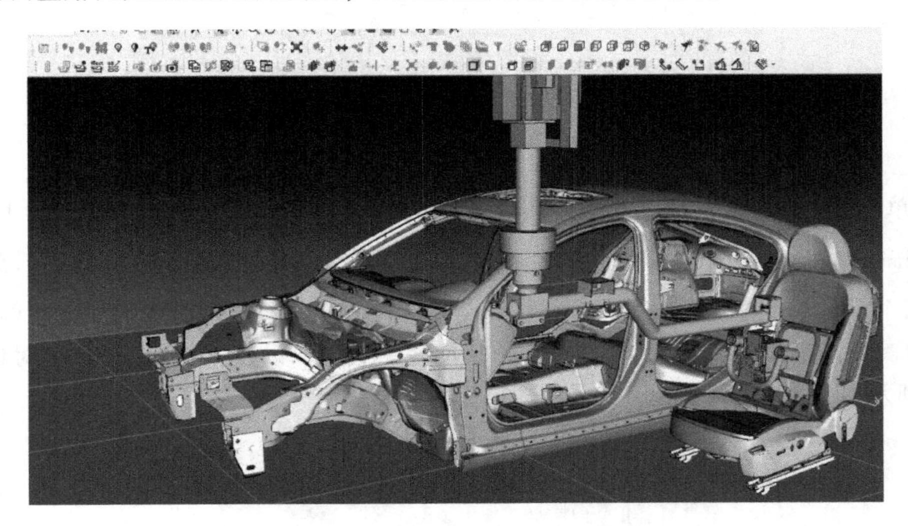

图 6-29　将汽车座椅安装到驾驶室中

在 Process Simulate 中，提供了自动路径规划器 Auto Path Planner 功能，可以自动计算并创建用于 Object Flow 和 Weld 焊接操作是最佳的，无碰撞路径，这可以大大减少用户在处理复杂路径仿真时的工作量。

实例：Auto Path Planner 的基本应用

1）在 Process Simulate 标准模式下，打开教学资源包中 computer_Assembly. psz 文件。

2）在对象树中，将计算机机箱主体完全显示 Without Cover，将机箱的盖板取消显示 Body Cover。在图形查看器中，使用 Display by Type 功能，将图形查看器中显示的坐标系都隐藏，然后在图形查看器中看到计算机机箱内部各个部件都安装完成。

3）接下来创建一个仿真硬盘安装的 Object Flow Operation。首先在图形查看器中，在计算机机箱光驱位置的正前方创建一个坐标系，作为安装硬盘操作的起始位置，可以在对象树的 Frame 文件夹中找到这个坐标系，将这个坐标系命名为 start point，如图 6-30 所示。

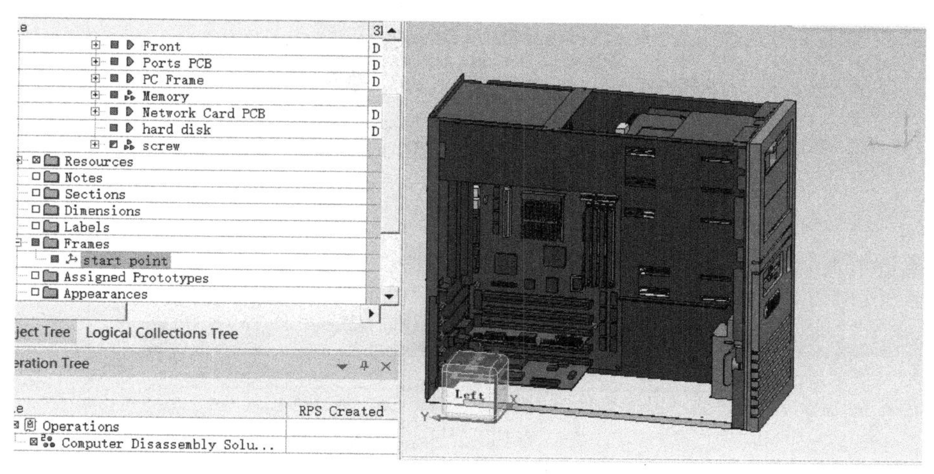

图 6-30　创建硬盘安装起始点

4）在操作树根节点下创建一个名为 hard disk install 的复合操作，然后选中这个复合操作，按住<Ctrl>键，选择对象树中的 hard disk，利用右键快捷菜单，创建一个 New Object Flow Operation，在 End Point 栏中选择上一步创建的 start point 坐标系，完成后单击 OK 按钮，如图 6-31 所示。

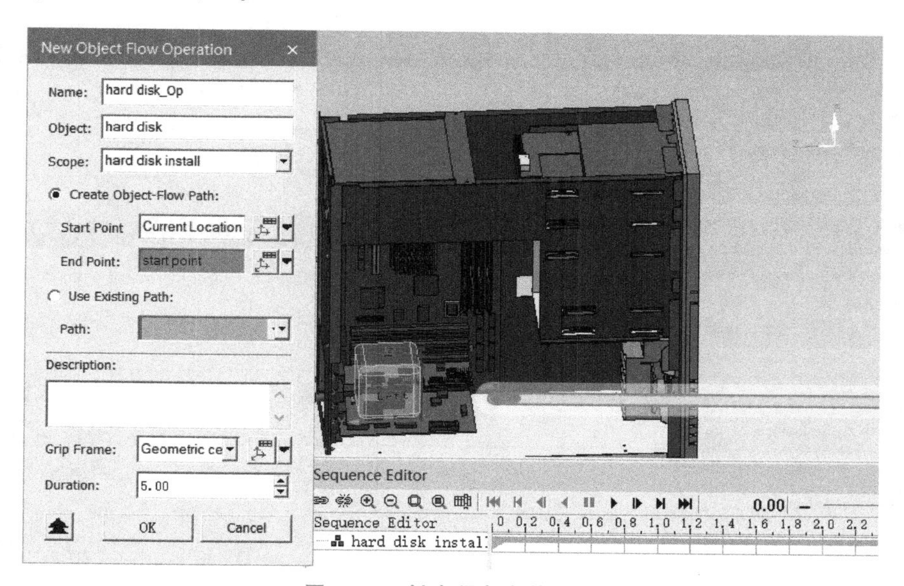

图 6-31　创建硬盘安装终点

5）在路径编辑器中，将创建的 hard disk_Op 中的起始位置和终点位置互换，如图 6-32 所示。

6）在干涉查看器中，创建一个硬盘和其他零件的干涉检查设定，并在仿真过程中应用这个干涉检查设定，如图 6-33 所示。

7）在操作树中选择 hard disk_Op 的 Object Flow Operation，然后通过打开 Operation 选项卡→Edit path→Auto path planner 功能，打开“自动路径规划”对话框，如图 6-34 所示。

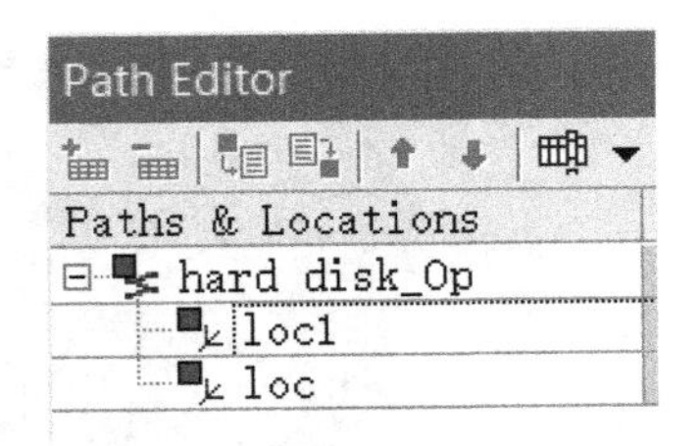

图 6-32　路径编辑页面

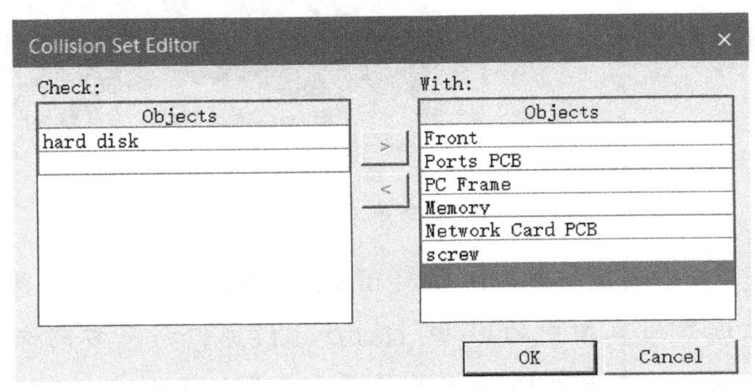

图 6-33　干涉检查设定页面

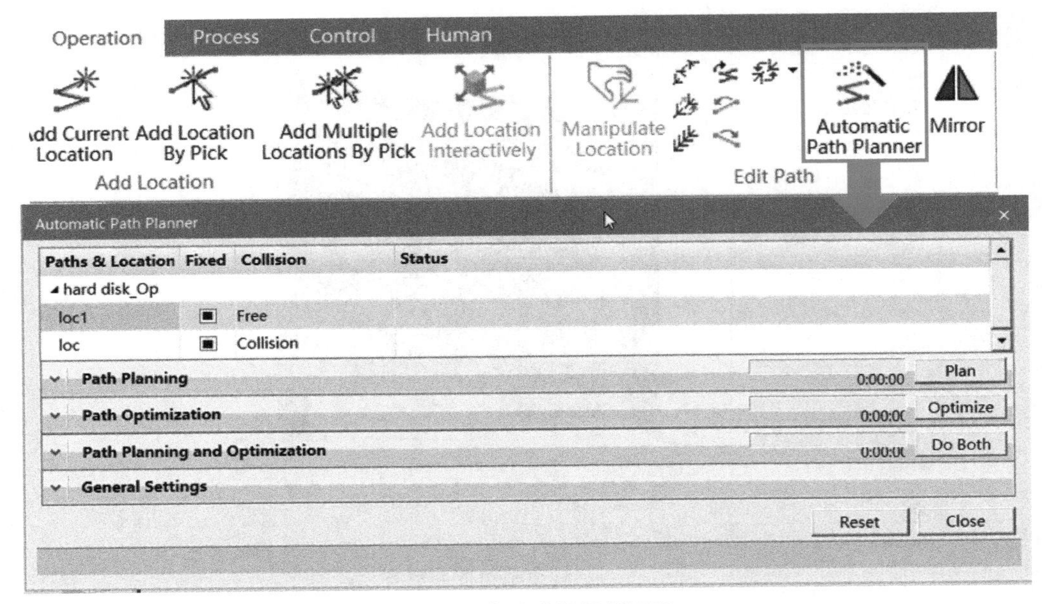

图 6-34　自动路径规划页面

8）单击 Auto Path Planner 中的 Plan 按钮，等待系统运行一段时间后，可以看到在 hard disk_Op 的 Object Flow Operation 中自动创建了一个包含十多个过渡位置的路径，如图 6-35 所示。

9）关闭 Auto Path Planner 对话框，使用序列编辑器播放运行 hard disk_Op 操作，可以同时单击 Collision Viewer 中的按钮，在图形查看器中看到了硬盘安装仿真的完整路径，

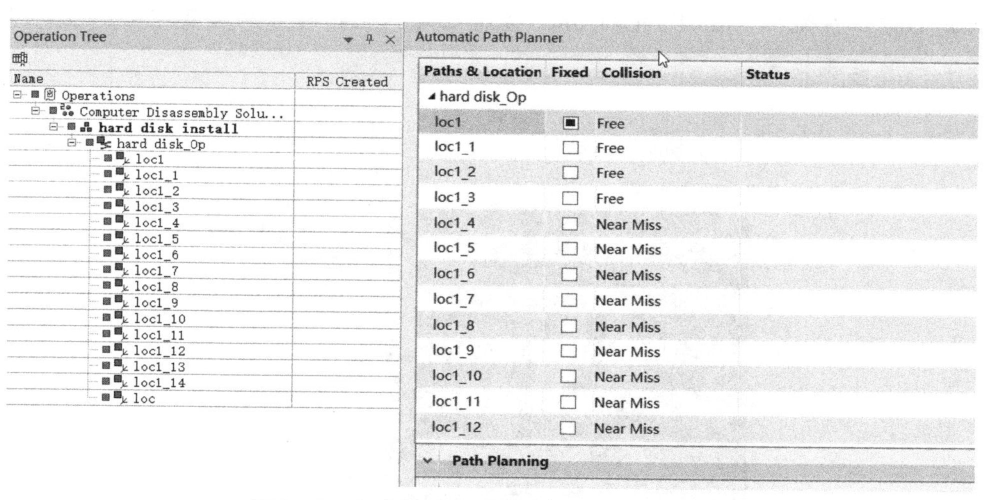

图 6-35　包含过渡位置的路径显示页面（一）

虽然整个仿真过程存在Near-miss的情况，但是总体来说是没有干涉碰撞的情况。这样就使用自动路径规划功能完成了对硬盘安装路径的初步规划。

10）在操作树中重复步骤4）和步骤5）的操作，再次新建一个仿真硬盘安装的Object Flow Operation，命名为hard disk_Op1。继续使用步骤6）创建的干涉检查设定，然后使用自动路径规划功能，在对话框中选择Do Both，等待计算机运行完成。

11）如图6-36所示可以看到，这次Process Simulate自动创建的路径包含了30多个过渡位置。

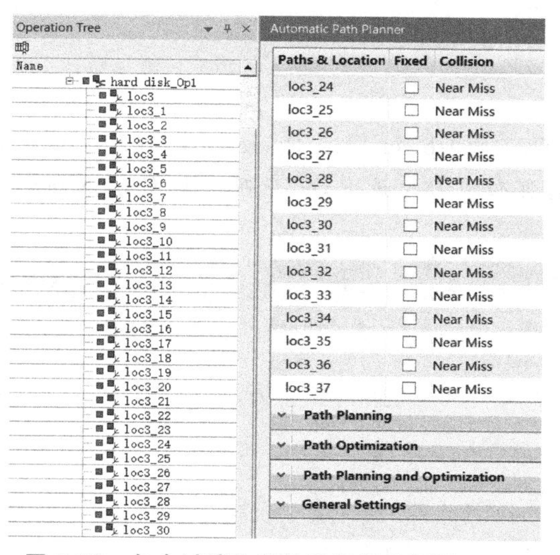

图 6-36　包含过渡位置的路径显示页面（二）

12）可以看到之前两次利用自动路径规划功能创建的仿真路径，都是只指定了安装硬盘的起始和终点这两个位置，如果需要安装过程沿着特定的方式进行（如从机箱的上部进入完成安装），可以在使用自动路径规划功能之前，先添加一个指定的过渡位置，如图6-37所示，继续创建第三个仿真硬盘安装的Object Flow Operation，命名为

hard disk_Op2，在使用 Auto Path Planner 功能之前，先在路径编辑器中添加若干个从机箱上部进入的过渡位置。

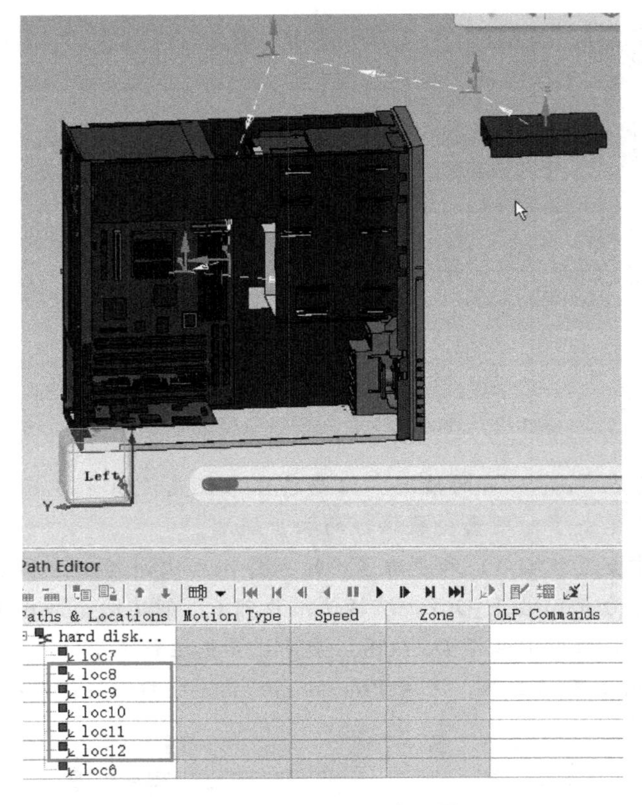

图 6-37　添加指定的过渡位置页面

13）基于 hard disk_Op2 的 Object Flow Operation，打开 Auto Path Planner 对话框，先将上一步手动新建的若干过渡位置都勾选 Fixed 选项，如图 6-38 所示。

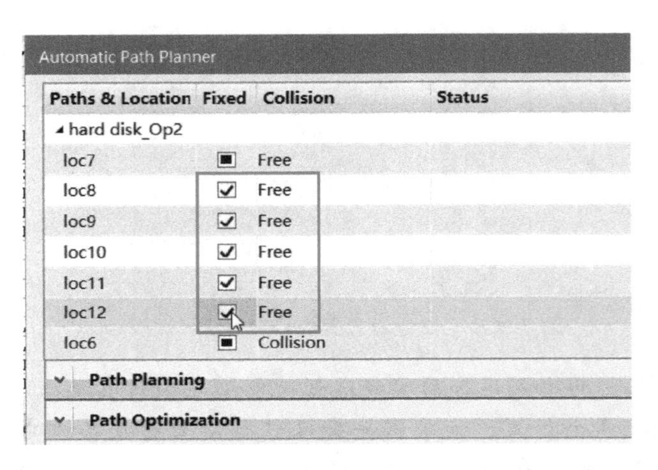

图 6-38　Automatic Path Planner 对话框

14）单击 Plan 或者 Do Both 按钮，等待系统完成计算，然后用序列编辑器播放，观察仿真路径，可以看到硬盘按照指定的方式从机箱的上方进入，然后完成安装的操作过程。

以上完成了关于自动路径规划功能的基本应用，可以按用户需要保存相关文件。通过上面的实例操作，已经对 Auto Path Planner 功能有了初步的了解。下面展开 Auto Path Planner 对话框，对其选项做进一步地介绍。

展开 Auto Path Planner 对话框上 Path Planning 的下拉菜单，如图 6-39 所示。

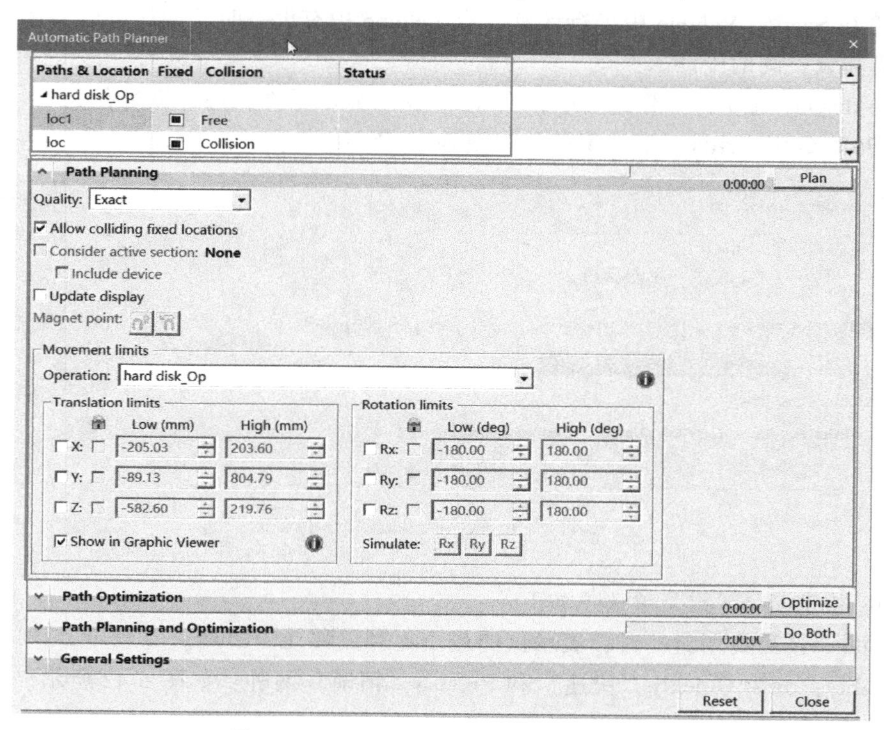

图 6-39　Path Planning 栏下拉列表页面

Path & Locations 栏：显示路径的位置。

Fixed 栏：勾选表示显示的路径点被确认为途径点，其中起点和终点无法被取消勾选。

Collision 栏：显示的是零件在此路径点位置是否干涉。Free 表示此位置无干涉，Collision 表示此位置零件发生干涉。

Status 栏：计算完毕后会以✓号表示计算成功，当途径点干涉时，出现如图 6-40 所示报错信息。

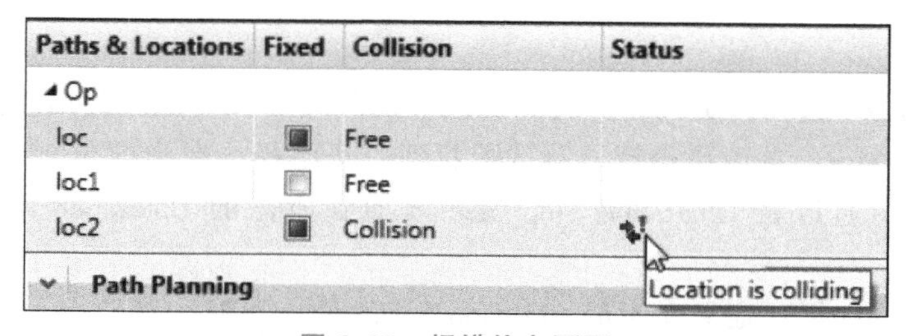

图 6-40　报错信息页面

Quality 选项：其下拉菜单有 Exact 和 Draft 两种。Exact 表示精确提供了一个无碰撞的最终结果，但它会增加计算时间；Draft 表示减少了计算时间，但小碰撞可能仍留在最终结果中。

Allow colliding fixed locations 选项：勾选后，在已经选择 Fixed 路径点的 Collision 状态存在干涉时，仍能计算装配过程且不报错。

Consider active section 选项：需要创建一个 Section Volume 并激活后才可以勾选，所有的规划路径将在 Section Volume 中进行计算。当 Volume 中有设备时，同样可以勾选 Include device 来计算与设备间的干涉。

Update display 选项：计算过程中，在 View 窗口显示零件轨迹计算过程。

展开 Path Optimization 下拉菜单，如图 6-41 所示。

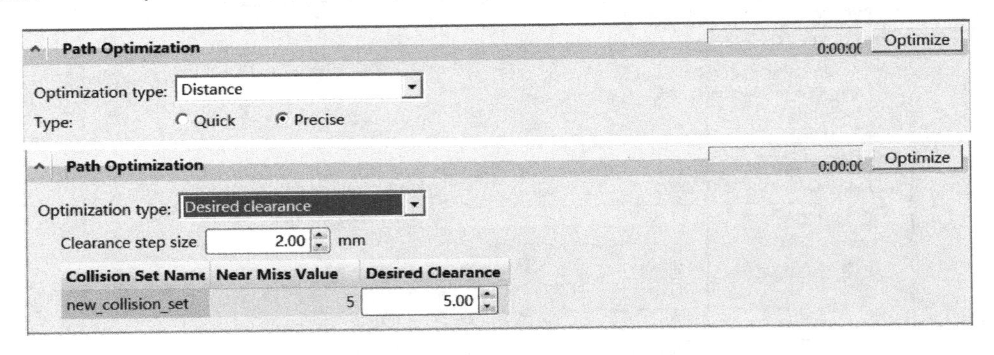

图 6-41 Path Optimization 下拉菜单

Optimization type 下拉菜单选项如下：

① Distance：当规划路径时，表示试图最小化对象移动的距离。

② Quality：分为 Quickly “快速” 和 Precise “精确” 两种，如图 6-42 所示。

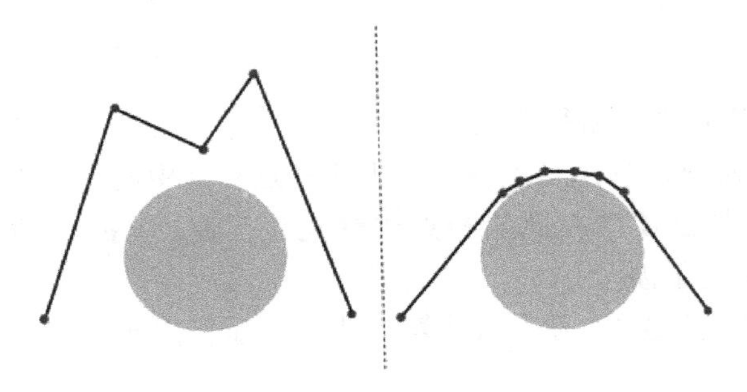

图 6-42 Quickly 和 Precise 两种模式

Desired Clearance 选项：定义零件对象在路径规划与干涉对象时的最小间隙。

Clearance step size：自动路径规划器试图找到一条路径，在当前位置更远离对象时，它在一个迭代过程中通过将 Clearance Step Size 增加到所需的 Clearance 值，从而定义最佳路径。

Desired Clearance 栏：定义在当前 Collision Set 的最小间隙。

展开 General Settings 下拉菜单，如图 6-43 所示。

General Settings
Backup operations
Segment plan timeout: 1800 sec
Restore default values: Restore

图 6-43 展开 General Settings 下拉菜单

Backup operations 选项：每次重新路径规划时，自动将目前已规划的路径保存成一个副本。

Segment plan timeout 选项：系统在计算复杂路径时可能会花费较长时间，可以设置最大等待时间，如果超时则进行下一个路径点的计算。

第7章 CHAPTER 7 机器人仿真基础

7.1 机器人基本参数

机器人，又称关节式机械臂，是目前在制造过程中应用最普遍的设备之一。Process Simulate 中的 Robotics 模块提供了强大和完整的与机器人仿真相关的功能。在开始使用 Process Simulate Robotics 进行相关的仿真前，首先需要了解工业机器人领域的一些机器人基本术语。

（1）示教面板 Teach Pendant　示教器是进行机器人手动操纵、程序编写、参数配置以及监控用的手持装置。Process Simulate Robotics 提供了示教面板，类似于示教器的功能。

（2）工作载荷 Payload　它表示机器人在规定的性能范围内，机械接口处能承受的最大负载量（包括工具端）。

（3）工作范围包络线 Working Envelope　它表示机器人以其最大运动半径运动所能达到的范围形成的包络曲线。

（4）机器人运动学 Kinematics　一般的工业机器人都是六轴的，机器人运动学是指机器人各关节的相对运动，使机器人的工具端最终到达需要的位置姿态。

（5）七轴 Seventh Axis　又称为机器人地轨、机器人天轨、机器人导轨、机器人行走轴等，机器人第七轴可用于扩大机器人作业半径和扩展机器人使用范围功能。

（6）自由度 Degrees of Freedom　通常作为机器人的技术指标，它反映机器人动作的灵活性，可用轴的直线移动、摆动或旋转动作的数目来表示。机器人机构能够独立运动的关节数目称为机器人机构的运动自由度，简称自由度（DOF）。目前工业机器人采用的控制方法是把机械臂上每一个关节都当作一个单独的伺服机构，即每根轴对应一个伺服器，每个伺服器通过总线控制，由控制器统一控制并协调工作。

（7）工具中心点 Tool Center Point（TCP）　为完成各种作业任务，需要在工业机器人末端安装各种不同的工具，如喷枪、抓手、焊枪等。由于工具的形状、大小各不相同，在更换或者调整工具之后，机器人的实际工作点相对于机器人末端的位置会发生变化。目前普遍采用的方法是在机器人工具上建立一个工具坐标系，其原点即为工具中心点（TCP）。机器人在此坐标系内进行编程，当工具调整后，只需重新标定工作坐标系的位置，即可使机器人重新投入使用。

机器人六根轴的运动如图 7-1 所示，在机器人底座 Base 上，需要有一个 Base 坐标系，以确定机器人在仿真 Study 中被放置的确认位置。机器人第六轴的中心，就是机器人的工具中心点，机器人所使用的工具（抓手、焊枪等）等被安装在这个中心点上，当机器人工具端安装了工具后，整个机器人系统的工具中心点就变成所安装工具的中心点。

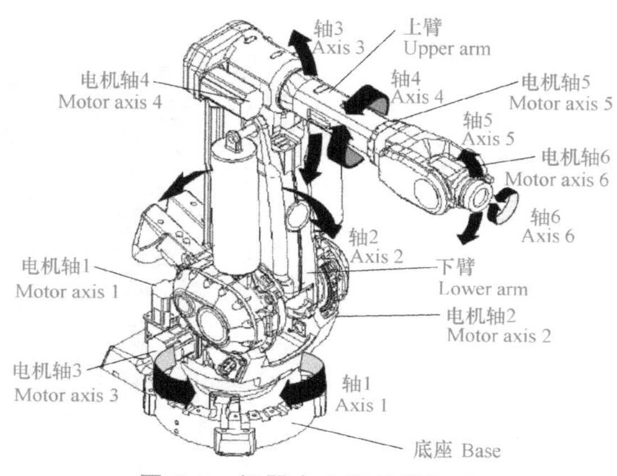

图 7-1　机器人六根轴的运动

由于工业机器人都是标准化的产品，这意味着当在 Process Simulate Study 中需要使用到它们时，可以方便地使用已经定义好运动学的机器人三维模型。但是，有些时候对于一些特殊型号的机器人，需要完成对其运动学的添加。对于在 Process Simulate 中被定义为机器的 Resource，右击时会出现特定的机器人功能菜单，如图 7-2 所示。

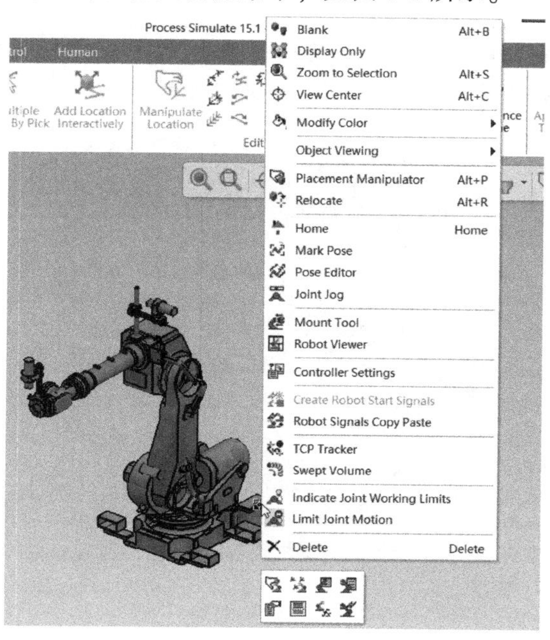

图 7-2　机器人功能菜单

实例：将一个设备定义为机器人并定义其运动学

1）在 Process Simulate 中，新建一个 RodcadStudy，然后在资源树中，新建一个类型为 Robot 的设备 Resources，并将其命名为 Robot-hd。

2）使用 Insert Component 命令，插入 myrobot_geo. cojt 文件，将其设定为“建模模式” Set Modeling；在对象树中，展开 myrobot_user1，将其下属的所有实体都选中并使用鼠标拖动到 Robot-hd 下面，如图 7-3 所示。

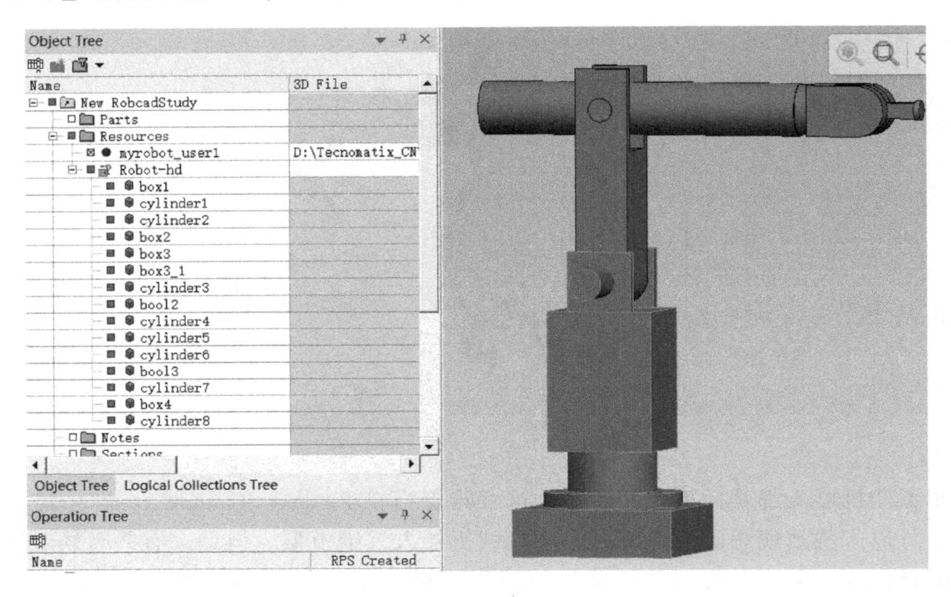

图 7-3 插入零件

3）在 Robot-hd 设备的底部中心，创建一个坐标系，并将其命名为 Base；在工具端中心，创建一个坐标系，并将其命名为 TCPF，如图 7-4 所示。

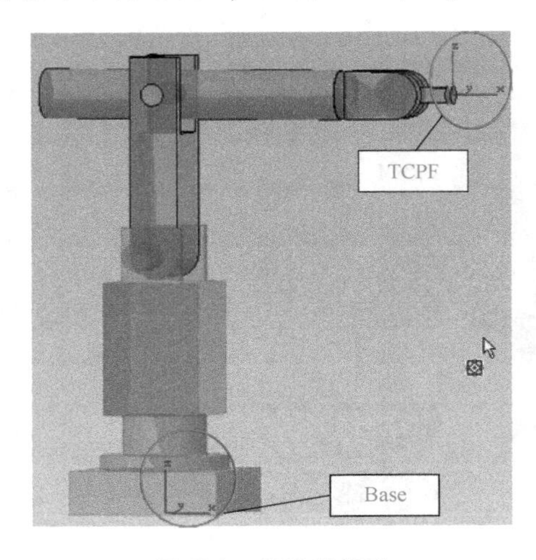

图 7-4 创建坐标系

4）单击对象树中的 Robot-hd，打开其运动学编辑器，按照如图 7-5 所示的运动链关系，添加它的七个运动学 Link。

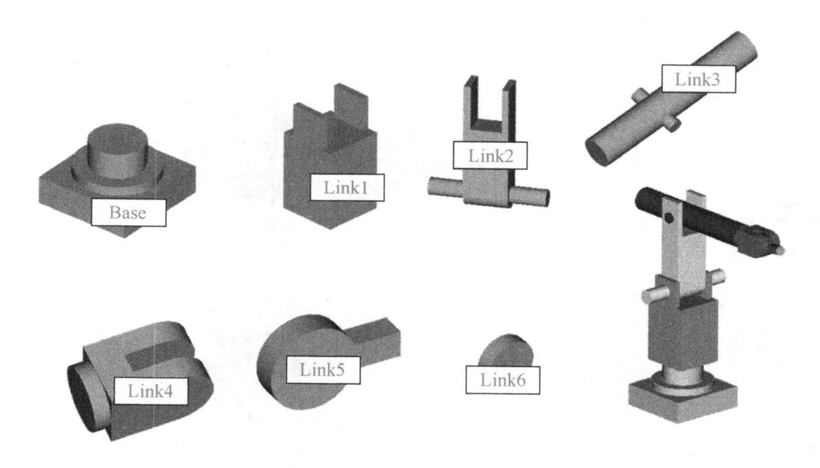

图 7-5　添加七个运动学 Link

5）完成上述七个 Link 定义后，可以按照图 7-6 所示创建机器人的六根运动轴。

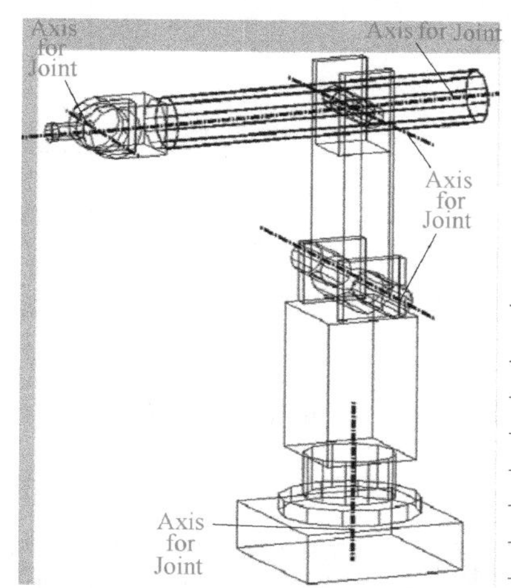

Joint	Parent Link	Child Link	Constant Low Limit	Constant High Limit	Max Speed	Max Accel.
J1	Base	lnk1	−180	180	110	9999
J2	lnk1	lnk2	−70	70	110	9999
J3	lnk2	lnk3	−70	70	110	9999
J4	lnk3	lnk4	−190	90	170	9999
J5	lnk4	lnk5	−110	110	170	9999
J6	lnk5	lnk6	−340	340	240	9999

图 7-6　创建机器人的六根运动轴

6）完成后，使用运动学编辑器上的 Joint Jog 功能，检查各运动关节是否被正确定义，然后关闭 Joint Jog 对话框，单击运动学编辑器上的 Create ToolFrame 按钮，在 Location 栏中，选择第 3）步中创建的 TCPF 坐标系，在 Attach to Link 中，选择 lnk6。

7）继续单击 Set BaseFrame 按钮，在 Location 栏中，选择第 3）步中创建的 Base 坐标系。

8）完成后，退出运动学编辑器，可以删除第 3）步中创建的两个坐标系。右击 Robot-hd，可以看到出现了机器人特有的功能菜单，同时，在对象树中机器人 Base 坐标系和 TCPF 坐标系也都创建成功，如图 7-7 所示。

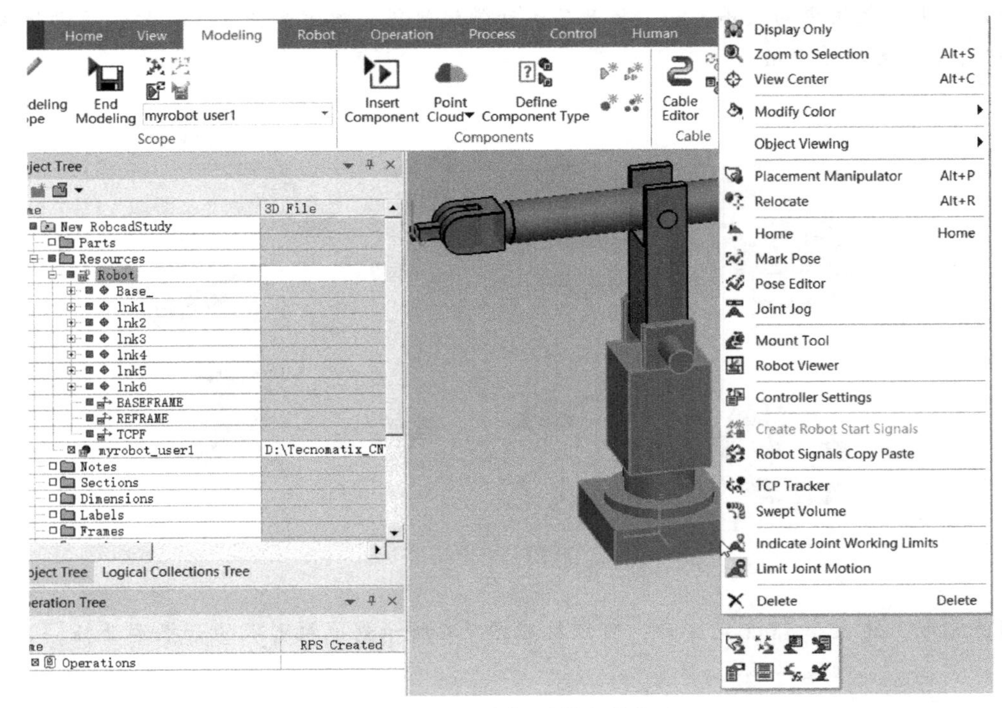

图 7-7　两坐标系创建成功

7.2　机器人控制器

要操作机器人的运动，需要使用机器人控制器。Process Simulate 中提供了基于多种不同品牌型号机器人的控制器 Robot Controller，见表 7-1。

表 7-1　不同品牌型号的机器人控制器

机器人品牌	控制器语言	机器人品牌	控制器语言
ABB	RAPID	KUKA	KRC
CLOOS	CAROLA	NACHI	SLIM
COMAU	PDL	NC CODE MACHINING/RIVETING	G CODE
DENSO	PACSCRIPT		
DUERR	ECOTALK	PANASONIC	CSR
EProcess SimulateON	SPEL	REIS	ROBSTAR
FANUC F100IA	F100IA	STAUBLI	VAL
FANUC	RJ3, RJ3IB, R30IA（RJ13IC）	（ABB）TRALLFA	ROBTALK
IGM	K4	UNIVERSAL	UR SCRIPT
KAWASAKI	AS	YASKAWA/MOTOMAN	INFORM

用户可以在 Process Simulate 中安装多种机器人控制器，机器人控制器中包括了示教面板和相关 RCS（Robot Controller System）的接口。RCS 的软件和授权都是由各机器人制造厂商提供的，用户可以在 Process Simulate 中同时安装机器人控制器和相应的 RCS，以便获得更高的仿真精度。如果没有相应的 RCS 软件和授权，也可以只安装机器人控制器，完全不会影响仿真软件的使用。用户也可以不安装任何机器人控制器，Process Simulate 中也提供了默认的控制器，可以达到 80%以上的仿真精度。Process Simulate 中的机器人控制器结合示教面板是用户和真实机器人之间的接口，用户并不需要真正的来自机器人制造商提供的机器人和示教器。

单击 Robot 选项卡→Setup→Controller Settings ，可以对机器人的控制器进行设置，如图 7-8 所示。

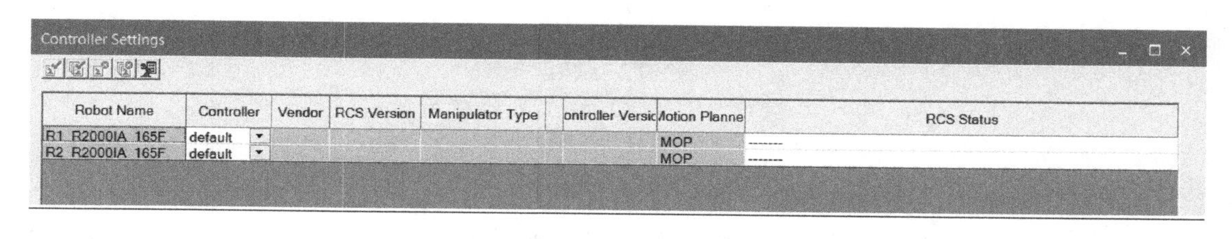

图 7-8 Controller Settings 页面

在 Robot Name 列中，列出了当前 Study 中的所有机器人。

在 Controller Settings 对话框的工具栏中各图标按钮功能如下：

：单击可以根据当前表中选择的机器人的参数验证 RCS 参数并初始化 RCS 模块（有 RCS 授权）。系统将显示一条消息，指示 RCS 模块是否已初始化。

：单击验证所有 RCS 参数，并根据参数初始化表中所有机器人的 RCS 模块（有 RCS 授权）。系统显示一条消息，指示哪些 RCS 模块已初始化。

：单击终止 RCS 模块。该图标仅在 RCS 模块初始化后才有效。

：单击以打开所选机器人的设置对话框。

对于每个机器人，用户可以设置以下内容：

控制器 Controller：从下拉列表中选择所需的机器人控制器，该列表显示系统中当前安装的所有控制器，包括 RRS1 控制器。Vendor 显示所选控制器的厂商名称。

RCS 版本：选择所需的 RCS 版本。

机械手类型 Manipulator Type：选择合适的机械手类型。

控制器版本：选择机器人控制器所需的版本。

单击“关闭”按钮保存机器人的设置。这些文件会存储在 XML 配置文件中，并保留用于以后的仿真应用。灰色字段表示此功能不适用于此控制器。列表中显示的控制器取决于用户在启动 Process Simulate 软件之前，事先已经安装好的那些机器人控制器。

7.3 设置机器人的工具（Tool Definition 和 Mount Tool）

机器人只有在它的工具端安装了相应的工具，如焊枪 Gun、抓手 Gripper、弧焊喷涂工艺类所用的焊炬 Torch 等之后，才能进行如焊接、搬运、喷涂等的各种操作。在工具被安装到机器人工具端之前，首先需要将其定义为工具，可以使用 Modeling 选项卡→Kinematic Device→Tool Definition 命令来定义工具，如图 7-9 所示。

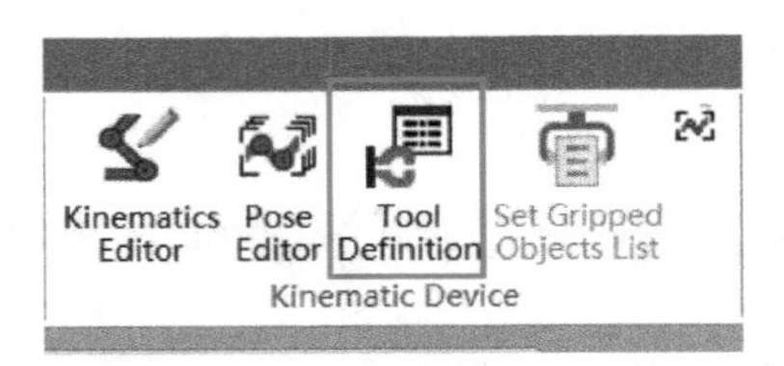

图 7-9 启动 Tool Definition 功能

在将选定对象中的资源设置成“建模”模式后，就可以使用 Tool Definition 命令打开它，对话框中的第一个选项是工具类型，将工具定义为抓手 Gripper 或者焊枪 Gun，焊枪又可以具体细分成 Gun、Servo Gun、Pneumatic Servo Gun、Paint Gun；选择工具类型为焊枪、Paint Gun 或者抓手会导致对话框选项略有不同，如图 7-10 所示。

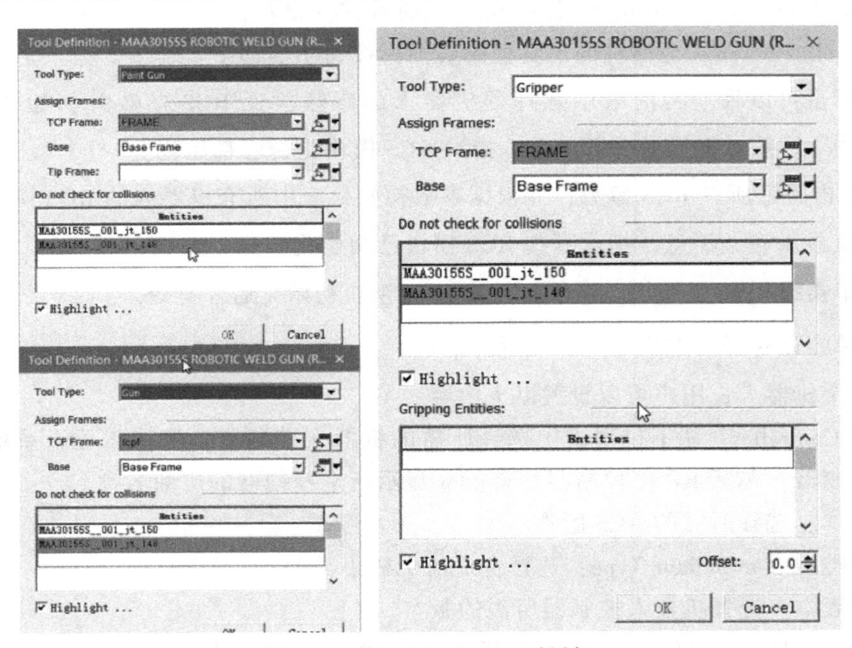

图 7-10 Tool Definition 对话框

从 Tool Type 下拉列表的选项中选择要定义的工具，类型，其中，Gun 可用于除了抓手、伺服枪和喷枪外的所有工具设备。选择 Paint Gun，可用于计算涂料厚度和进行仿真过程中触发器状态的可视化操作。选择此工具类型后，可以选择枪尖坐标系 Tip Frame，这是喷枪顶端的坐标系，它将沿着涂料接触材料的部位移动。

在 TCP Frame 和 Base 栏中，分别为工具定义 TCP 坐标系和 Base 坐标系的具体位置，Base 坐标系的位置将作为工具的安装位置，在被安装到机器人工具端时，工具的 Base 坐标系的位置会和机器人的 Tool 坐标系位置重合，而工具的 TCP 坐标系将被作为整个机器人系统的 TCP 坐标系来使用。

在“不检查与区域冲突”Do not check for collision 区域中，可以通过在图形查看器中选择工具的实体来指定可能与该工具发生冲突的对象，如焊枪的电极帽等，这代表不检查指定对象和工具之间的冲突，但是，如果在 Collision Viewer 中启用了 Emphasize Collision Set 选项，图形查看器将在碰撞时以强调颜色的较浅阴影显示这些对象。

如果选择“抓手”Gripper 作为工具类型，可以从图形查看器中指定充当抓取实体的对象，这些对象出现在 Gripper Entities 区域中。抓取是根据为工具定义的抓取实体 Gripper Entities 和任何物理对象（零件、资源）之间的碰撞干涉检测完成的。右下方的“偏移”Offset 选项，可以定义碰撞检测发生的距离。单击 OK 按钮，可以保存对工具的定义，用于后面的 Study 中。

完成了工具的定义后，可以将它安装到机器人的工具端，右击对象树或者图形查看器中的机器人，在弹出菜单中选择 Mount Tool；或者选择 Robot 选项卡→Tool and Device→Mount Tool。如果在安装了工具后，需要解除安装，可以选择 Robot 选项卡→Tool and Device→UnMount Tool UnMount Tool，弹出“安装工具”对话框如图 7-11 所示。

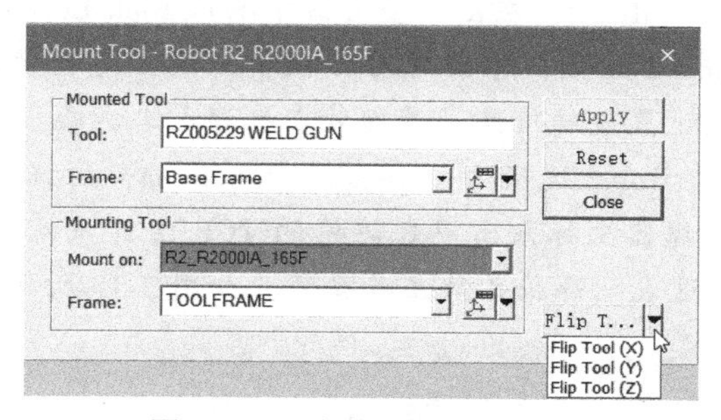

图 7-11 “安装工具”对话框

上半部分的 Mounted Tool 区域中，Tool 栏中用于在对象树或者图形查看器中选择要安装的工具对象，Frame 栏中用于选择安装工具的 Base 坐标系。

下半部分的 Mounting Tool 区域中，默认已完成选择了机器人和它的工具端坐标。单击 Apply，可以在图形查看器中看到工具已经安装到了机器人工具端，单击左下角的 Flip Tool 选项旁边的下拉菜单，可以绕着 X、Y、Z 轴旋转工具的安装方向。

实例 1：定义焊枪工具并安装到机器人工具端

1）在 Process Simulate 标准模式下，在教学资源包第 7 章打开 tool definition and mount tool. psz 文件。

2）在对象树中，确认焊枪和机器人 R1 Robot 正确显示在图形查看器中。

3）将焊枪设置为建模模式，可以看到，在焊枪的工具位置和安装位置的坐标系都尚未创建，首先需要在这两个位置上创建坐标系。

4）按照图 7-12 所示，在安装端创建 Base 坐标系，在上下电极帽接触点创建工具坐标系，一般将工具坐标系的方向设置为：X 方向为远离焊枪的方向，Z 方向指向开口最大位置处。打开 Tool Definition 对话框，完成各个参数的定义和输入。

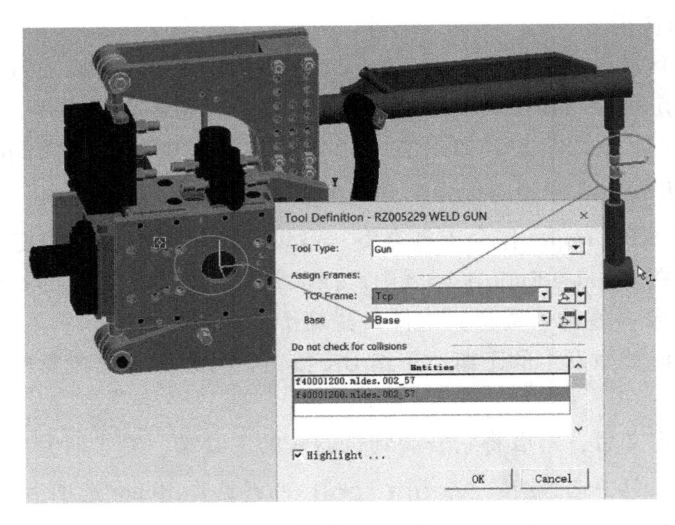

图 7-12　创建坐标系

5）在对象树中选择 R1 Robot，在图形查看器中确认 Pick Level 设置成 Component，然后右击 R1 Robot，选择 Mount Tool，在弹出的对话框中，设置焊枪的安装坐标系和 TCP 坐标系，并使用 Flip Tool 选项设置旋转使其正确安装在机器人工具端。

6）完成后，可以单击 Robot 选项卡→Reach→Robot Jog，验证工具被正确安装。在图形查看器中，Robot Jog 的操纵器坐标系出现在焊枪的 TCP 坐标系处，拖动操纵器坐标系，看到焊枪随机器人一起动，这表明焊枪已被正确安装，如图 7-13 所示。

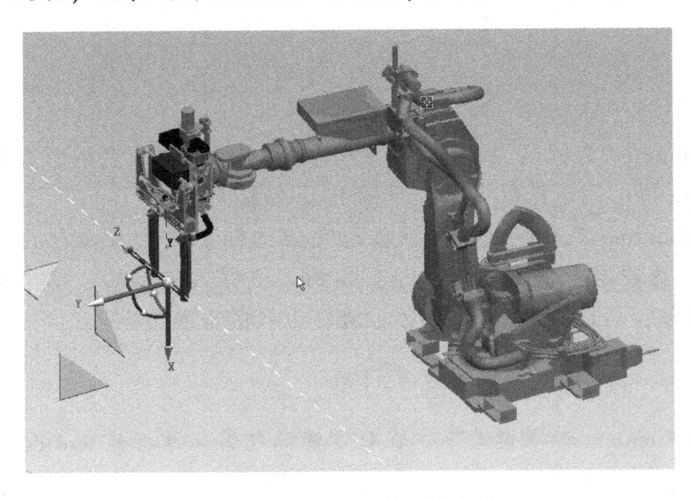

图 7-13　焊枪工具安装完成

实例2：定义抓手工具并安装到机器人工具端

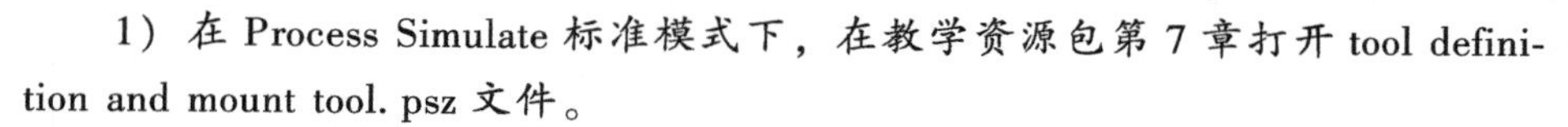

1）在 Process Simulate 标准模式下，在教学资源包第 7 章打开 tool definition and mount tool. psz 文件。

2）在对象树中，确认抓手和机器人 R2 Robot 正确显示在图形查看器中。

3）将抓手设置为建模模式，可以看到，在抓手的工具 TCP 位置和安装位置的坐标系都尚未创建，首先需要在这两个位置上创建坐标系。

4）按照图 7-14 所示，在安装位置创建 Base 坐标系，在工具 TCP 位置创建 TCP 坐标系，并在 Tool Definition 对话框中，完成各参数的定义和输入，在 Gripper Entities 区域中，选择夹爪上的 12 个圆柱实体。

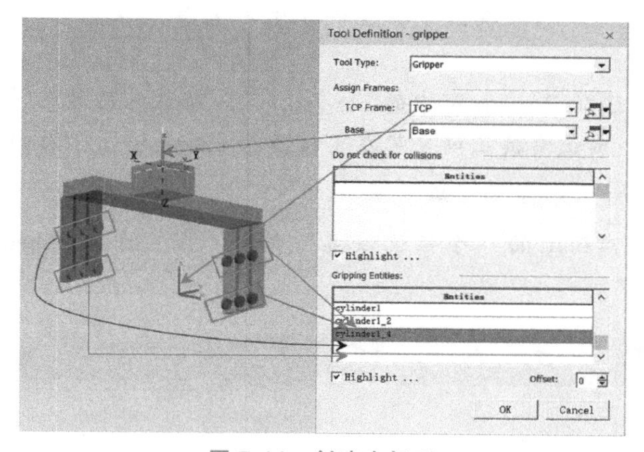

图 7-14　创建坐标系

5）在对象树中选择 R2 Robot，在图形查看器中确认 Pick Level 设置成 Component，然后右击 R2 Robot，选择 Mount Tool，在弹出的对话框中，设置抓手的安装坐标系和 TCP 坐标系，并使用 Flip Tool 选项设置旋转使其正确安装在机器人工具端。

6）完成后，可以单击 Robot 选项卡→Reach→Robot Jog，验证工具被正确安装。在图形查看器中，Robot Jog 的操纵器坐标系出现在抓手的 TCP 坐标系处，拖动操纵器坐标系，看到抓手随机器人一起动，这表明抓手被正确安装，如图 7-15 所示。

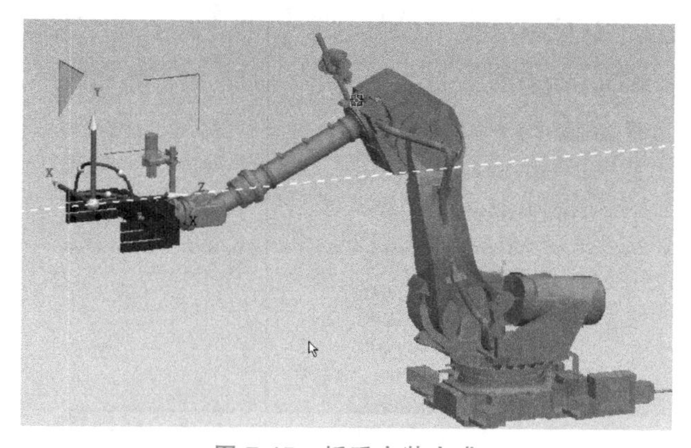

图 7-15　抓手安装完成

7.4 创建机器人抓放操作

在正确完成一个抓手的运动学定义（Kinematics Editor）、姿态定义（Pose Editor）和工具定义（Tool Definition）后，就可以用它来完成机器人抓放操作的仿真，下面通过一个实例介绍如何进行机器人抓放操作的仿真。

实例：机器人抓放操作

1）在 Process Simulate 标准模式下，在教学资源包第 7 章打开 pick and place. psz 文件。

2）在对象树中，选择 Resources 中的 box_gripper，确认它的运动学定义、姿态定义和工具定义都已正确完成。确认它被正确安装在了机器人 kawasaki_uz100 的工具端，如果未正确安装，使用 Mount Tool命令完成安装。

3）单击对象树工具栏上的“个性化设置”按钮，将 Attached To 栏激活显示，如图 7-16 所示。

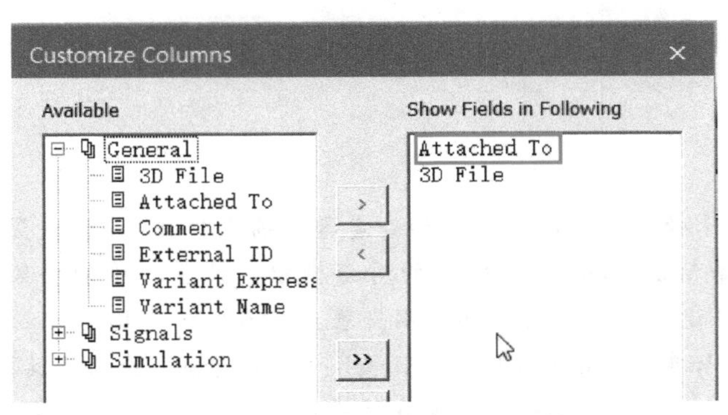

图 7-16 激活显示 Attached To 栏

4）看到对象树中，box_gripper 后的 Attached To 信息，如图 7-17 所示。

Object Tree

Name	T	Attached To
pnp		
Parts		
Resources		
pnp		
container		
vr5264280_cnv1		
vr5264280_cnv2		
kawasaki_uz100		
base36x36x24		
box_gripper		TOOLFRAME

图 7-17 Attached To 栏信息显示页面

5）在左侧盒子 box24x24x12_left1 的几何中心创建一个坐标系，命名为 box1 pick frame，作为机器人抓手抓取盒子时的抓取点位置。

6）在料箱盒底部左半边中心创建一个坐标系，命名为 box1 place frame。通过测量得知，box24x24x12_left1 的高度为 304.8mm，所以需要使用 Placement Manipulator 命令，将其沿 Z 轴正方向移动 152.4mm（304.8/2），作为机器人放置盒子的位置，如图 7-18 所示。

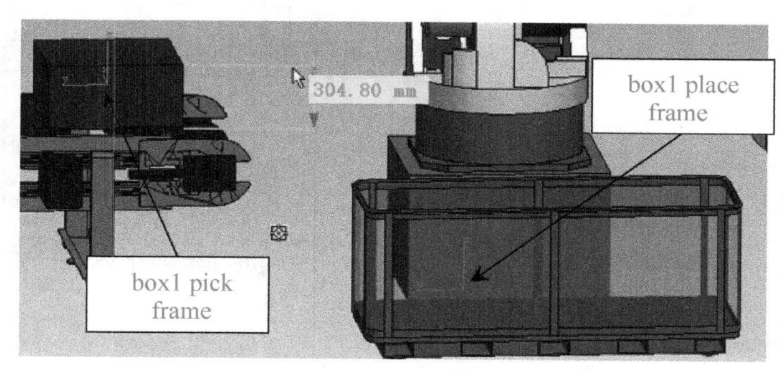

图 7-18 定位坐标系

7）在操作树中，右击根节点，创建一个复合操作，命名为 pick left box and place，然后为其创建一个子操作：单击 Operation 选项卡→Create Operation→New Operation New Pick and Place Operation，按照图 7-19 所示设置。

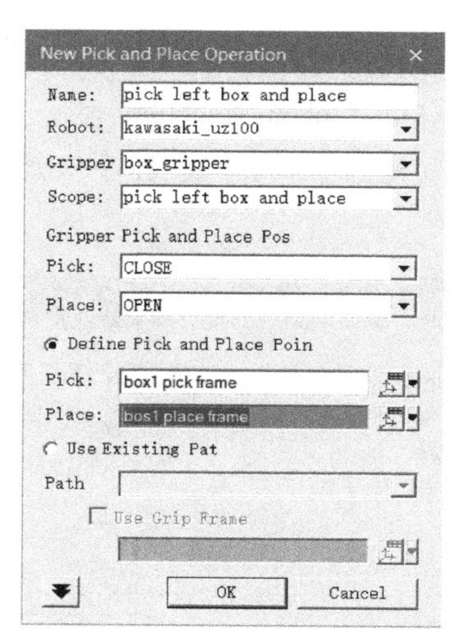

图 7-19 New Pick and Place Operation 设置页面

8）在序列编辑器中运行上一步创建的复合操作，可以看到机器人抓取了盒子，直接放到料箱里左侧位置。下面将对这个操作进行一些优化。

9）可以看到机器人放置盒子的位置，抓手与料箱是有碰撞干涉存在的，需要将放置位置沿 Z 向旋转 90°：将复合操作添加到路径编辑器中，选择其子操作中的 place 路径位置，单击 Operation 选项卡→Edit Path→Manipulate Location，在弹出的对话框中，让其沿 Rz 方向旋转 90°，完成后单击 Close 按钮，如图 7-20 所示。

10）在图形查看器中选择机器人，然后通过选择 Robot 选项卡→Tool and Device→Home

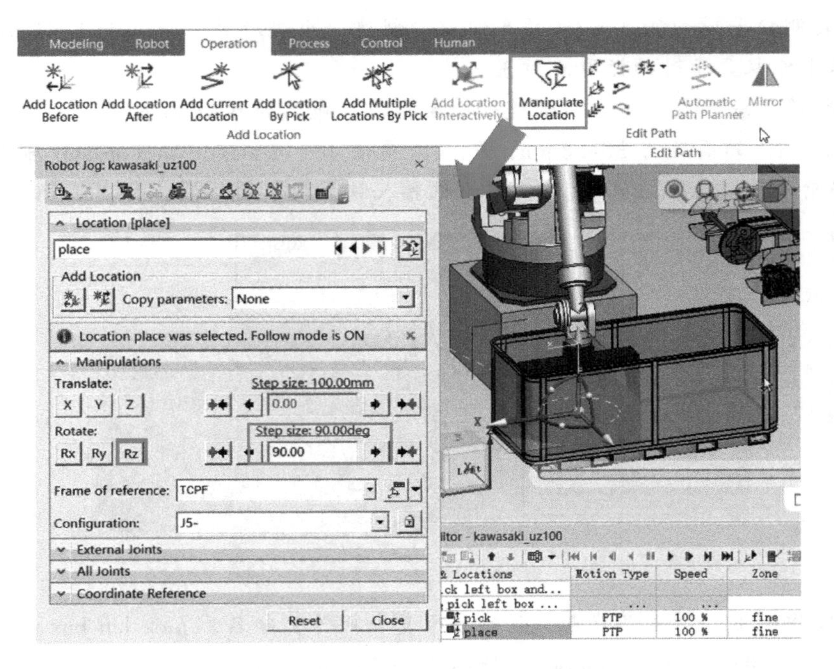

图 7-20　Manipulate Location 对话框

，使机器人回到初始的 Home 位置，然后在路径编辑器中，选择 place 路径位置，单击 Operation 选项卡→Add Location→Add Current Location ，添加路径位置。

11）在 Collision Viewer 中，创建一个机器人、抓手、盒子和机运线，料箱的新的碰撞集定义，如图 7-21 所示。

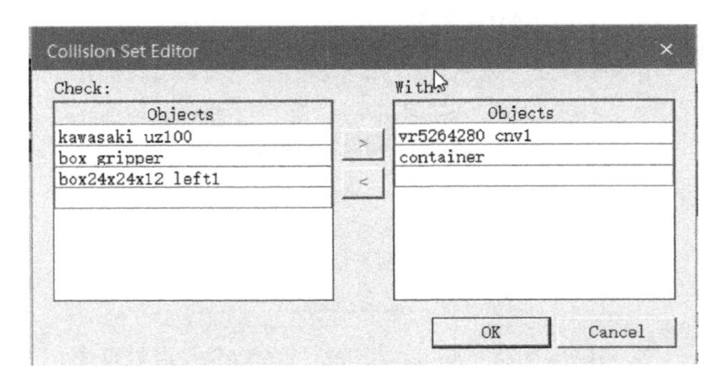

图 7-21　定义各部件碰撞集页面

12）在对象树中，选中子操作，然后单击 Operation 选项卡→Edit Path→Auto Path Planner，在跳出的警告信息上，单击 Continue 按钮，然后在自动路径规划对话框中，选择 Do both，等待系统完成路径计算。

13）完成后，在序列编辑器中运行仿真路径，可以看到完整的无干涉碰撞的机器人抓放盒子的工艺仿真过程。将包含这个完整仿真路径的 Study 保存，在下一节的练习中将继续使用它。

7.5 使用 Reach Test 命令快速计算机器人的可达性及机器人位置

在 Process Simulate 中，提供快速计算机器人的可达性和快速放置机器人位置使其可达的功能。使用 Reach Test 命令，可以快速计算机器人基于某操作中所有路径位置的可达性，单击 Robot 选项卡→Reach→Reach Test，如图 7-22 所示。

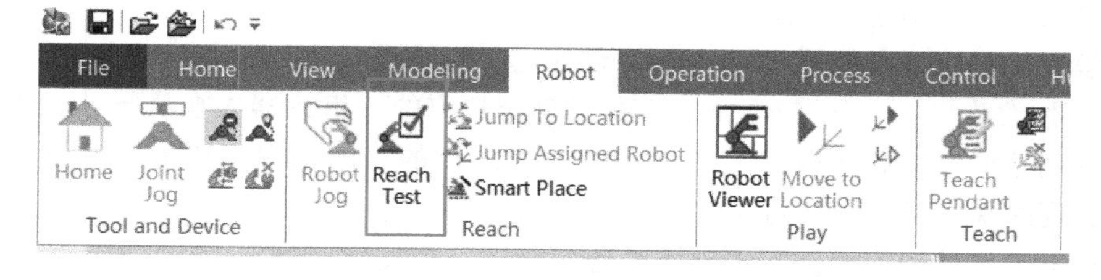

图 7-22 启用 Reach Test 功能

使用 Reach Test 命令，相关的图标和功能描述见表 7-2。

表 7-2 Reach Test 的相关图标和功能描述

符号	功能描述
✓	机器人可以到达该位置。图形查看器中的位置为蓝色
	机器人具有部分可到达的位置。机器人到达该位置，但必须旋转其 TCPF 以匹配目标位置的 TCPF
	机器人在其工作极限之外(但在其物理极限内)具有可达性
	机器人部分可达性超出其工作极限(但在其物理限制内)。机器人到达该位置，但必须旋转其 TCPF 以匹配目标位置的 TCPF
	机器人完全可达到超出其物理限制的位置
	机器人部分可达到超出其物理限制的位置。机器人到达该位置，但必须旋转其 TCPF 以匹配目标位置的 TCPF
×	机器人根本无法到达该位置。图形查看器中的位置以红色显示
[空白]	空白单元格表示机器人的可达性与以下原因无关;该位置不投影到任何部分

Note Reach Test 找到最佳的可达性解决方案。例如，机器人工作限制内的部分可达性优于工作限制以外的完全可达性，而工作限制之外的部分可达性优于物理限制之外的完全可达性

对于使用 Reach Test 命令发现的不可达或不是完全可达的路径位置，可以使用编辑路径的方法对其进行调整，使其可达。

在 Process Simulate 中，可以使用 Smart Place 命令找到机器人和夹具放置的最佳位置。它可以使用以下两种模式之一。

(1) 机器人的放置 Robot Placement　能够确定机器人可以完全、部分到达或碰撞到达选定位置的点的范围。这能够优化定位机器人。

选择机器人和位置后，定义一个搜索区域（2D 或 3D），指定希望系统检查的点数。Process Simulate 会检查网格中的每个目标点（建议的机器人位置），并计算机器人是否可以从建议的机器人位置到达所有定义的位置。

在此模式下，还可以使用 Smart Place 创建定义碰撞设置。

(2) 夹具的放置 Fixture Placement　能够确定选定的一组机器人在执行关联操作时可以完全、部分到达或碰撞到达选定夹具（零件和资源）的点的范围。这可以定位夹具放置的最佳位置，同时保持机器人的可达性。

选择机器人及其相关操作和固定装置后，定义一个搜索区域（2D 或 3D），指定希望系统检查的点数。Process Simulate 会检查网格中的每个目标点（即建议的夹具位置），并计算机器人在执行操作时是否可达到建议的夹具位置。

如果在嵌套在设备下的机器人或固定装置上运行 Smart Place 命令，其可达性和碰撞的计算会考虑整个设备。机器人的自身坐标系被用作参考坐标系。如果机器人/夹具的上一级设备设置成建模模式，Smart Place 命令的可达性和碰撞计算仅基于机器人/夹具。当选择多个夹具时，系统与包含所有定义夹具的边界框的几何中心点相关。对于机器人和夹具的放置，系统会显示结果的颜色编码图形来表示。然后可以找机器人或者夹具的最佳放置位置，确保所有机器人完全连接到所有夹具和路径位置。

可参照以下步骤和注意事项使用 Smart Place 命令。

1) 单击 Robot 选项卡→Reach→Smart Place，弹出的设置对话框如图 7-23 所示。

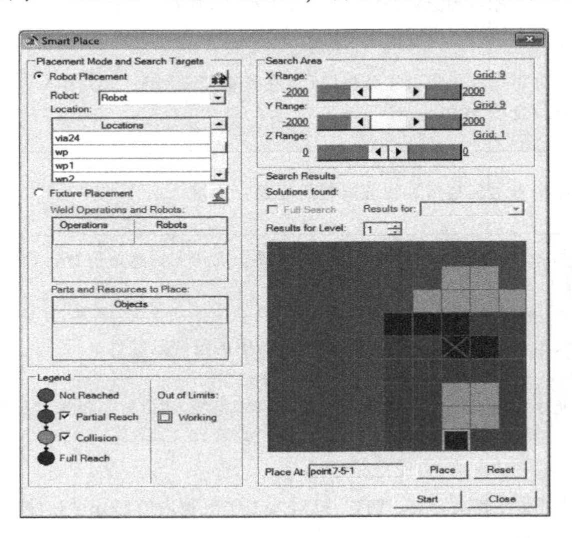

图 7-23　Smart Place 对话框

2）执行以下操作之一：

① 选择机器人的放置 Robot Placement 模式。单击 Robot，然后在图形查看器或对象树中选择所需的机器人。单击位置列表并从图形查看器或对象树中选择所需的位置。

② 选择夹具的放置 Fixture Placement 模式。单击焊接操作和机器人列表，然后从图形查看器、操作树或序列编辑器中选择所需的焊接操作。每个操作都与其分配的机器人一起列出。如果希望使用不同的机器人来检查操作，执行以下操作：

a. 选择焊接操作和机器人列表中的相关行。

b. 单击按钮，出现替换机器人以检查操作对话框，如图 7-24 所示。

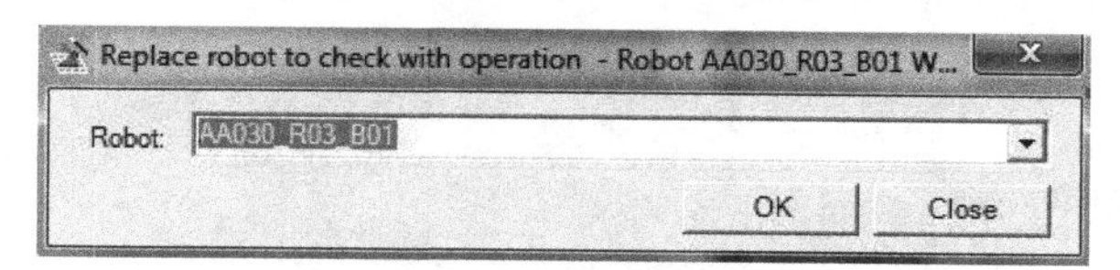

图 7-24　检查操作对话框

c. 从机器人下拉列表中选择所需的机器人，然后单击 OK 按钮。单击 Part and Resources to Place 字段，并从 Graphic Viewer 或 Object Tree 中选择所需的夹具。

3）在 Robot Placement 模式中，单击“自动创建碰撞”图标，以从当前机器人放置数据创建碰撞集定义。碰撞集定义出现在 Collision Viewer 中，并根据对话框的碰撞设置选项卡中设置的高级选项进行配置。

4）从右上角的搜索区域 Search Area 中，定义要检查可访问的网格或区域。可以通过以下方式之一来定义区域的大小和区域中的点（网格）的数量：拖动滑动条，单击其中一个超链接以显示“网格区域定义” Grid Area Definition 对话框，如图 7-25 所示。指定 X、Y 和 Z 轴的范围，即网格覆盖的轴的长度以及要检查的轴上的点数。

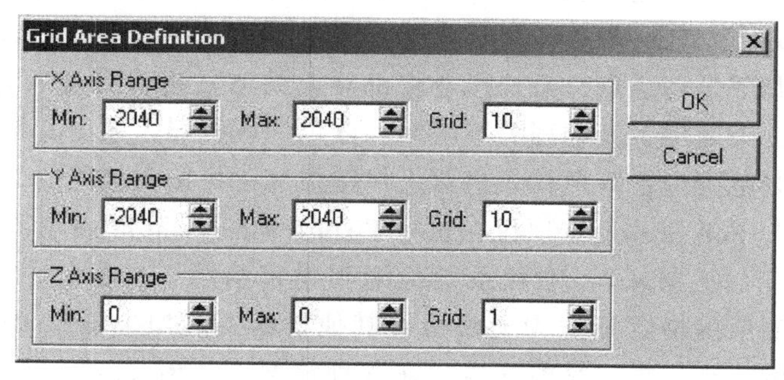

图 7-25　“网格区域定义”对话框

例如，X 轴的范围-100~100，有 10 个点，Y 轴的范围-100~100，有 5 个点，而 Z 轴的范围 0~10，有 2 个点。系统将检查的点总数为 X 点×Y 点×Z 点，在本例中为 100 点。该过程模拟检查每个点以查看选定的机器人是否可以从每个点到达选定的目标。

如果在“网格区域定义”对话框中指定了不正确的值，则会禁用“确定”按钮，并显示错误消息。搜索区域尺寸是相对于所选机器人的位置。

5）在左下角的 Legend 区域中，选中 Partly Reach 或 Collision，系统会显示导致机器人产生碰撞和部分可达的放置点。

6）单击“开始”按钮，Process Simulate 会检查指定网格中的每个点并创建结果的映射，并在图形查看器中表示出来，如图 7-26 所示。

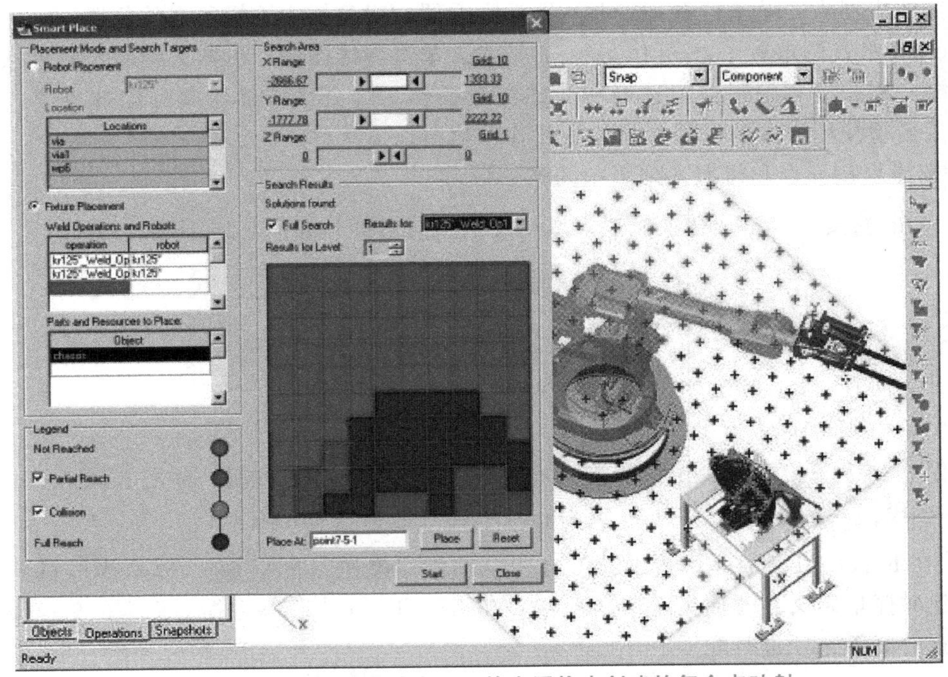

图 7-26　在图形查看器中显示检查网格中创建的每个点映射

图像中点的颜色代表如下：红色，表示不可达，所选机器人无法到达此位置的选定位置或固定装置；绿色，表示部分可达，选定的机器人可以部分地从位置到达选定的位置或固定装置；橙色，表示碰撞，选定的机器人可以从这一点到达选定的位置或固定装置，但会发生碰撞；蓝色，表示完全可达，所选择的机器人可以从该位置到达选定的位置或固定装置。

对于完全到达和部分到达点，系统还会将机器人关节限制状态显示为围绕该点的方框，其中：紫色代表机器人超出了其物理关节限制；蓝色代表机器人超出其工作关节限制，但仍处于其物理关节限制范围内；绿色代表机器人保持在其工作接头范围内。

7）“完全搜索” Full Search 选项仅在执行 Fixture Placement 时启用。如果选择了两个或多个操作（及其指定的机器人），并且系统检测到指定给第一个操作的机器人无法到达夹具，则它会立即将当前网格点标记为无法检查其他机器人。如果希望 Process Simulate 检查所有机器人的每个网格点，需要完整搜索。在这种情况下，Results for 已启用，可以显示任何单个机器人的结果或综合显示所有机器人结果。

8）从“级别结果” Results for Level 选项中选择要显示的级别，该级别对应于 Z 网格值，如图 7-27 所示。

9）根据计算结果，在结果图中单击一个点，则单击点的 X、Y、Z 坐标显示在 Place At 处，单击“放置”按钮将机器人、夹具移动到选定的位置。所选位置在搜索结果中用 X 标记。也可以双击结果图中的点，或单击图形查看器以放置机器人、夹具。如果机器人、夹具嵌套在设备下，则会移动整个设备。

10）当 Smart Place 对话框打开时，单击 Reset 可以将机器人返回到其原始位置。

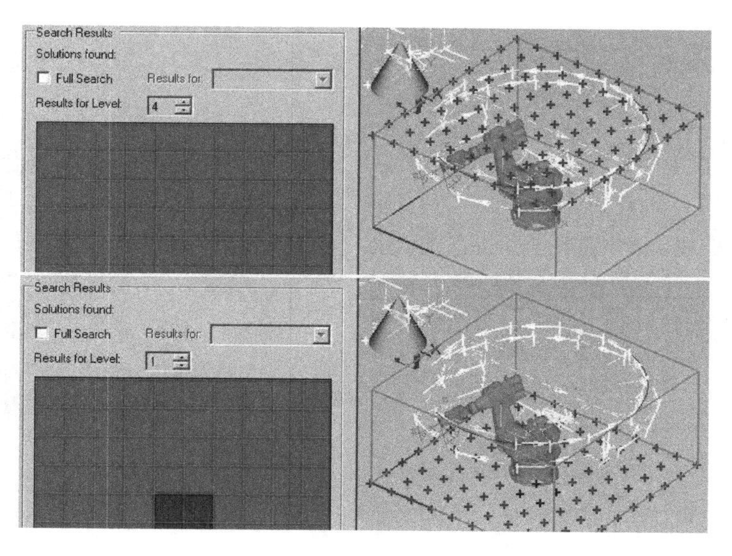

图 7-27　选择要显示的级别

实例：使用 Smart Place 定义机器人位置

1）在 Process Simulate 标准模式下，继续使用章节 7.4 中实例操作完成后的 Study。

2）确认 Pick Level 设置为 Component 。

3）在图形查看器中选中机器人，单击 Robot 选项卡→Reach→Smart Place，默认模式是 Robot Placement，单击 Robot Placement 右侧的 按钮自动创建碰撞检查设定，关闭 Smart Place 对话框；在 Collision Viewer 中，可以看到系统自动创建了一个碰撞检查设定，如图 7-28 所示。

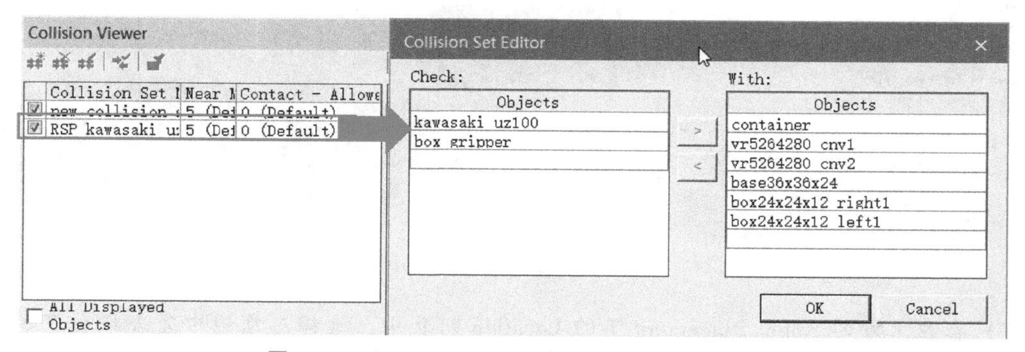

图 7-28　Collision Viewer 中显示碰撞检查设定

4）在本例中，将继续使用章节 7.4 实例中创建的碰撞设定，单击在 Smart Place 命令中自动创建的碰撞设定，单击 按钮将其删除。

5）再次打开 Smart Place 对话框，在图形查看器中看到以机器人为中心的一个黄色矩形框，如图 7-29 所示。

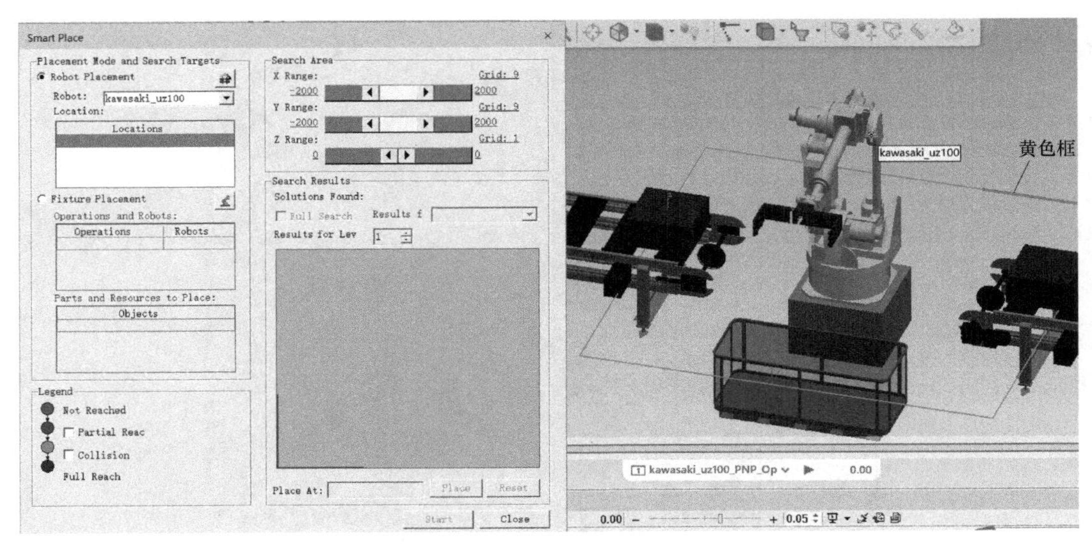

图 7-29　Smart Place 对话框

6）在 Search Area 区域中，单击区域中任意一个蓝色的数值，在弹出的对话框中进行搜索区域和网格大小的设置，也可以在区域中的 X、Y、Z 栏目直接拖动左右◀ ▶按钮以调整搜索区域大小，在图形查看器中注意黄色矩形表示的搜索区域大小，当设置了 Z 向搜索区域的值以后，可以看到黄色矩形变成了黄色立方体，如图 7-30 所示。

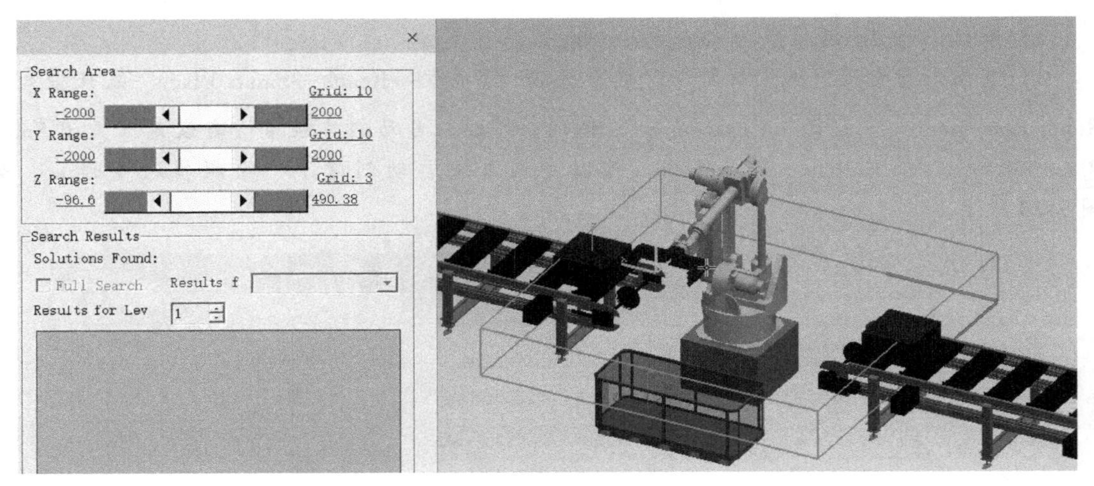

图 7-30　Search Area 页面

7）在左上方的 Robot Placement 下的 Location 列表中，选择对象树中复合操作下的 Pick and Place 子操作，然后单击 Start，可以看到在 Smart Placement 右下角显示的计算结果；在左下角的 Legend 区域，勾选 Partial Reac 和 Collision 选项，可以看到计算结果和未勾选时的不同，如图 7-31 所示。

8）双击计算结果中任意一个红色网格，可以看到右下方的 Place At 栏中拟将机器人放置到的新的位置，单击 Place，然后关闭 Smart Place 对话框。可以在图形查看器中看到，机器人被移动到了一个新的位置。

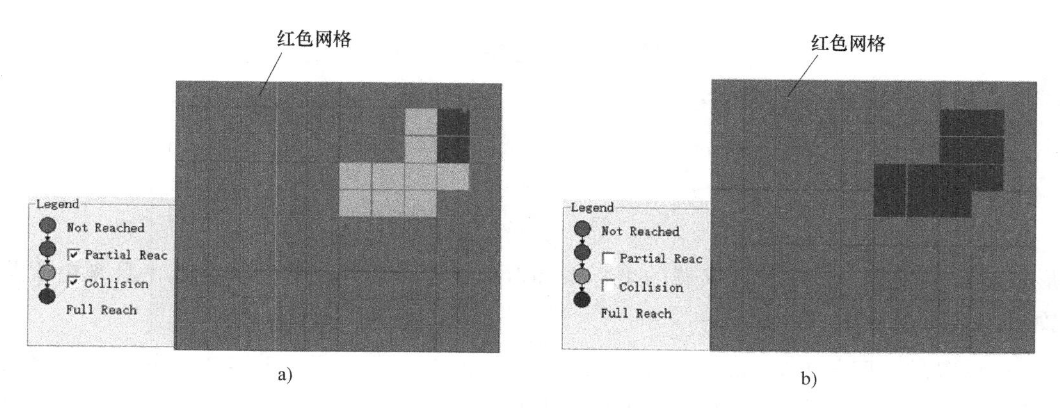

图 7-31　不同的计算结果

9）选择对象树中复合操作下的 Pick and Place 子操作，单击 Robot 选项卡→Reach→Reach Test ，可以看到所有路径在它们的右侧都显示红色的×符号，这和 Smart Place 计算的结果相符合，如图 7-32 所示。

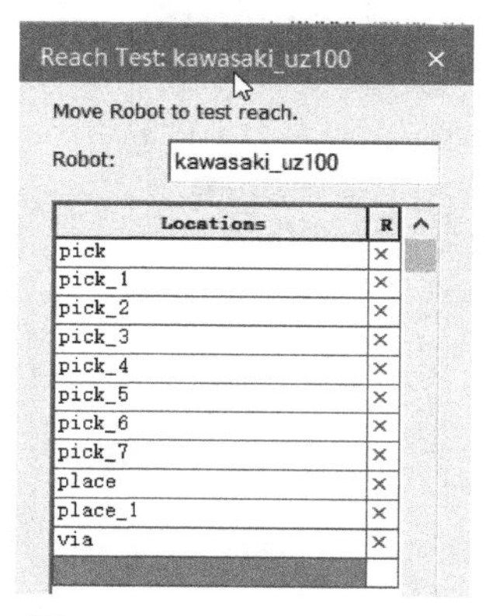

图 7-32　Reach Test 页面

10）单击 Modeling 选项卡→Layout→Restore Initial Position ，可以看到机器人又回到了最初的位置，重复上一步的操作，看到这次所有的路径旁边都显示蓝色的√符号。

11）单击“保存”按钮，完成实例。

7.6　编辑机器人路径

在 Process Simulate 中提供了多种编辑机器人路径的方法。首先把包含想要编辑路径的操作添加到路径编辑器中，在 Operation 选项卡→Edit Path 组中可以采用以下方法来进行机器人路径编辑，如图 7-33 所示。

1）设置操纵器 Manipulate Location ：这是编辑机器人路径最基本的方法。在路径编辑器中，选择一个路径位置，单击 Operation 选项卡→Edit Path→ Manipulate Location，会在

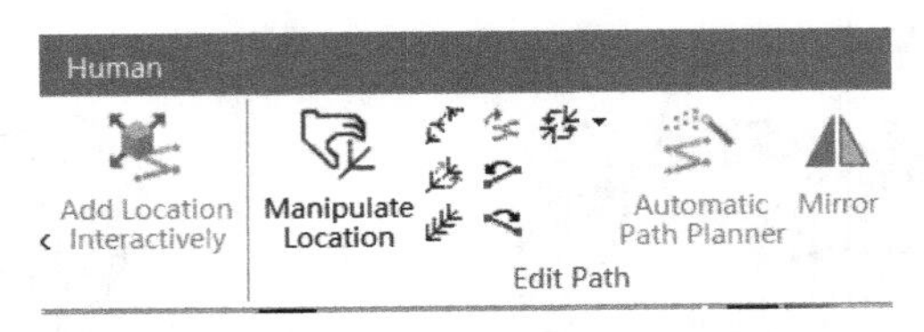

图 7-33　启动机器人路径编辑功能

图形查看器中出现一个放置操纵器的坐标系和对话框，可以通过放置操纵器工具来更改路径位置的位置和方向。

2）设置过渡路径方向 Interpolate Location Orientation ：通过改变参考起始点和终点之间的过渡路径位置的方向，使它们的方向朝着接近参考点之间的矢量方向慢慢过渡。通过单击 Operation 选项卡→Edit Path→ **Interpolate Locations Orientation**，使用这个命令可以使机器人平滑地过渡到路径中的位置点。其对话框如图 7-34 所示。

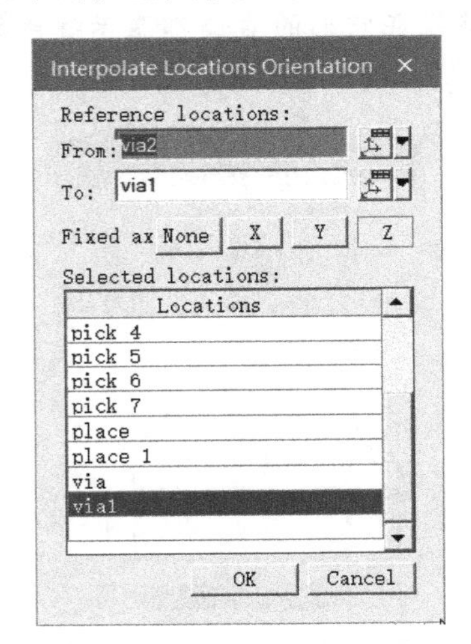

图 7-34　Interpolate Location Orientation 对话框

分别在 From 和 To 栏中输入参考起始点和参考结束点的位置。在 Selected Locations 列表下，选择操作中需要沿着参考起始点、终点过渡方向的路径位置。对于焊缝和焊点位置，必须始终保持与投影位置的表面垂直。为确保在运行 Interpolate Location Orientation 时出现这种情况，可以使用 Fixed ax None X/Y/Z 功能，选择其中一个轴的方向以保持固定。

3）复制位置方向 Copy Location Orientation ：通过复制参考位置的方向来调整所选位置的方向。选择一个或多个位置，然后选择一个参考位置，系统相应地调整所选位置的方向。

4）对齐位置 Align Locations ：在进行焊接路径编辑时，这是一个非常有用的功能。“对齐位置”选项可让多个焊接位置的方向与另一参考焊接位置对齐，同时保持轴与表面垂直，对于确定所有位置的均匀焊接方向是有用的。焊接接近方向根据接近轴来确定，将在第 8 章机器人点焊工艺时做详细介绍。

5）反向操作 Reverse Operation ：使用户能够翻转当前操作的路径方向。如果路径位置都嵌套在同一父级操作下，则可以反转多个路径的方向。在这种情况下，所选路径中的所有位置都被视为单个路径。反转路径位置时，需要相应地反转运动类型参数。可以为所有机器人操作（对象流操作、焊接操作和接缝操作）反转所选路径的方向。如图 7-35 所示，使用 Reverse Operation 命令时，操作路径的方向会沿着路径的箭头改变方向。反转路径时，离线程序（OLP）命令不受影响，必要时手动调整它们。

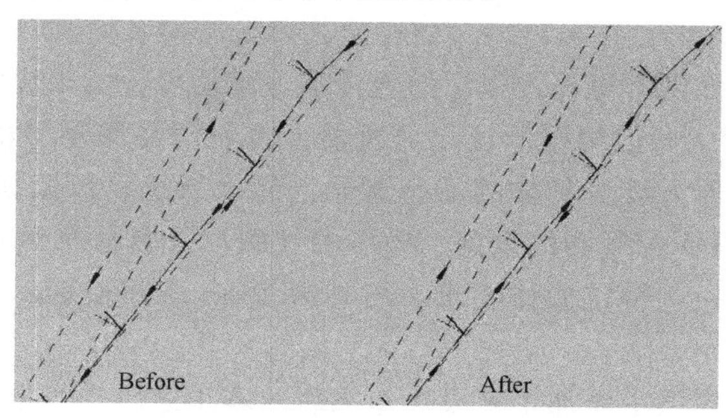

图 7-35　Reverse Operation 操作页面

6）向后移动位置 Shift Location Back 和向前移动位置 Shift Location Forward ：这两个命令和路径编辑器工具栏上的 按钮相同，对于选定的路径位置，可以分别向后和向前移动一个顺序。

7）翻转位置 Flip Locations ：使用该命令可以沿着某个表面或者某个固体翻转路径位置 180°，单击其右侧的下拉菜单，选择 Flip Locations on Surface 或者 Flip Locations on Solid，如图 7-36 所示。

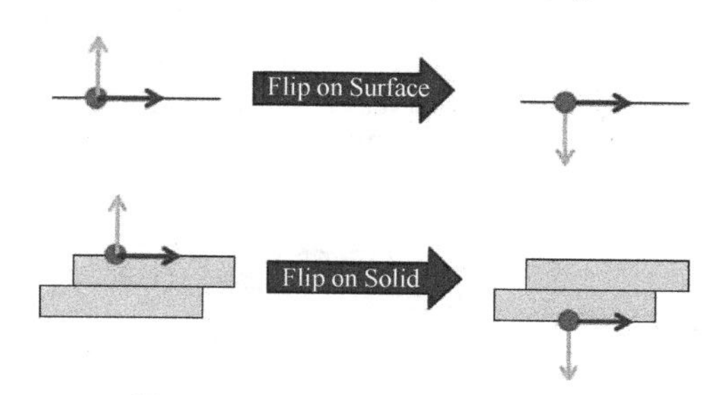

图 7-36　Flip Location 操作页面

使用沿着表面翻转路径位置，会使路径绕着接近轴旋转 180°。接近轴方向可以在 Options→Weld Location Orientation 中设置，如图 7-37 所示。

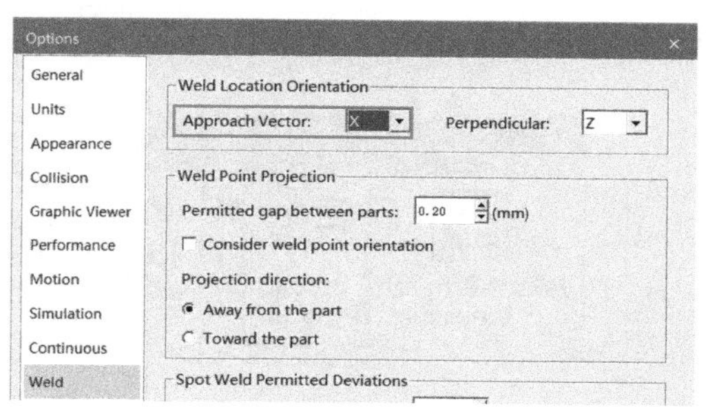

图 7-37　接近轴方面设置页面

只有在焊接操作中的路径位置，才能使用“在固体上翻转焊接位置”选项。

7.7 机器人程序的上传和下载

Process Simulate 中提供了机器人程序的上传和下载功能，如果设定了机器人的控制器品牌型号，配置 RCS 以后，可以根据所设定的机器人控制器品牌型号的指定语法来转换机器人程序。如果没有给机器人设置具体的品牌型号，那么系统将以默认的控制器 Default Controller 来代替。关于机器人控制器的设定，RCS 的加载以及具体某个品牌型号机器人程序的上传和下载中所涉及的一些特定操作要求，可查阅 Process Simulate 高级机器人仿真相关内容，本书只做基本的介绍。

当机器人的路径编辑器中添加了某段操作之后，基于这段操作生成的程序就可以被下载到本地，它可以被用作真实机器人的离线程序（OLP）使用，也可以上传到 Process Simulate 的其他 Study 中，作为其他机器人的仿真程序。右击路径编辑器中的操作，可看到菜单中 Download to Robot选项，单击此命令，会出现将下载的程序保存至本地计算机的路径选择对话框，如果没有给机器人设置指定的控制器型号，那么保存至本地的程序格式是 *.src，如图 7-38 所示。

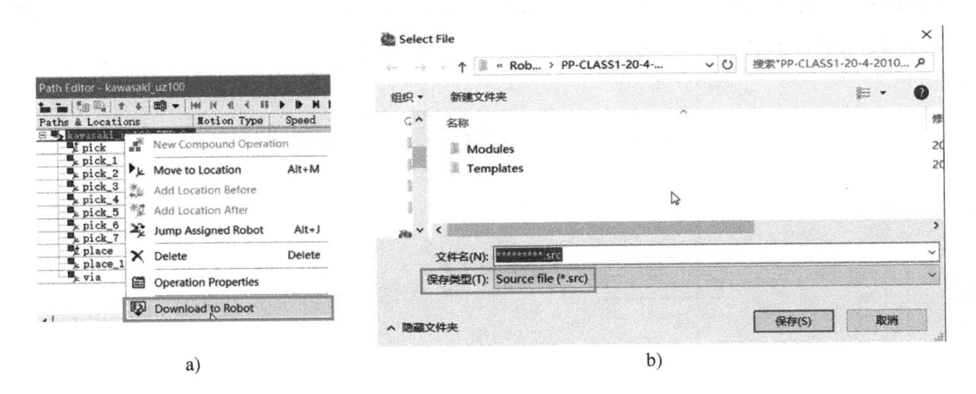

a)　　　　　　　　　　b)

图 7-38　程序保存至本地页面

如果想要将本地的一段程序上传到 Process Simulate 的 Study 中，用作某机器人的仿真操作，可以通过选择 Robot 选项卡→Program→Upload Program 来实现，如图 7-39 所示。

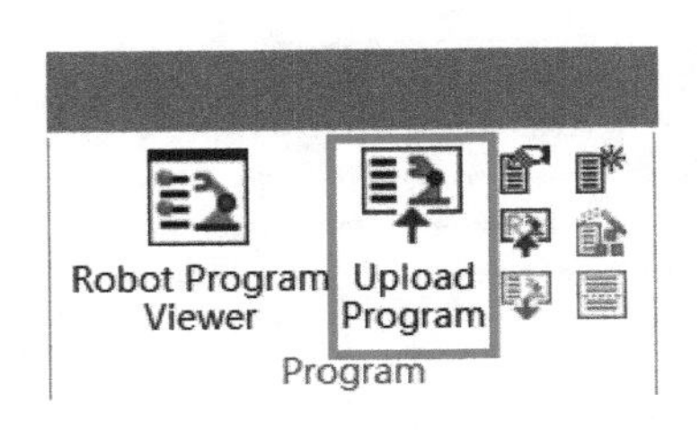

图 7-39　启动 Upload Program 页面

实例：机器人程序的上传和下载

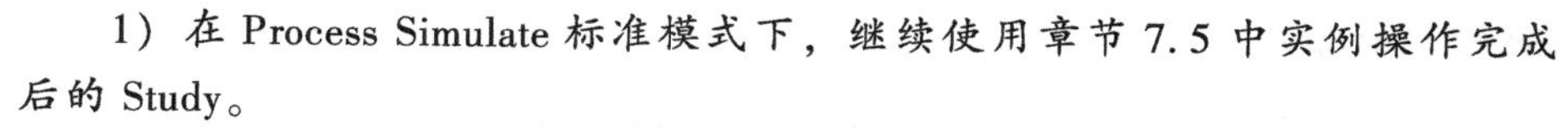

1）在 Process Simulate 标准模式下，继续使用章节 7.5 中实例操作完成后的 Study。

2）将操作树中的子操作 pick left box and place 添加到路径编辑中，在路径编辑器中右击该操作，使用 Download to Robot 命令将程序保存到本地，命名为 7.7.1 demo prog. src。因们使用的是默认的机器人控制器，所以对于弹出的对话框信息，单击 Close 按钮，如图 7-40 所示。

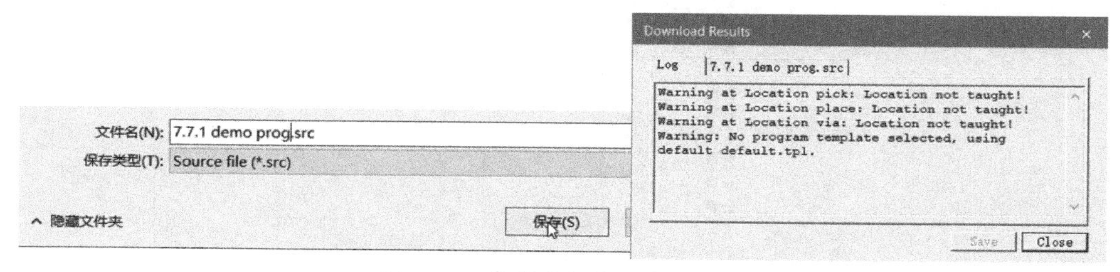

图 7-40　将程序保存到本地页面

3）关闭当前的 Study，使用记事本打开上一步保存的 7.7.1 demo prog. src，如图 7-41 所示。

7.7.1 demo prog.src - 记事本

文件(F)　编辑(E)　格式(O)　查看(V)　帮助(H)

```
// File: 7.7.1 demo prog.src
//
// Generated with: Process Simulate Disconnected 15.1
//
// Study: pnp
// Robot: kawasaki_uz100
//
// Author: zfooc0 ()
// Date: 10/03/2020 - 11:27:53
//
DATA


END_DATA

PROG 7.7.1 demo prog

  START_OPERATION pick left box and place
    [INT]activeSection = 0;
    [INT]activeSectionForDevice = 0;
    [STRING]activeSectionName = ;
```

图 7-41　7. 7. 1 demo prog. src 记事本内容

4）如果为机器人配置了某具体品牌型号的控制器，那么将会看到用记事本打开的生成到本地的离线程序的格式和图 7-41 所示是不同的，那是因为每个品牌型号的机器人都有其各自的程序语法格式。然后关闭记事本。

5）在 Process Simulate 标准模式下，打开章节 7.4 实例中第一步的 Study 文件 pick and place. psz。

6）将 box_gripper 正确安装到机器人的工具端。

7）在图形查看器中选择机器人，单击 Robot 选项卡→Program→Upload Program，将程序上传到机器人。完成后，可以看到操作树中导入的复合操作，是以“Upload 机器人名称-程序作者名（程序生成日期）”命名的。复合操作下的子操作就是所导入的相关抓放盒子的机器人操作程序，如图 7-42 所示。

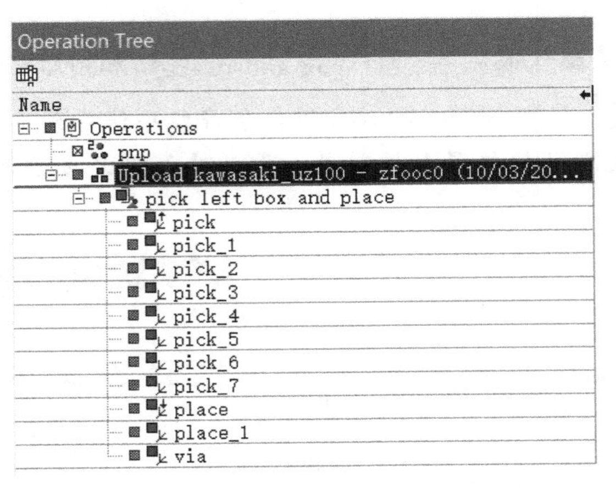

图 7-42　操作树中子机器人操作显示页面

8）将操作树中的子操作 pick left box and place 添加到路径编辑中，在路径编辑器中单击工具栏上的按钮，将 OLP Commands 选项栏显示出来。

9）因为使用的是默认的机器人控制器，所以需要检查一下程序。对于本例，除了 pick 和 place 路径上有附加的抓取和放置操作外，其余的路径都是位置点。双击 pick 路径的 OLP Commands，在弹出的对话框中，将每一行前的“//”都删除，如图 7-43 所示。

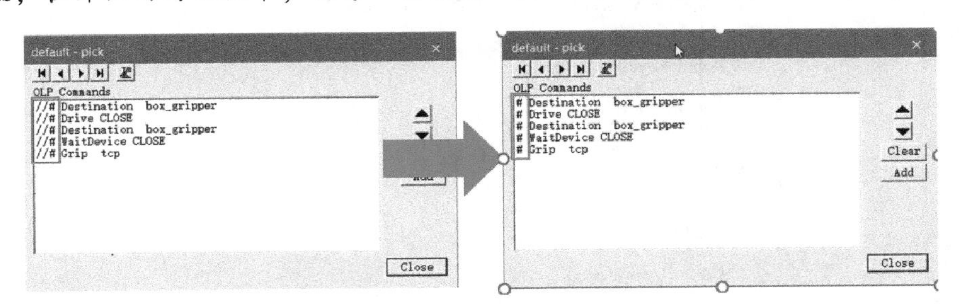

图 7-43　程序检查页面

10）对于 place 路径的 OLP Commands，也进行上一步同样的操作。

11）完成后，使用序列编辑器运行并检查仿真效果。

7.8　机器人互锁及机器人运动包络线

在很多情况下，工位中存在两个或者以上的机器人，这些机器人在工作的时候，它们在运行过程中所涉及的空间区域会产生互相干涉的情况。

在 Process Simulate 中，可以使用 send signal/wait signal “添加和等待信号”的方法，使

一个机器人在尝试进入干涉区域的时候，收到另一个已从干涉区离开的机器人并发出的确认信号后，再进入干涉区域进行操作。

使用机器人的离线程序指令或者在机器人的示教面板中，进行机器人发出或者等待信号等相关操作。本教材只做基础的介绍。

选择一个路径位置，单击 Robot 选项卡→Teach→Teach Pendant，弹出的对话框如图 7-44 所示。

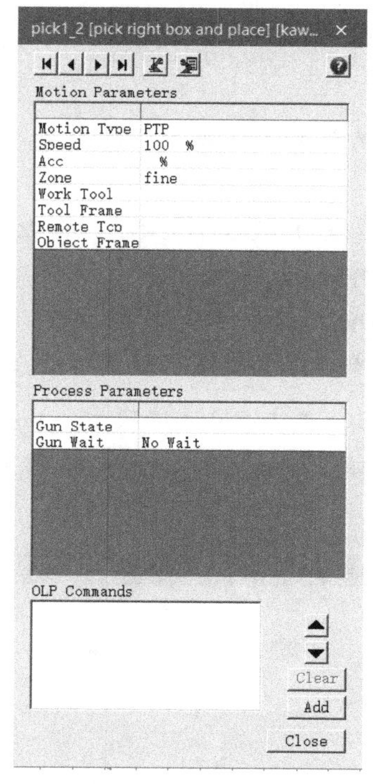

图 7-44 Teach Pendant 对话框

Teach Pendant 中显示的信息有：运动到该路径位置时的运动参数 Motion Parameter 和工艺参数 Process Parameter。在下方的 OLP Commands 栏中，可以进行添加信号等操作。

在 Process Simulate 中提供了创建机器人操作运动区域包络线的功能，可以分别对每个机器人的操作创建包络线；也提供了计算各包络线之间干涉区域的功能，如图 7-45 所示。

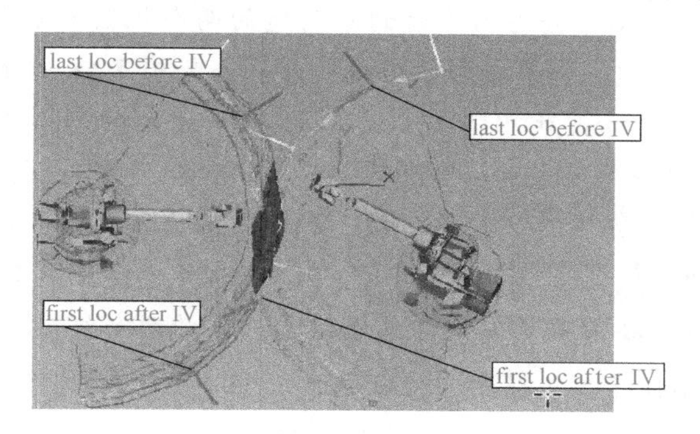

图 7-45 包络线间干涉区域的显示

通过选择 Robot 选项卡→Volumes 组命令，启用与创建运动包络线及查询干涉区间相关的命令，如图 7-46 所示。

图 7-46　启用 Volumes 组命令

实例：查询机器人干涉区并通过简单的信号控制机器人避免干涉

1）在 Process Simulate 标准模式下，在教学资源包第 7 章打开 two robot pick box and place. psz 文件。

2）创建一个复合操作，命名为 DO BOTH SIDE，将左、右侧机器人抓放盒子的操作都拖动到它的下级，成为它的子操作。

3）在序列编辑器中，运行 DO BOTH SIDE 复合操作，可以看到左、右侧机器人同时操作各自抓放盒子的整个过程，在操作中多个路径位置都存在干涉碰撞的情况。

4）复位 DO BOTH SIDE 操作。单击 Robot 选项卡→Volumes→ Swept Volume，将左、右侧抓放盒子的操作都添加到 Swept Volume 对话框中，单击 Create 按钮，如图 7-47 所示。

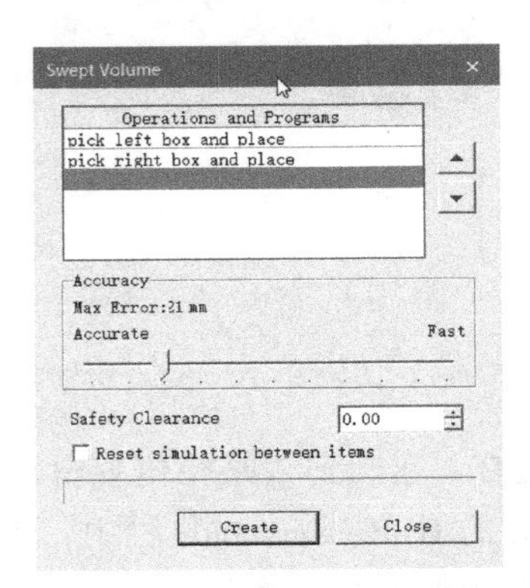

图 7-47　Swept Volume 对话框

5）等待计算完成，在图形查看器中看到所创建的两个机器人操作的运动包络线，也可以在对象树的 Motion Volumes中看到包络线的列表，如图 7-48 所示。

6）单击 Interference Volume，在如图 7-49 所示对话框中，分别在 Swept Volume1 和 Swept Volume2 栏中，选择两个机器人的运动包络线，单击 Create 按钮。

7）在图形查看器和对象树中，看到计算出的运动包络线干涉区，如图 7-50 所示。

8）也可以直接使用 Automatic Interference Volume Creation 命令，完成上述第 5)~7) 步的操作，如图 7-51 所示，在对话框中添加要计算运动包络线干涉区的两个机器人操作。

9）在对象树中选择计算得出的干涉区包络线，单击 Interference Volume Query，可以看到机器人操作中具体发生干涉的路径点，如图 7-52 所示。

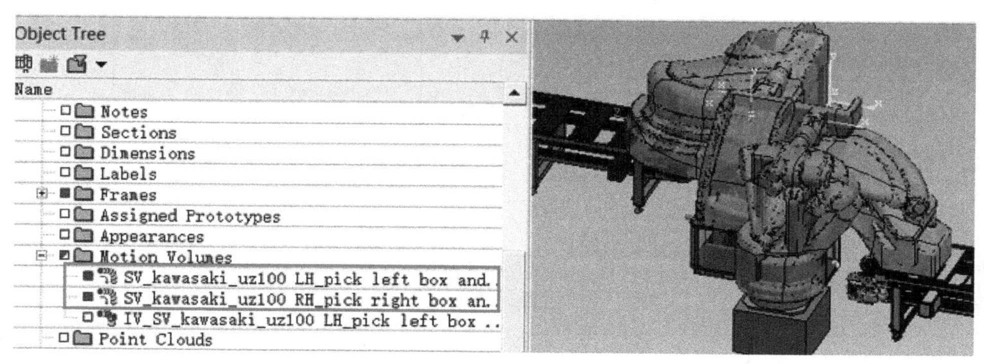

图 7-48 对象树中显示包络线列表

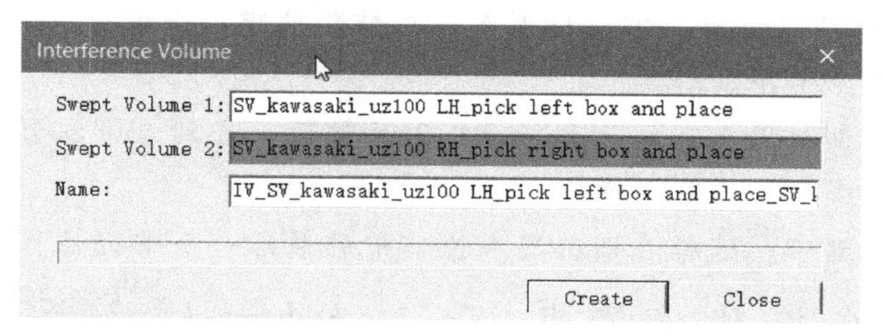

图 7-49 Interference Volume 对话框

图 7-50 在图形查看器和对象树中显示运动包络线干涉区

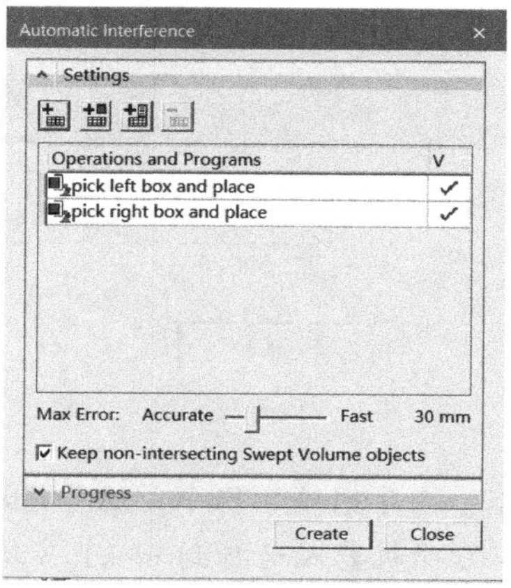

图 7-51 Automatic Interference 对话框

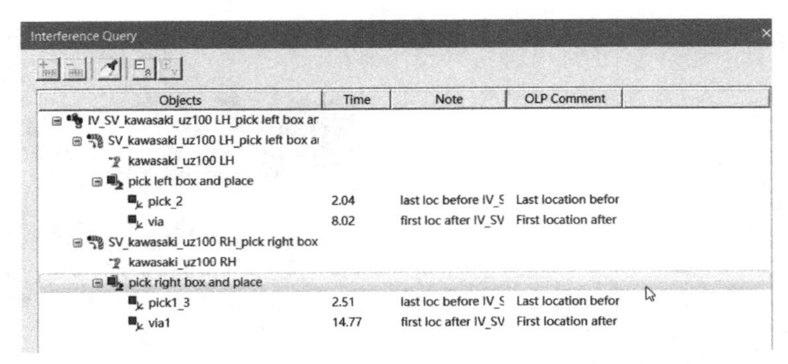

图 7-52 Interference Query 页面显示发生干涉的路径点

10）从图 7-52 中可以看出，右侧机器人的操作路径中，当运行到 pick1_3 时，会和左侧机器人的运动路径产生干涉。

11）下面设置右侧机器人在运行到 pick1_3 时等待，直到左侧机器人完成所有操作后，右侧机器人才接着完成后续的路径操作。

12）在路径编辑器中，选择左侧机器人操作中的最后一个路径位置 via，双击 OLP Commands 列，在弹出的对话框中，单击 Add → Standard Commands → Synchronization → SendSignal，在弹出的对话框中，发送一个名称为 GO、值为 1、Destination 为右侧机器人的信号，如图 7-53 所示。

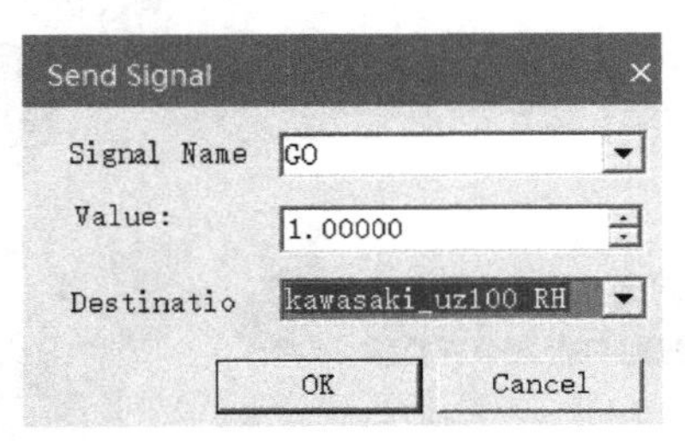

图 7-53 Send Signal 对话框

13）同上一步，在右侧机器人的 pick1_3 路径位置，等待一个名称为 GO、值为 1 的信号，如图 7-54 所示。

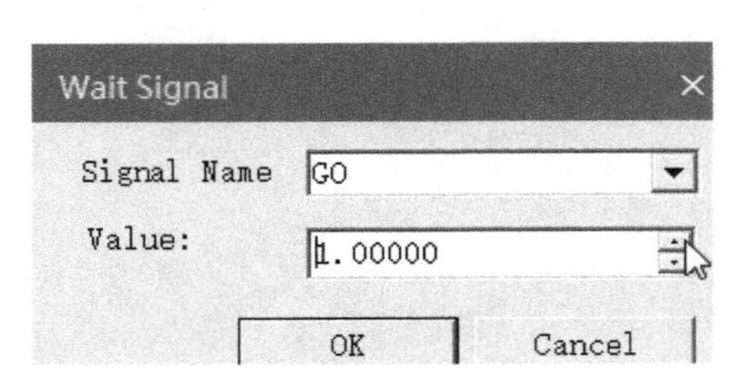

图 7-54 Wait Signal 对话框

14）完成设置后关闭对话框，在序列编辑器中，运行播放 Do Both Side 复合操作，可以看到两侧机器人同时开始动作，右侧机器人运行到 pick1_3 路径位置时暂停，直到左侧机器人完成所有操作后，它才会完成接下来的动作。两者之间没有发生干涉。

7.9 机器人管线包基础

在 Process Simulate 中使用“电缆线编辑器” Cable Editor 的相关功能，可以仿真机器人管线包 Dressing Package。

打开 Modeling 选项卡→Cable 组，有电缆线相关的 3 个命令。

1） Cable Editor：编辑生成电缆线和进行机器人管线包仿真的主要工具，可以设置电缆线位置的起始点、电缆线长度、电缆线半径大小、是否有挂钩等参数。

2） Regenerate Cable：调整电缆线的参数以重新生成电缆。

3） Cable Settings：进行电缆线的相关设置，如电缆线在运动时是否缠绕，是否进行电缆线平滑效果的渲染显示等。

如图 7-55 所示是 Process Simulate 中几种常见的电缆线形式。

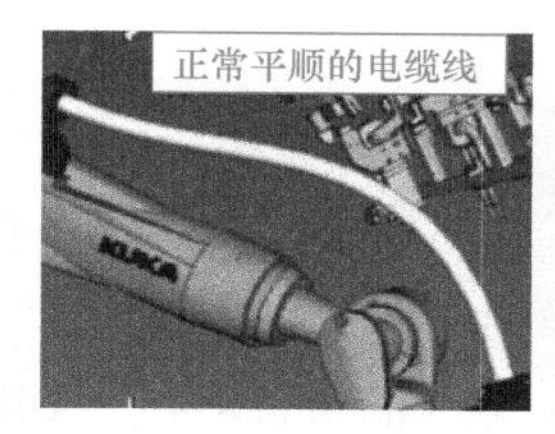

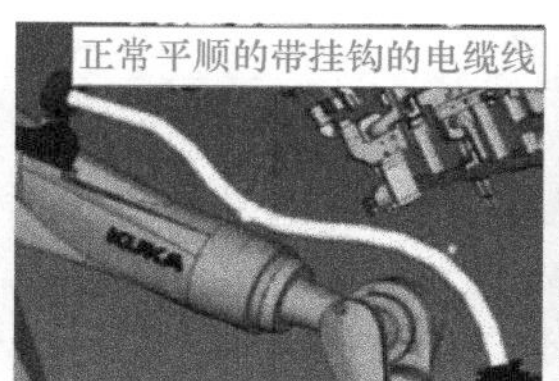

图 7-55 Process Simulate 中常见的电缆线形式

实例：创建机器人管线包电缆线以及机器人带电缆线仿真

1） 在 Process Simulate 标准模式下，打开教学资源包第 7 章中 cable_demo. psz 的文件。

2） 为机器人 r120_3 创建管线包电缆线。

3） 将 Pick Level 设置成 Entity 。单击 Modeling 选项卡→Cable →Cable Editor ，弹出的对话框如图 7-56 所示。

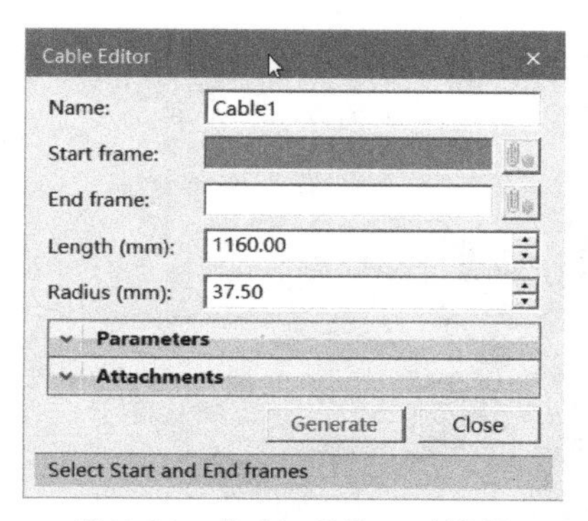

图 7-56 Cable Editor 对话框

4）在对话框的 Start frame 和 End frame 中先输入电缆线的起始点和终止点位置坐标位置，起始点和终止点坐标系的 Z 轴方向需要是相对的。然后在 Length 中输入电缆线的长度，输入长度的时候可以看到对话框的下方弹出提示信息，提示用户创建的电缆线长度最少不能低于信息中给出的值，如图 7-57 所示。最后在 Radius 中输入电缆线横截面的半径。

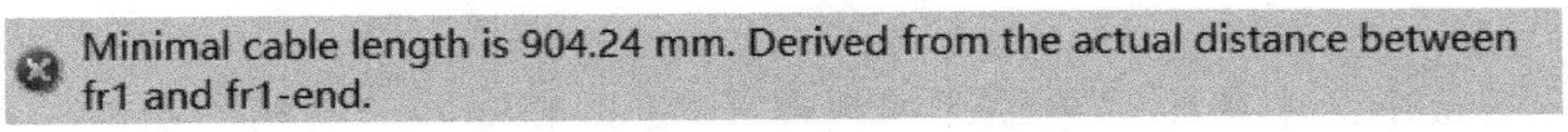

Minimal cable length is 904.24 mm. Derived from the actual distance between fr1 and fr1-end.

图 7-57 提示信息

展开对话中的 Parameters，还可以对电缆线进行详细的属性参数设置，如图 7-58 所示。

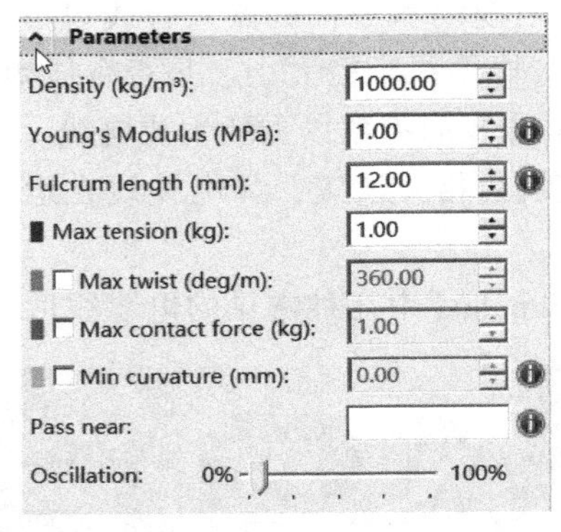

图 7-58 电缆线属性参数设置

5）在对话框的 Start frame 中，选择绿色孔眼中的 fr1 坐标系；在 End frame 中，选择棕色孔眼中的 fr1-end 坐标系，可以看到所选的两个坐标系的 Z 轴方向是相向的，如图 7-59 所示。

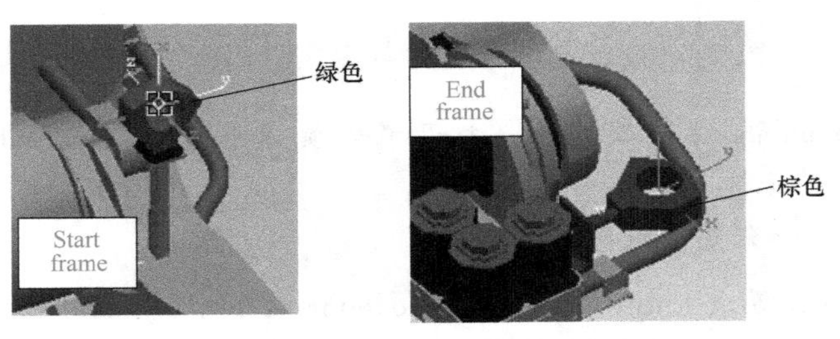

图 7-59 Start frame 和 End frame

6）在 Length 中输入 1000mm，在 Radius 中输入 41.25mm，单击 OK 按钮，可以在图形查看器中看到成功创建了一段电缆线，如图 7-60 所示。

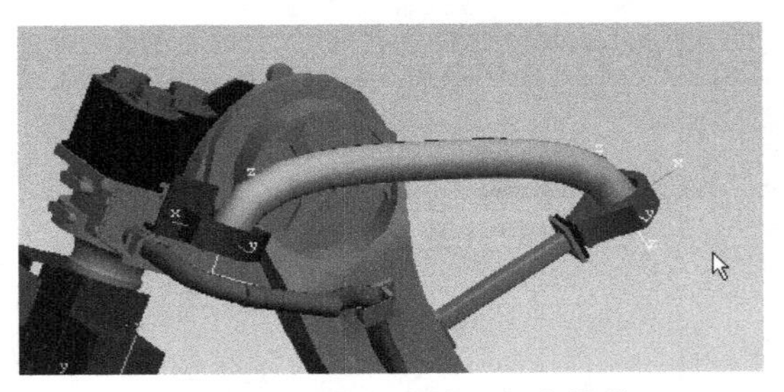

图 7-60 成功创建的一段电缆线

7）重复步骤5）和6），参考表7-3的数值，完成机器人其余7段电缆线的创建。

表7-3 电缆线参数

序号	Start frame	End frame	Length/mm	Radius/mm
cable2	棕色孔眼的 fr2	棕色盒子的 fr7	750	41.25
cable3	灰色盒子的 fr9	蓝色孔眼右侧的 fr4	400	37.5
cable4	棕色盒子的 fr8	蓝色孔眼左侧的 fr6	590	37.5
cable5	蓝色孔眼右侧的 fr3	黄色孔眼右侧的 fr4	1000	37.5
cable6	蓝色孔眼左侧的 fr3	黄色孔眼的 fr2	750	37.5
cable7	黄色孔眼的 fr3	焊枪灰色盒子的 fr1	800	25.4
cable8	黄色孔眼的 fr1	焊枪灰色盒子的 fr3	1100	25.4

所有电缆线完成创建的机器人如图7-61所示。

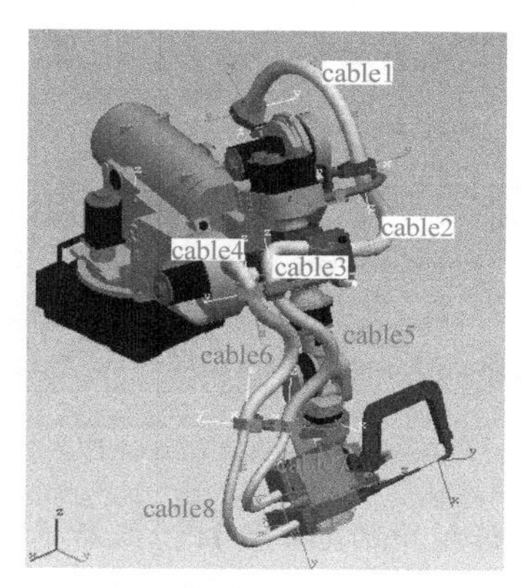

图7-61 所有电缆线完成创建的机器人

8）将操作树中的 pa3 操作在序列编辑器中运行，观察图形查看器中各电缆线随着机器人动作而运动的情况。看到在仿真运行过程中，cable6经常会呈现过度拉伸状态，其他电缆线则始终保持平顺状态，如图7-62所示。

9）重置仿真操作。在对象树中选择cable6，右击弹出快捷菜单，选择Cable Editor来重

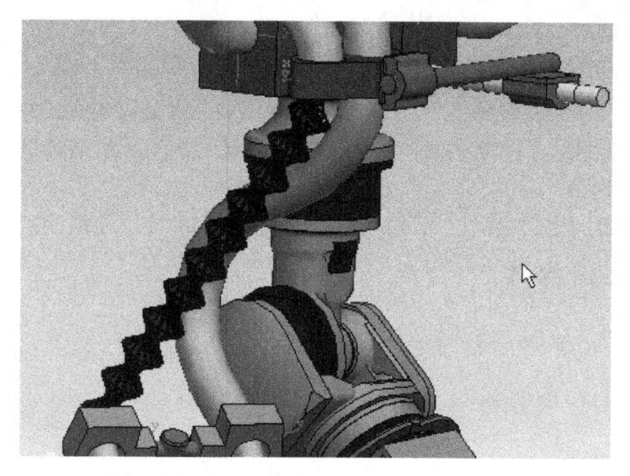

图7-62 图形查看器中各电缆线随机器人动作而运动的情况

新生成电缆线，在弹出的对话框中，将 Length 值设置为 850mm，单击 Regenerate，再次运行仿真，可以看到这次所有的电缆在整个仿真过程中都处于平顺的状态。

10）可以将两根电缆线合并成一根。在对象树中，右击Delete删除 cable2。右击 cable1，选择Cable Editor，在弹出的对话框中 End frame 选择原先 cable2 的 End frame 位置坐标系（棕色盒子上的 fr7），Length 值改为 1750mm（原 cable1 的 1000+原 cable2 的 750），在对话框下的 Attachment 选项中单击+按钮，给新的电缆线增加一个支架，Add Attachment 对话框的设置如图 7-63 所示。

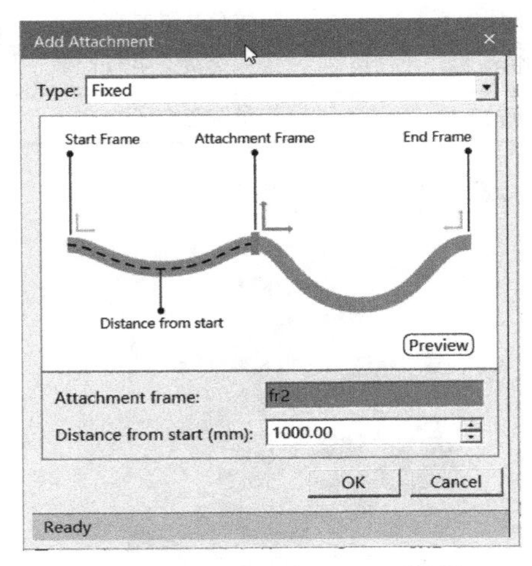

图 7-63　Add Attachment 对话框

11）单击 Add Attachment 对话框中的 OK 按钮，然后单击 Cable Editor 对话框中 Regenerate，可以在图形查看器中看到一根新生成的电缆线，如图 7-64 所示。

图 7-64　图形查看器中显示一根新生成的电缆线

12）在序列编辑器中运行仿真，可以看到新生成的电缆线动作正常，未见过度拉伸状态。保存该 Study，完成实例操作。

第8章 CHAPTER 8

机器人仿真应用——点焊

8.1 机器人点焊概述

在汽车的制造中，焊接是应用最多的一种连接方式，其中电阻焊占焊接工作量的 70% 以上，其主要形式为点焊。一辆轿车的车身有 4000～5000 个焊点。当今的汽车焊接生产线已实现了以柔性、多车型混装焊接为代表的高度自动化生产线设计技术。在 Process Simulate 中，也提供了强大的机器人点焊仿真功能。

如图 8-1 所示为在 Process Simulate 中机器人点焊仿真工作站的场景，本章将具体介绍机器人点焊仿真的基础操作方法。

在 Process Simulate 中进行机器人点焊仿真的基本工作流程如下：

1）创建或者打开一个 Study 文件，确认 Study 中的机器人和焊枪的运动学定义正确，确认 Study 中的 Part 和 Resource 均已被正确加载。

2）创建或者导入焊点，焊点应该连接至少两层零件板材，不建议多于三层零件板材。四层板材零件的焊接会存在焊点失效的风险，更多层板材零件的焊接是不符合焊接标准的。

3）创建焊接操作。在焊接操作中定义了每个焊接机器人具体需要焊接的焊点。

4）投影焊点创建机器人焊接路径。通过焊点投影，可以定义焊接机器人在到达每个焊点时，在相关零件上的路径位置。

5）使用 Process Simulate 中相关的功能来编辑和优化机器人焊接路径。

焊点的位置必须落在零件的表面，并且有一个轴必须垂直于零件表面，另外两个轴相切于零件的表面。

通过选择 Options→Weld，对点焊仿真中的相关选项进行设置，如图 8-2 所示。

在 Weld Location Orientation 区域中：

① Approach Vector：指示焊枪的接近（焊点的）方向。默认设置为 X 轴（方向）。

② Perpendicular：为了创造高质量和高效率的焊接，焊点坐标系位置中必须要有一个轴垂直于零件表面，此处设置的默认值是 Z 轴。

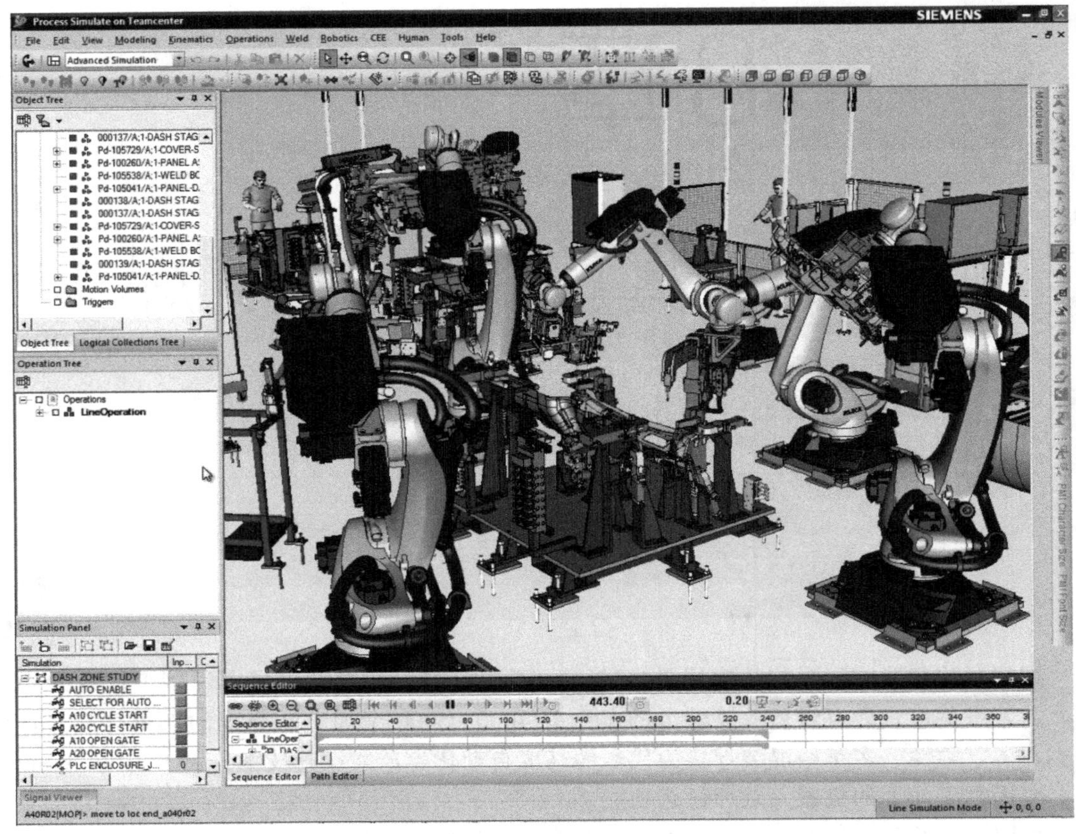

图 8-1　机器人点焊仿真工作站场景

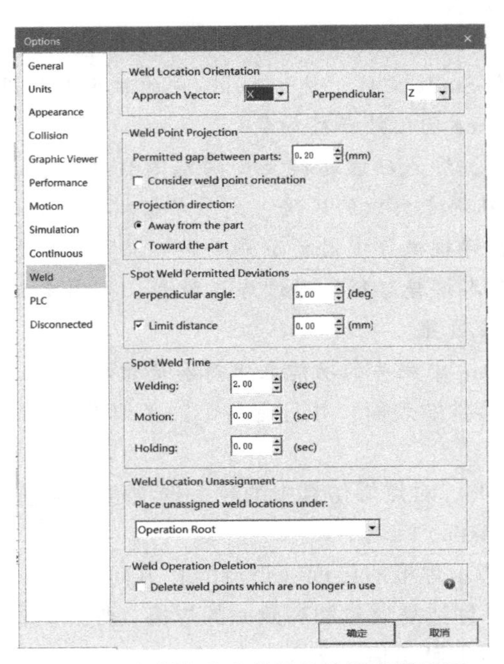

图 8-2　点焊仿真中的相关选项设置页面

在 Weld Point Projection 区域中：

① Permitted gap between parts：使用户能够指定包含在同一组中的零件之间的最小距离间隙。焊接点不能投射或翻转到超出允许间隙的零件上。这个默认值为 0.2mm。

② Consider weld point orientation：如果勾选此项，则系统将应用焊枪方向到新的焊点投射方向，包括平移和旋转。

③ Projection direction：使用户可以选择焊点按以下两种方式中的一种来进行焊点投影：

Away from the part：将焊接点投射到远离零件的位置（这是默认设置，用于对齐）。

Toward the part：将焊点向零件内部投射。

在 Spot Weld Permitted Deviation 中“焊点允许偏移的角度”angle 用于设置焊点的切面（一般是指 X、Y 轴所在的平面）允许偏离正切的 Z 轴的角度。可以设置具体的允许偏移的角度，默认值是 3°。

在 Spot Weld Time 中，设置进行点焊仿真时，焊点的焊接时间，保压时间，和动作时间。这一般和用户所遵循的焊接标准等有关。

8.2 焊点的导入和投影

进行点焊仿真的前提条件是焊点，在 Process Simulate 中提供了导入和创建焊点的功能，打开 Process 选项卡→Planning 组，如图 8-3 所示。

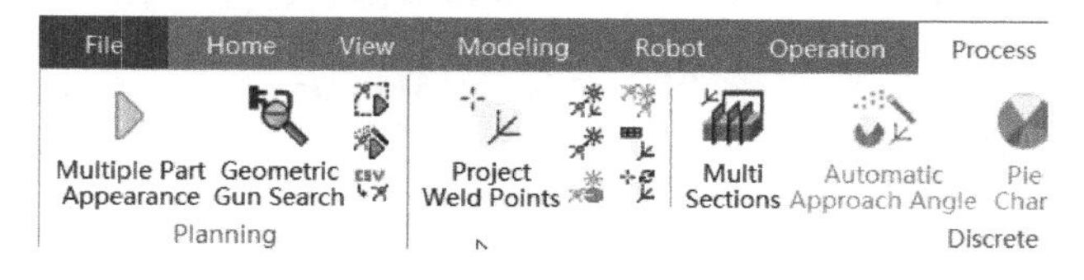

图 8-3 启用导入和创建焊点的功能

在 Process Simulate 中，焊点、焊缝和铆接点等都属于制造特征 Mfg，可以在 MFG Viewer 中查找到当前 Study 中的所有焊点。每一个焊点都包含有坐标位置。焊点的方向取决于它们在被导入时，在原始的 CAD 软件中的方向。在创建焊点时，也可以定义焊点的坐标系方向。

单击 Import Mfgs From File，可以导入在其他 CAD 软件中生成的焊点文件。文件的格式是 *.CSV，焊点文件中会包含焊点在原始的 CAD 软件中的信息，其中焊点名和焊点位置是必须要有的信息，CSV 文件可以使用 Excel 软件打开并查看修改，如图 8-4 所示是一个 CSV 文件中所包含的内容。

Process Simulate 中也提供了创建焊点的几种方式：

1） Create Weld Point by Coordinates：通过坐标系位置创建焊点，可以使用 Create Frame 的方式，先确定要创建的焊点的具体坐标系位置，然后在弹出对话框中使用所创建的坐标系来确定焊点的位置，并指定焊点关联的零件，如图 8-5 所示。

2） Create Weld Point by Pick：通过鼠标直接在图形查看器中单击来创建焊点。

	A	B	C	D	E	F	G	H	I	J	K	L
1	class	ExternalID	name	location	rotation	cycle	diameter	length	sealant	stackmax	stackmin	type
2	Spot	rib2_ls33user76	rib2_ls33	912.81,-686.92,1074		D88	4.5	6.5	A23	6.5	6	J56
3	Spot	rib2_ls34user76	rib2_ls34	790.83,-824.42,1074		D88	4.5	6.5	A23	6.5	6	J55
4	Spot	rib2_ls35user76	rib2_ls35	648.39,-940.57,1074		D66	4.5	6.5	A77	6.5	6	J55
5	Spot	rib2_ls36user76	rib2_ls36	489.16,-1032.38,1074		D66	4.5	6.5	A77	6.5	6	J56

图 8-4　用 Excel 打开 CSV 文件显示的信息

3）Create Weld Point on TCPF：直接在焊枪的 TCPF 上创建焊点。

在 Study 中导入或者创建了焊点以后，就可以在 Mfg Viewer 中查看当前 Study 中已有的焊点。在进行点焊前，必须要对焊点进行投影，以确保焊点落在相关零件的表面，下面通过实例来练习焊点的投影。

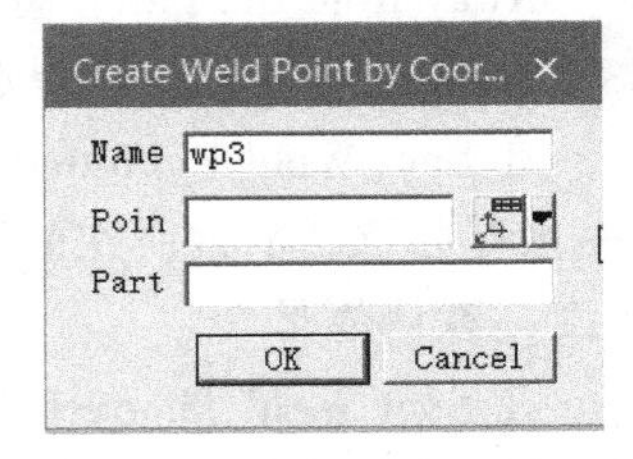

图 8-5　使用坐标系位置创建焊点页面

实例：焊点投影

1）在 Process Simulate 标准模式下，在教学资源包第 8 章打开 spot weld station demo. psz 文件。

2）展开操作树中的两个焊接操作，可以看到它们下面分别包含了 8 个和 3 个焊点。因为这些焊点还没有被投射，所以它们各自名称前面的图标是以淡粉色显示的，也可以在 Mfg Viewer 中看到这些焊点的信息。但是在 Mfg Viewer 中并不显示焊点是否被投射的信息，如图 8-6 所示。

Operation Tree
Name
Operations
spot weld station demo
WeldOperation 1
e266
e263
e272
e269
e257
e260
e254
e278
WeldOperation 2
wp
wp1
wp2

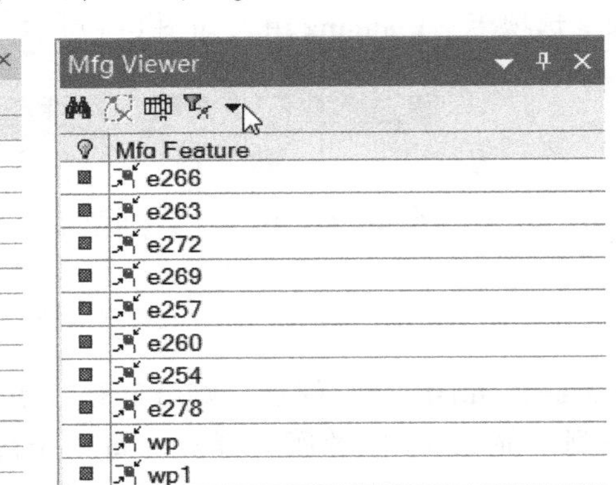

图 8-6　Operation Tree 和 Mfg Viewer 中显示的焊点信息

3）单击 Process 选项卡→Discrete→ Project Weld Point，弹出如图 8-7 所示对话框，在 Weld Points 列表中，选择对象树中的两个焊接操作，它们所包含的 11 个焊点将会出现在列表中。

4）勾选 Align projection with outer surface “将投影与外表面对齐”选项，使得焊点位置对齐到更易于焊枪接近的外表面位置。

5）如果精确的几何图形不可用，默认勾选 Project on approximation only “仅近似投影”选项。只有 XTBRep 格式的 JT 文件支持将焊点投射到精确的几何图形上。如果 JT 文件中没

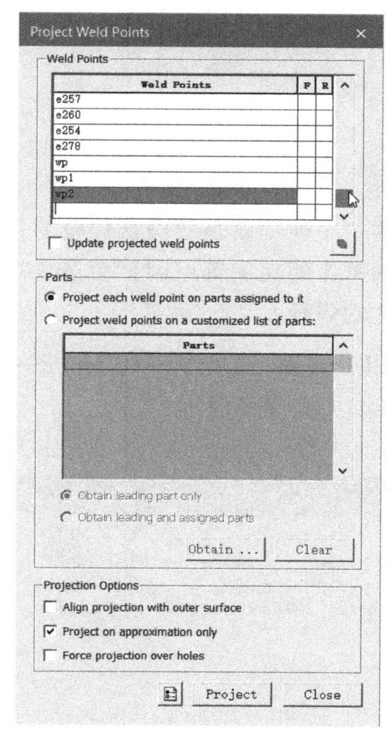

图 8-7 Project Weld Points 对话框

有零件精确几何图形，系统会询问用户是基于近似投影还是跳过未能精确投影的焊点。

6）勾选 Force projection over holes“强制在孔上投影”此选项时，系统将忽略面的边界，该选项仅支持零件表面平面。

7）完成相关设置后，单击 Project，可以看到所选的 11 个焊点完成了投影，它们在对象树中的各自名称前的图标也都变成了深粉色，这表明焊点投射成功，如图 8-8 所示。完成后，保存 Study 文件，将在后面的练习中继续使用它。

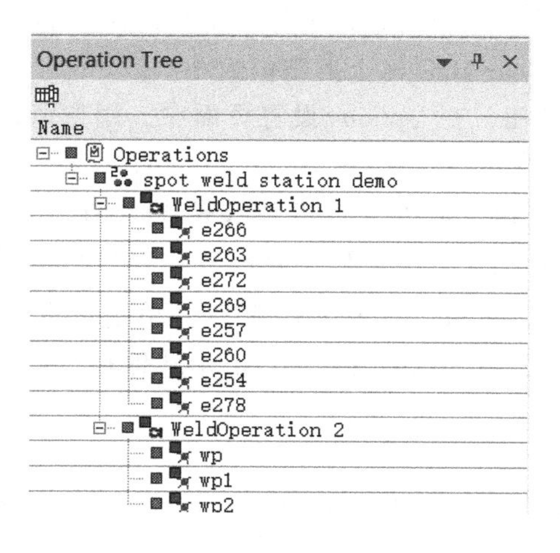

图 8-8 焊点投影成功显示页面

8.3 焊枪的选择

进行点焊仿真时，很重要的一个前提就是要确认焊枪的可达性，通常在点焊仿真的工位模型中，由于零件本身的型面和密布的夹头等原因，会造成焊枪的进出空间相对狭小，需要根据不同的仿真工况来选择合适的焊枪。

在 Process Simulate 中，启用 Process 选项卡→Planning→Geometric Gun Search 功能，进行点焊时，筛选出合适的焊枪，如图 8-9 所示。

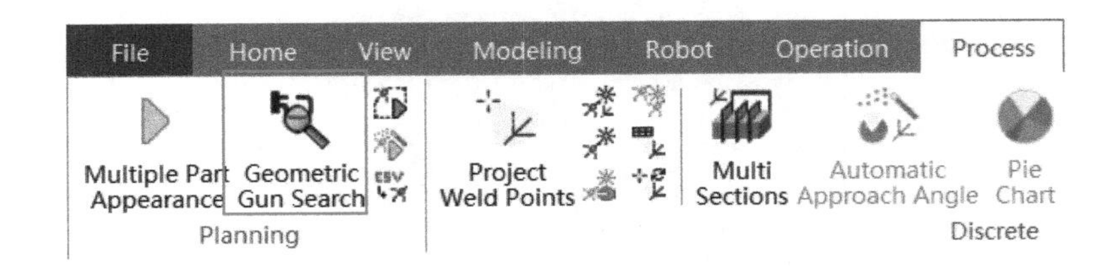

图 8-9　启用 Geometric Gun Search 功能

Geometric Gun Search 对话框是一个分步式设置的向导，用户可以很方便地找到合适的点焊（或者铆接等）焊枪。

单击 Geometric Gun Search，再单击“下一步”按钮，选择要搜索焊枪的仿真路径，可以看到列表中包含了所选路径中的焊点。继续单击“下一步”按钮，进入焊枪选择的页面，用户可以选择要用来进行焊点可达性检查的焊枪，因为使用的是 Process Simulate standalone 版本，所以只能选择已经被加载到当前 Study 中的焊枪。

继续单击“下一步”按钮，在 Collision Check 选择页面中，用户可以选择是否对当前 Study 中所有的对象进行干涉检查，还是只选择一部分对象进行干涉检查，也可以选择是否进行 Near Miss 检查和设置 Near Miss 检查的数值大小。

继续单击“下一步”按钮，在 Options 设置页面中，用户可以进行焊枪进枪姿态、翻转角度等的设置，如图 8-10 所示。

继续单击“下一步”按钮，进入焊枪可达性搜索页面，单击 Search，等待系统运行，完成后可以看到搜索的结果，对于每个被检查的焊点，可达的焊枪用绿色的“√”表示，不可达的焊枪用红色的“X”表示，如图 8-11 所示。单击搜索页面工具栏上的按钮，将焊枪可达性检查的搜索结果，以 *.xls 格式文件的形式保存在指定的路径。

实例：使用 Geometric Gun Search 功能

1）在 Process Simulate 标准模式下，继续使用章节 8.2 中实例操作完成后 Study 文件。

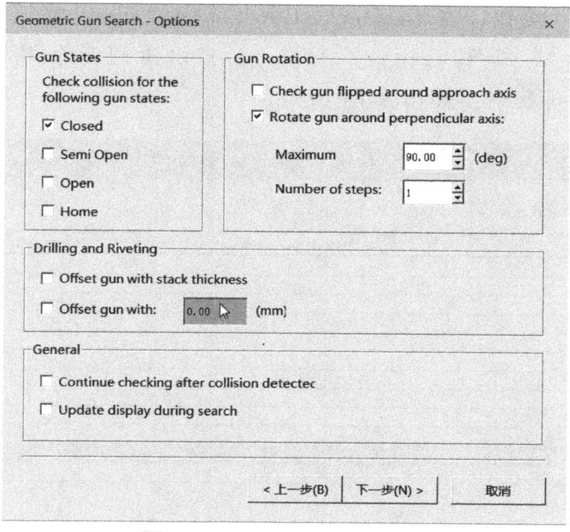

图 8-10 Options 设置页面

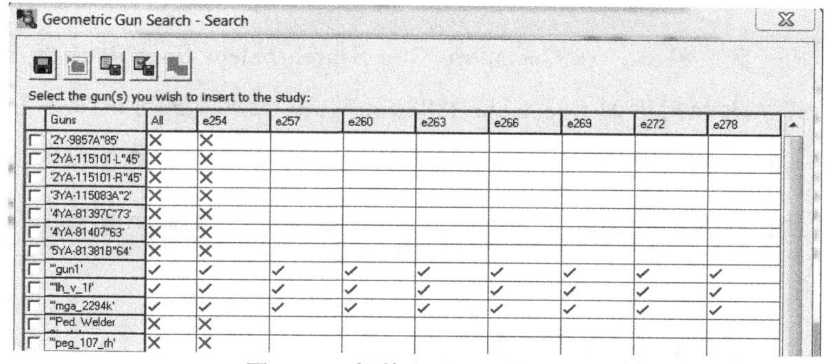

图 8-11 焊枪可达性搜索页面

2）选择 Process 选项卡→Planning group→ Geometric Gun Search，出现如图 8-12 所示 Guide 页面，勾选左下角选项框，那么以后再使用 Geometric Gun Search 功能时，该页面就将不再会出现。

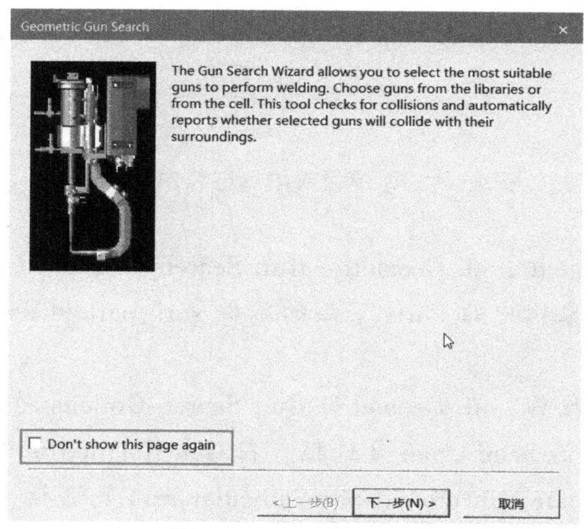

图 8-12 Guide 页面

3）单击“下一步”按钮，在 Geometric Gun Search-Targets 对话框中，选择对象树中的焊接操作 WeldOperation 1和 WeldOperation 2，可以看到两个焊接操作中包含的焊点都出现在 Target Locations 列表中，如图 8-13 所示。

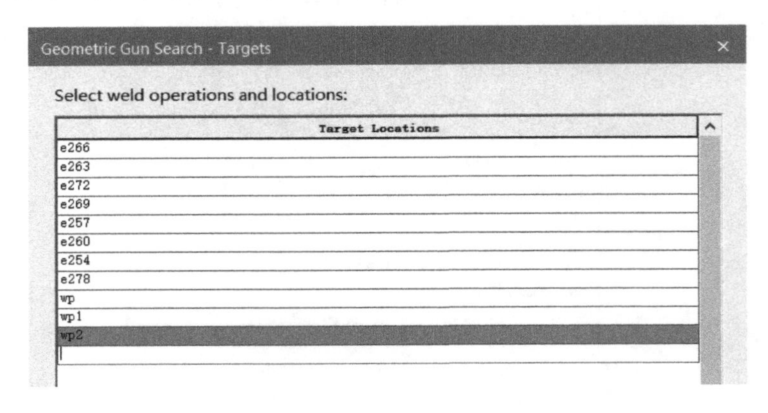

图 8-13　Target Locations 列表

4）单击“下一步”按钮，在 Geometric Gun Search-Select Guns 对话框中，单击按钮将左侧列表中的焊枪添加到右侧 Check the following guns 栏中，也可以单击 Load Gun Set 和 Store Gun Set 将焊枪清单保存或加载，以方便日后使用，如图 8-14 所示。

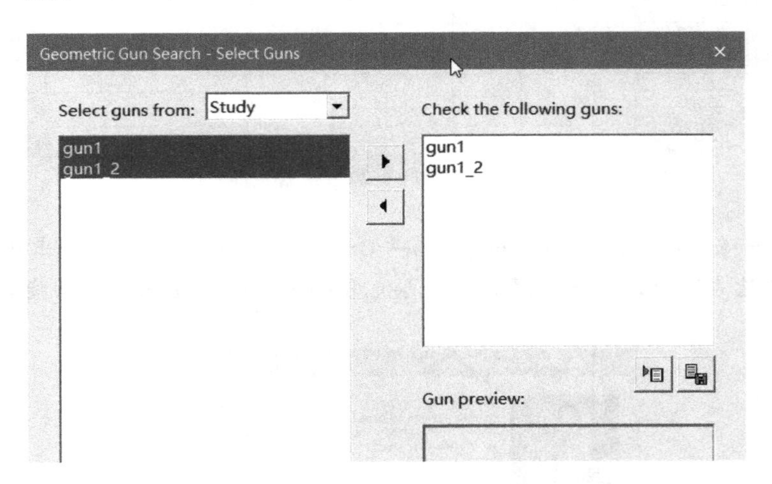

图 8-14　将焊枪清单保存和加载页面

5）单击“下一步”按钮，在 Geometric Gun Search-Collision Check 对话框中，选择 Selected Objects 选项，将对象树中的 Parts 下面的零件 surf_part 和 door_frame 添加到检查列表中，如图 8-15 所示。

6）单击“下一步”按钮，在 Geometric Gun Search-Options 对话框中，在 Gun States 栏中，取消勾选 Closed 并勾选 Semi Open 复选框。在 Gun Rotation 栏中，勾选 Check gun flipped around approach axis 和 Rotate gun around perpendicular axis 复选框，在 Maximum 框中，输入 180°，在 Number of steps 框中输入 3，如图 8-16 所示。

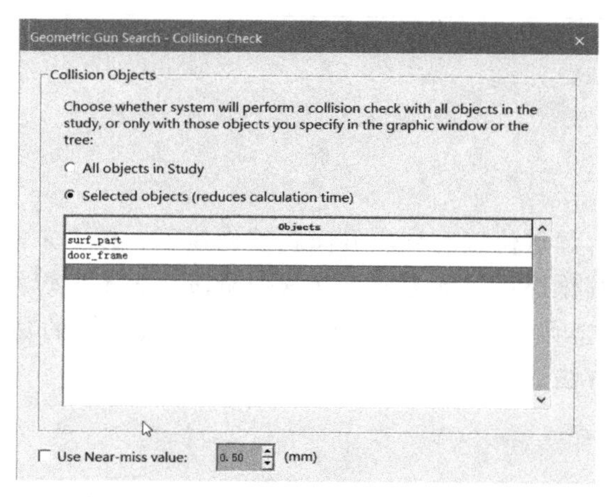

图 8-15　将零件 surf_part 和 door_frame 添加到检查列表中

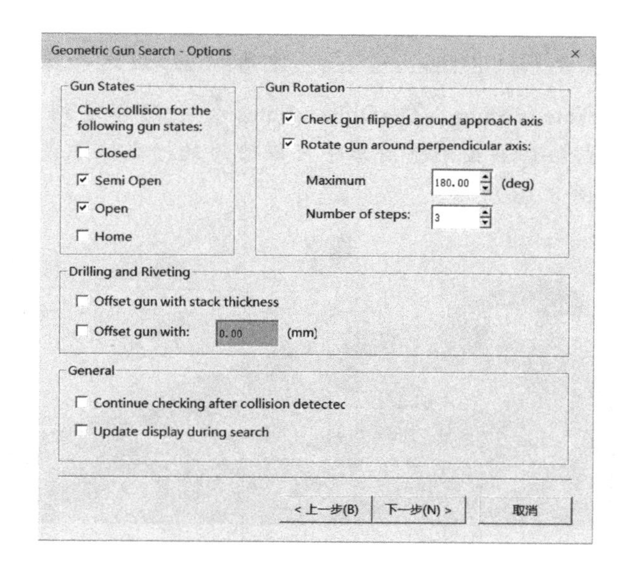

图 8-16　Options 设置页面

7）单击“下一步”按钮，在 Geometric Gun Search-Search 对话框中，单击 Search，可以看到焊枪可达性检查结果如图 8-17 所示，使用 Excel 文件格式的形式保存搜索结果。

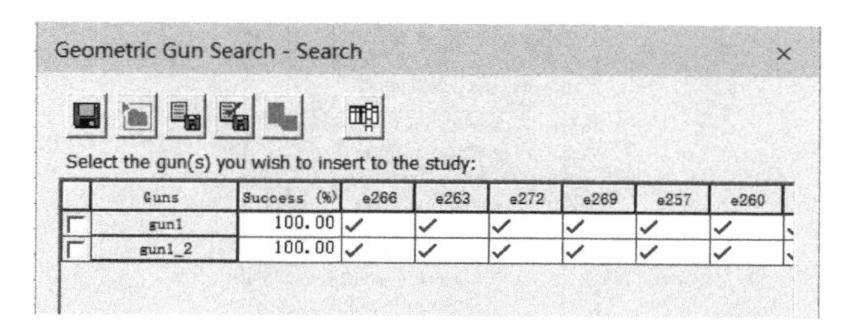

图 8-17　使用 Excel 文件格式保存搜索结果

8）完成后，保存 Study 文件，将在后面的练习中继续使用它。

8.4 编辑焊接路径

当焊点投影了以后，焊点位置的初步方向就被创建了，接下来需要检查位置的方向。首先，将使用焊枪进一步细化焊接位置方向。在这个阶段，先不把焊枪安装在机器人上。

通过打开 Operation 选项卡→Edit Path 来启用编辑焊接路径的功能。下面通过实例来介绍编辑点焊工艺仿真的方法。

实例：编辑点焊工艺仿真路径

1）在 Process Simulate 标准模式下，继续使用章节 8.3 中实例操作完成后的 Study 文件。

2）在操作树中，展开 WeldOperation 1，使用<Ctrl>键选择操作下的所用焊接路径，单击 Modeling 选项卡→Note→Notes →Object Notes ，可以看到图形查看器中，各焊点上都生成了焊点名称的标签。在图形查看器中可以使用鼠标拖拽方式，使各个标签都完全显示，不要互相遮盖，如图 8-18 所示。

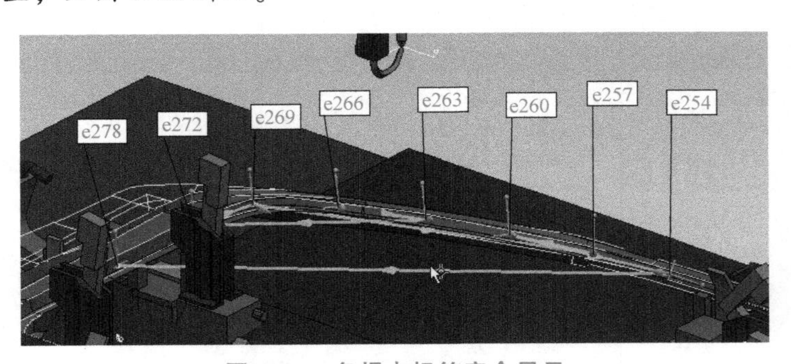

图 8-18　各焊点标签完全显示

3）将 WeldOperation 1设为当前操作，然后在序列编辑器的左侧栏中，在空白处右击，在弹出的菜单中选择 Tree Filters Editor，勾选显示全部内容，如图 8-19 所示。

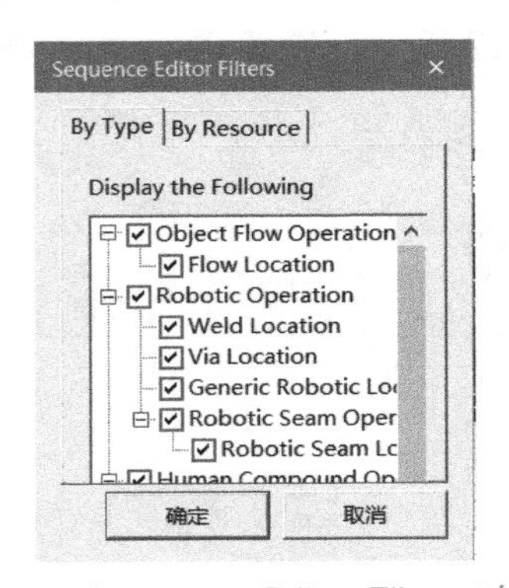

图 8-19　Sequence Editor Filters 对话框

4）在序列编辑器中，展开 WeldOperation 1以显示所有焊点路径，根据图形查看器中焊点名称，使用拖拽的方式，按照从右到左的顺序重新排列焊点（如从 e254 到 e278）。

5）在对象树中，右击 WeldOperation 1，选择 Operation Properties，在对话框 Process 选项卡中，Gun 栏中选择 gun1 Robot 栏先不要选择，如图 8-20 所示。

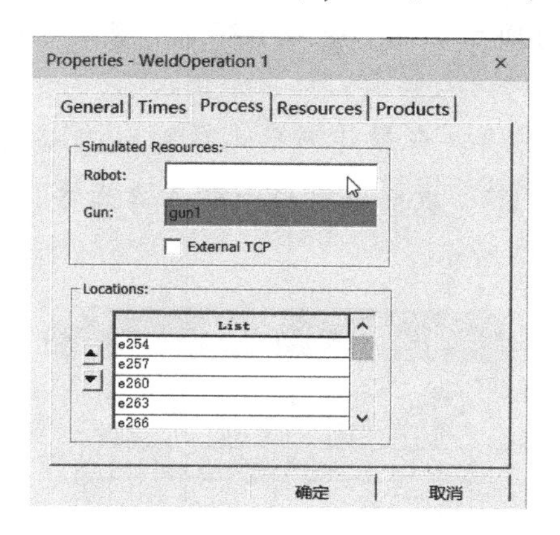

图 8-20 Properties-Weld Operation1 对话框

6）在操作树中，选择 WeldOperation 1操作中的第一个焊点 e254，在图形查看器的快捷工具栏中，选择 Single or Multiple Locations Manipulation “单个或多个位置操作”，在弹出的 Location Manipulation “位置操作” 对话框中，确认 Follow Mode 按钮被按下了，Locations 栏中选择的路径是 e254，在图形查看器中，可以看到焊点 e254 路径位置上出现了焊枪 gun1，如图 8-21 所示，通过单击 Rz 按钮并移动滑块或在图形查看器中拖动操纵器坐标系的黄色弧线，围绕 Z 轴旋转焊接位置。此命令旋转的是焊接位置而不是焊枪，当位置旋转时，焊枪会随着位置一起转动。

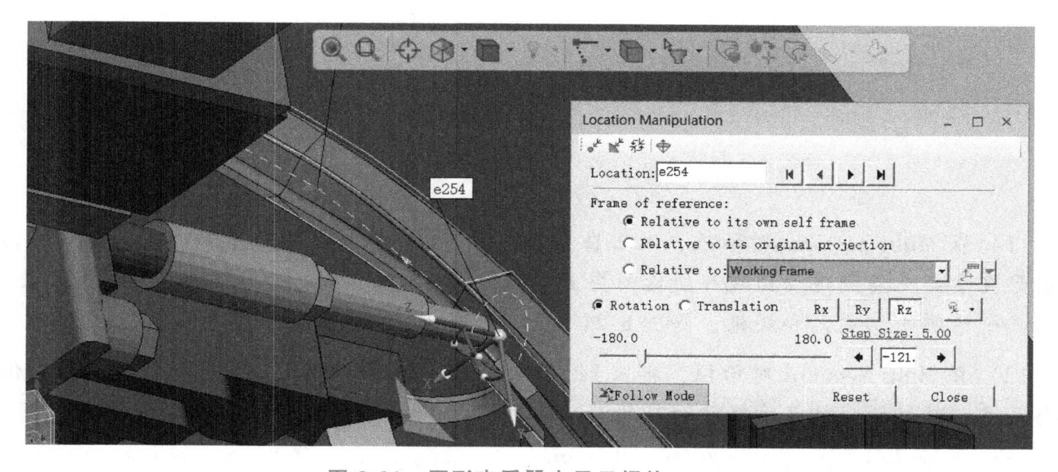

图 8-21 图形查看器中显示焊枪 gun1

7）完成后，关闭 Location Manipulation 对话框。在操作树中，选择 WeldOperation 1操作。单击 Operation 选项卡→Edit Path→Align Locations，在对话框的 Align selected locations to 选项中，选择上一步在 Location Manipulation 中旋转的焊点 e254，完成后单击 OK 按钮。

8）在序列编辑器中，单击“运行仿真 WeldOperation 1”，可以看到右侧的甘特图中，每个焊点位置上在仿真开始前并没有分配相应的时间，随着仿真的运行，尽管还没有为焊接操作分配机器人，但是焊接时间已经分配给每个焊点。观察焊枪的仿真，查看机器人连接焊枪运动时的情况。

9）复位序列编辑器中的仿真。在操作树中选择 WeldOperation 1操作，单击 Process 选项卡→Discrete→Multi Sections ，观察对话框中所有存在干涉的焊点，在 Locations 列表后面有一个显示“X”，如图 8-22 所示。

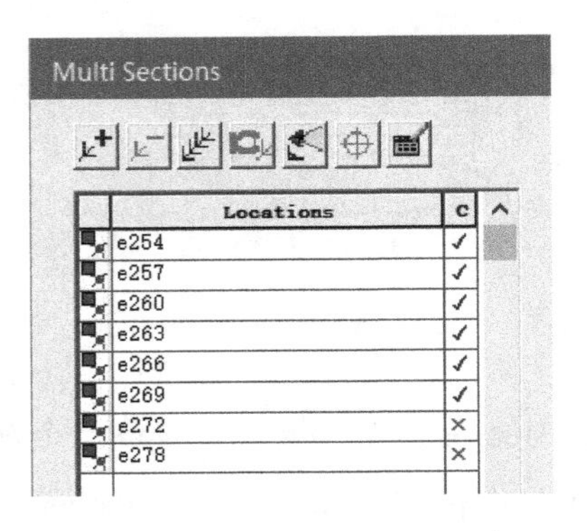

图 8-22　Multi Sections 对话框

10）单击 Multi Sections 对话框中的 Expand Dialog ，确认勾选 Show cutting box of selected section 和 Show gun 这两个选项，如图 8-23 所示。

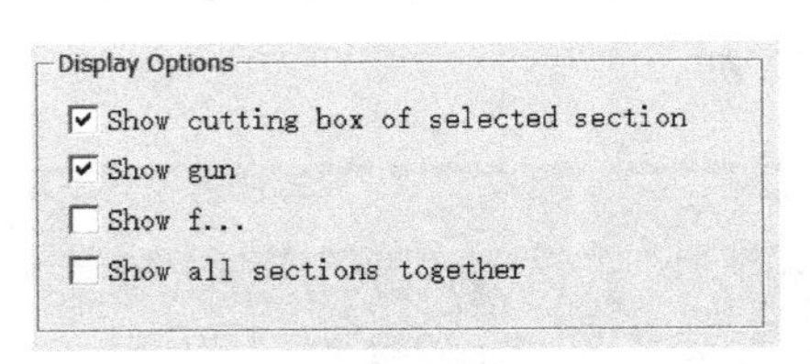

图 8-23　展开选项对话框

11）在 Multi Sections 对话框，双击在 Locations list 中的某个焊点路径，在 Multi Sections 的图形查看器中看到焊枪出现在所选的焊点路径处，同时，在软件页面的主图形查看器中，看到一个透明的切割盒和焊枪，如图 8-24 所示。

12）在 Multi Sections 对话框，单击 Fit all Cutting Boxes to Gun ，通过输入新的数值来调整尺寸，将切割框的尺寸修改为二维截面，如图 8-25 所示，输入新的截面尺寸。

13）在 Multi Sections 对话框中，单击 Show section side view ，在对话框的图形查看器中模型缩放到合适大小，可见所有焊点位置的截面都排成一列，如图 8-26 所示。

14）在 Multi Sections 对话框中选择一个不同的焊点路径，在图形查看器中看到表示位置的坐标系以红色突出显示，焊点位置的截面在主图形查看器中被移动到选定位置。

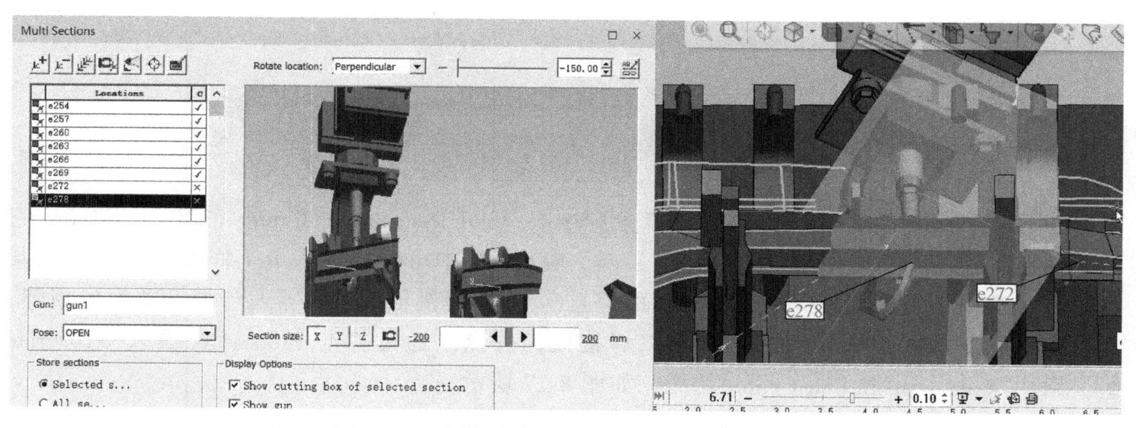

图 8-24　在图形查看器中显示切割盒和焊枪

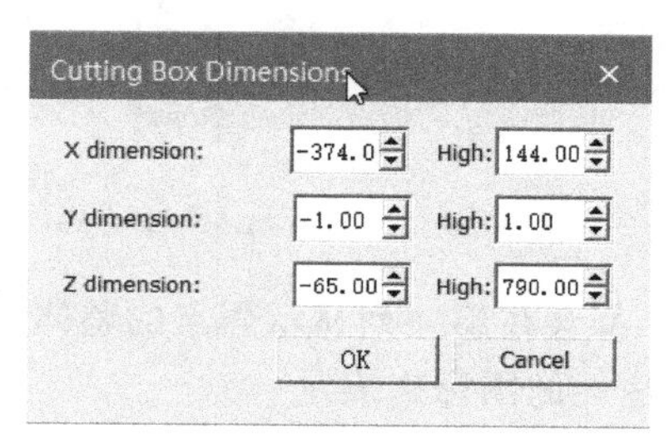

图 8-25　输入新截面尺寸页面

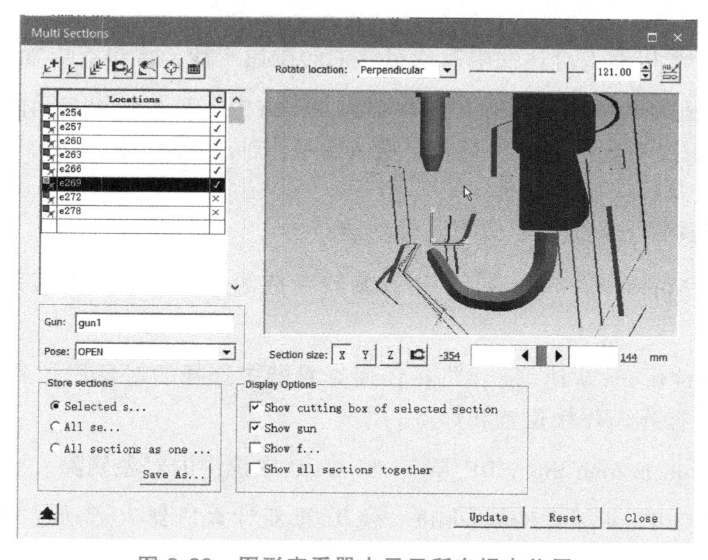

图 8-26　图形查看器中显示所有焊点位置

15）使用 Multi Sections 命令，可以基于多个焊点位置和焊枪覆盖层，选择合适形状的电极杆（Shank）。单击 Multi Sections 对话框左上角工具栏的 Settings 按钮，可以选择以 JT 或者 COJT 的格式保存导出的计算结果。

16）完成后，保存 Study 文件，将在后面的练习中继续使用它。

8.5 焊点分配中心

在 Process Simulate 中，提供了焊点分配中心 Weld Distribution Center（WDC）功能，它是一种在工作站单元内分配焊点的高级工具，在 WDC 中可以得到一个工作站中的焊点以及机器人和焊枪是否有能力焊接这些焊点的信息。WDC 提供了一个机器人与焊枪能力的矩阵，允许用户确定站里的机器人和焊枪可以焊接任何焊点。通过打开 Process 选项卡→Discrete 组，启用 Weld Distribution Center 功能，如图 8-27 所示。

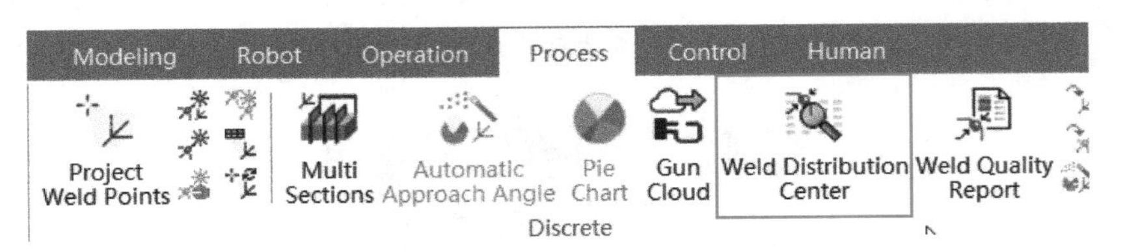

图 8-27 启用 Weld Distribution Center 功能

在 WDC 中的每一个焊点，都会在第一列显示焊点的整体焊接性 Overall Weld Ability。显示结果使用以下类似机器人可达性的图标来表示。

：表示至少有一个机器人完全可达该焊点位置。

：表示至少有一个机器人经过旋转后完全可达该焊点位置。

：表示由于受机器人可达性限制或运动中的碰撞干涉，该焊点位置无机器人可达。

在 WDC 中，机器人可达性状态与机器人 Reach Test 计算结果表示的图标含义一样。

WDC 的一个主要功能是能够将焊接点分布到工作站的操作中，同时平衡各机器人、操作的焊接点数量以及焊接循环时间。

在 WDC 的工具栏上，提供了以下几种功能：

1）Automatic Approach Angle ：通过旋转所选的焊点，来解决其部分可达的可达性问题。

2）Add Objects to the WDC ：将在任何查看器中选择的对象添加到 WDC。有效的对象类型是机器人、操作、焊接位置和焊点。

3）Remove Objects from the WDC ：将 WDC 中选中的对象删除。

4）Check for Collision and Reachability ：重新计算机器人运动过程中的碰撞和焊接可达性。计算后将更新显示 WDC 中的碰撞和可达性信息。

5）Automatically Distribute WP ：对于所有在 WDC 中显示的所选未分配的焊点，将按照全部路径可达和不与其他设备干涉的前提条件为它们自动分配到机器人操作中。

6）Open Pie Chart ：打开所选焊点和机器人的饼图。

7）Settings ：打开 WDC 的设置对话框。

实例：使用焊点分配中心 WDC

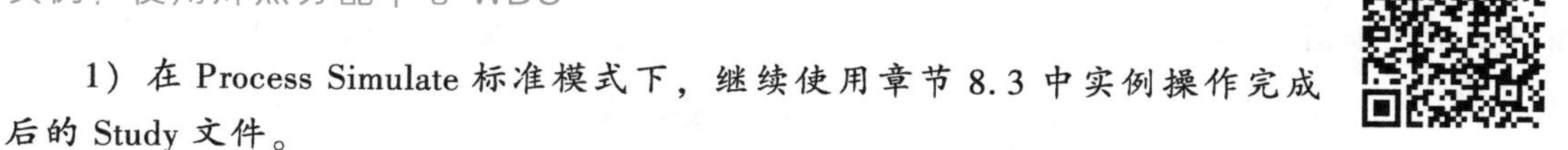

1）在 Process Simulate 标准模式下，继续使用章节 8.3 中实例操作完成后的 Study 文件。

2）将 gun1 安装在机器人 s420_1_1 的工具端。在操作树中，右击 WeldOperation 1，选择 Operation Properties，在对话框的 Process 选项卡 Robot 栏中选择 s420_1_1。

3）在操作树中，选择 WeldOperation 1，单击 Process 选项卡→Discrete →Weld Distribution Center，弹出如图 8-28 所示对话框。

Robot	s420_1_1	
Gun:	gun1	
Operation:		WeldOp
Planned Time:		0 (0)
Verified Time:		6.71
Location Orienta	Current	
Weld Ability Stat		Assign(
Weld Point		
e254		☑
e257		☑
e260		☑
e263		☑
e266		☑
e269		☑
e272		☑
e278		☑

图 8-28 Weld Distribution Center 对话框

4）在 WDC 对话框中，单击 Settings，在设置对话框中勾选 Apply Automatic Approach Angle on Assignment 选项，然后关闭 Settings 对话框。

5）在 WDC 对话框中，单击 Calculate Weld Ability，等待系统完成运算，可以看到计算结果如图 8-29 所示。

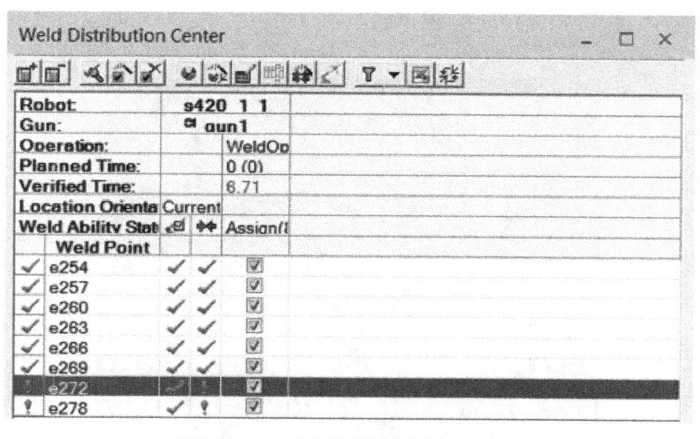

图 8-29 计算结果显示页面

6）在 WDC 中选择所有焊点，单击 Automatic Approach Angle→Calculate Weld Ability，可以看到计算结果中 e272 和 e278 这两个焊点的总体焊接状态显示为，使用 Pie Chart 命令，对这两个焊点进行调整。

7）在 WDC 中，选择显示为状态的焊点 e272 和 e278，单击Open Pie Chart，弹出饼图对话框，如图 8-30 所示，再单击工具栏上的Flip Location。完成后，关闭饼图对话框。

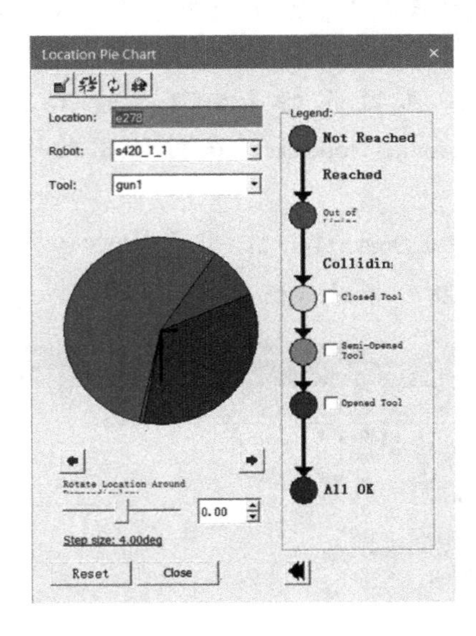

图 8-30　饼图对话框

8）再次单击 WDC 对话框中的Calculate Weld Ability，这次所有焊点的状态均显示为可达状态，关闭 WDC 对话框。

9）在序列播放器中，运行仿真 WeldOperation 1。可以看到序列播放器中右侧的甘特图区域中的操作时间，随着机器人移动到每个焊点进行焊接也在相应的增加，图形查看器中的仿真操作也完成了所有焊点的焊接操作。

10）将 WeldOperation 1添加到路径编辑器中，在焊点 e272 和 e278 之间，添加了一个机器人避让夹头的过渡路径和机器人完成后返回 Home 位的路径，如图 8-31 所示。

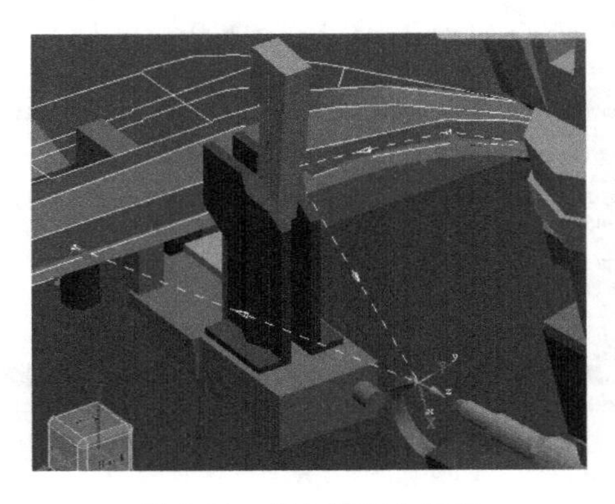

图 8-31　添加的两条路径

11）完成后，再次在序列编辑器中运行仿真操作，可以看到完整的点焊仿真动作过程。

8.6 用固定焊枪进行点焊仿真

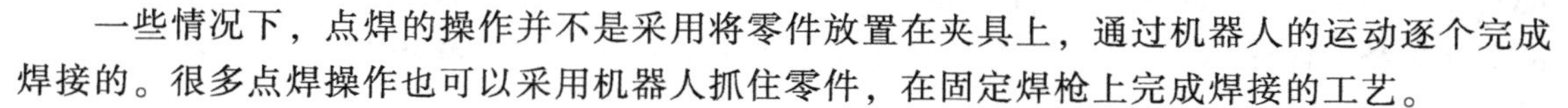

一些情况下，点焊的操作并不是采用将零件放置在夹具上，通过机器人的运动逐个完成焊接的。很多点焊操作也可以采用机器人抓住零件，在固定焊枪上完成焊接的工艺。

本节将通过一个实例介绍使用固定焊枪进行点焊仿真的操作方法。

实例：使用固定焊枪进行点焊仿真

1）在 Process Simulate 标准模式下，打开教学资源包第 8 章 handle the part and weld with pedestal gun. psz 文件。

2）使用 Point to Point Distance 测量工具，测量机器人工具端 endspacer 在 X 轴向的长度，如图 8-32 所示，测量得出 dx 长度为 95.5mm。

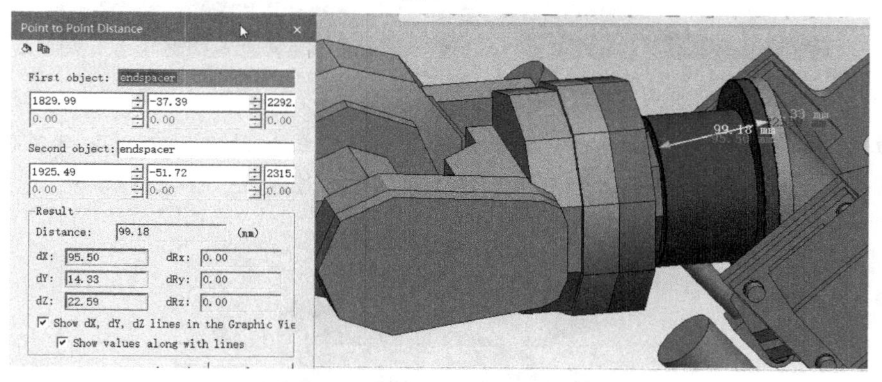

图 8-32 测量机器人工具端 end spacer 在 X 轴向的长度

3）将 Gripper 安装到机器人工具端，在 Mount Tool 对话框中，Mounted Tool 区域的 Frame 选择 fr4，在 Mounting Tool 区域的 Frame 中，选择远离机器人 X 向 95.5mm 处的位置坐标系（1830mm+95.5mm=1925.5mm），如图 8-33 所示。

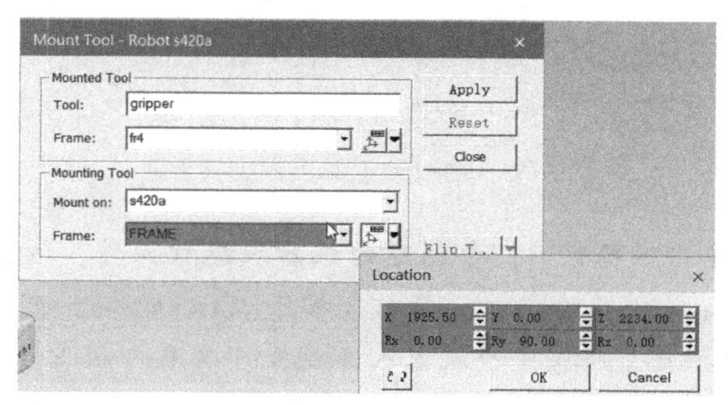

图 8-33 Mount Tool 设置对话框

4）在对象树或者图形查看器中，选择 endspacer，单击 Home 选项卡→Tools→Attachment →Attach ，将 endspacer附加到 Gripper 上。在弹出的 Attach 对话框中，在 To Object 栏中，选择 gripper，在 Store attachment 栏中，选择 Local（In current study）。

5）在操作树中，选择 **pedestal welding station**，按住<Ctrl>键，在图形查看器中选择机器人 s420a，松开<Ctrl>键，单击 Operation 选项卡→Create Operation→New Operation →New Pick and Place Operation ，在对话框中，Pick pose 处选择 st41_clse，Place pose 处选择 st41_pick_opn，在 Pick 和 Place 的 Frame 处，都选择夹具上的坐标系 f2，如图 8-34 所示。

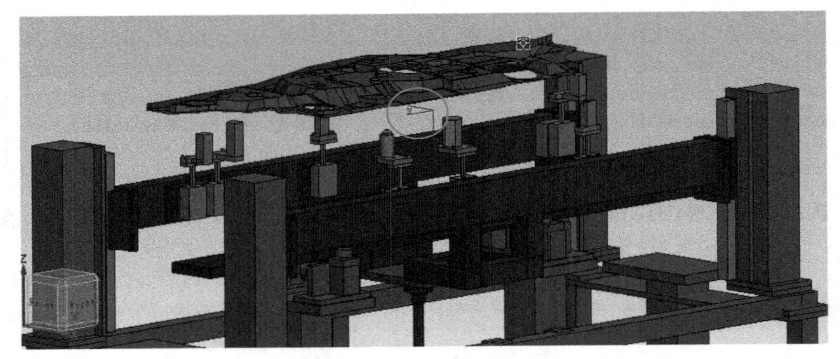

图 8-34　在图形查看器中选择焊接位置

6）单击 OK 按钮完成创建操作。将操作添加到路径编辑器中，在 pick 路径位置之前和 place 路径位置之后各添加一个位于夹具上方任意位置的过渡点，如图 8-35 所示。

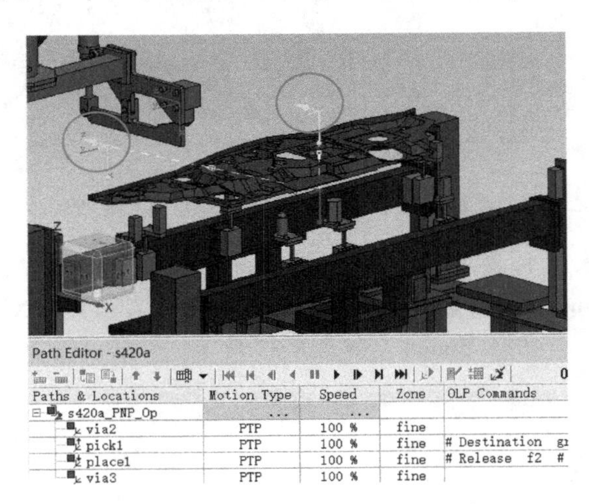

图 8-35　将过渡点添加到夹具上方

7）在操作树中，单击选择第 5）步创建的机器人抓放操作，按下<Ctrl+C>键，单击操作树中的 **pedestal welding station** 操作，按下<Ctrl+V>键，可以看到操作树中出现了两个相同的机器人抓放操作，将第一个机器人抓放操作改名为 pick up，删除其中的 place 路径位置；将第二个机器人抓放操作改名为 drop off，删除其中的 pick 路径位置，如图 8-36 所示。

8）设置 **pedestal welding station** 为当前操作，在序列编辑器中，按照 1—

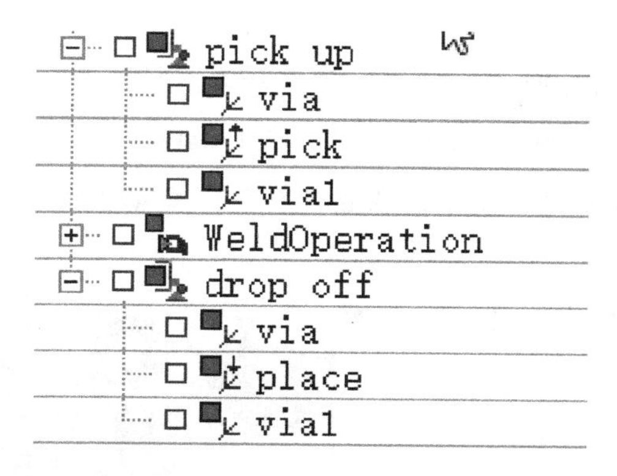

图 8-36 在操作树中命名抓放操作

pick up、2—WeldOperation和3—drop off的顺序将这3个操作使用Link功能连起来。完成后，右击 **pedestal welding station**操作，选择Reorder by Links。

9）在序列编辑器中，选择pick up操作，在其右侧的甘特图区域，右击Pause Event，按照如图8-37所示进行设置。

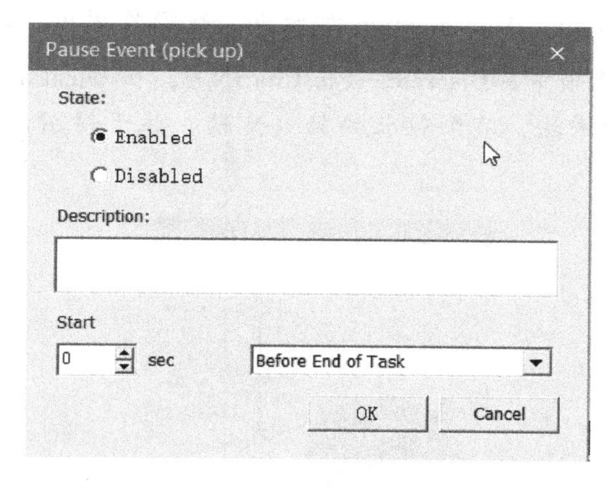

图 8-37 Pause Event（pick up）对话框

10）单击OK按钮运行仿真，可以看到在机器人抓取零件以后，仿真就停止在上一步添加Pause Event的地方。

11）选择操作树中的WeldOperation，单击Process选项卡→Discrete→Project Weld Points，完成焊点的投影。

12）右击选择操作树中的WeldOperation，选择 Operation Properties，在对话框的Process选项卡中，Robot栏选择s420a，Gun栏选择固定焊枪sw40d，勾选External TCP选项。

13）选择操作树中的WeldOperation操作，单击Robot选项卡→Reach→Reach Test，观察这4个焊点路径的可达性（除了wp3外，其余3个焊点显示蓝色的“√”，即可达）。

14）将WeldOperation添加到路径编辑器中，在图形查看器或者对象树中选择 s420a，单击Robot选项卡→Reach→ Jump to Location，然后在路径编辑器中，依次选择除wp3之外的3个可达焊点，可以看到图形查看器中，机器人抓住零件移动到固定焊枪的焊接位置处。

15）在操作树中，选择 WeldOperation 中的焊点 wp4，单击图形查看器中快捷工具栏上的 Single or Multiple Locations Manipulation ，在 Location Manipulation 对话框中，确认 Follow Mode 被按下了。移动对话框中的位置调整条，将 wp4 的焊接位置调整至合适的位置，如图 8-38 所示。

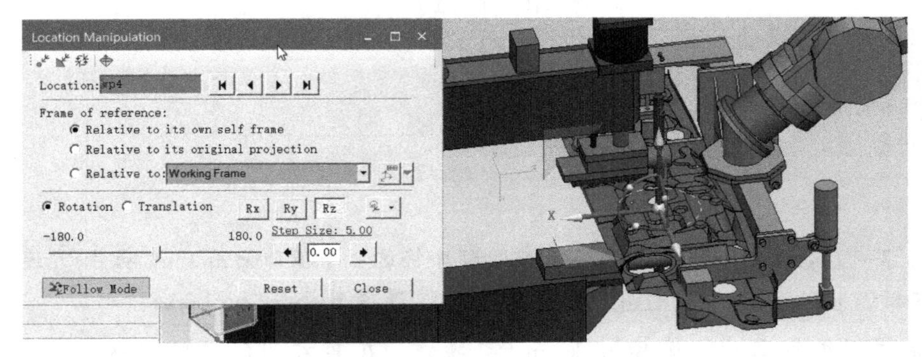

图 8-38　调整 wp4 位置

16）完成后关闭 Locations Manipulation 对话框。在操作树中，选择 WeldOperation 中的焊点 wp5。单击 Process 选项卡→Discrete→Pie Chart ，在 Location Pie Chart 对话框中，向左和向右移动饼图下方的滑块，直到较长的轴（X 轴）位于饼图的蓝色区域（表示到达），如图 8-39 所示。

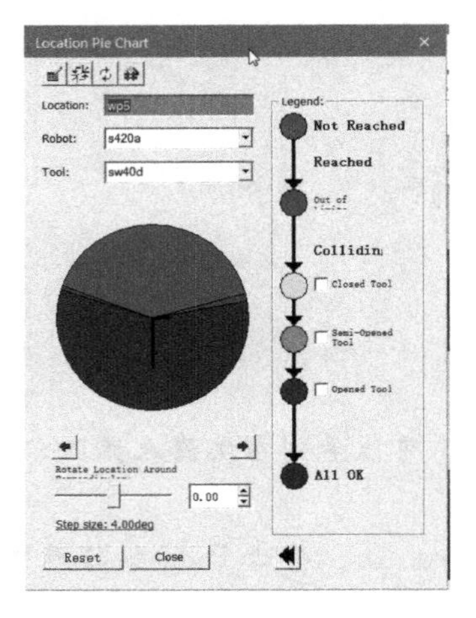

图 8-39　X 轴位于饼图区域

17）上述第 15）步和 16）步中的两种方法：Single or Multiple Locations Manipulation 和 Pie Chart 都是优化和编辑焊接路径位置的有效手段。在操作树中，选择 WeldOperation操作，单击 Operation 选项卡→Edit Path→Align Locations ，将所有的焊点位置都和 wp4 对齐，如图 8-40 所示。

18）完成后单击 OK 按钮。在序列编辑器中，单击 Jump Simulation to Start 。在序列编

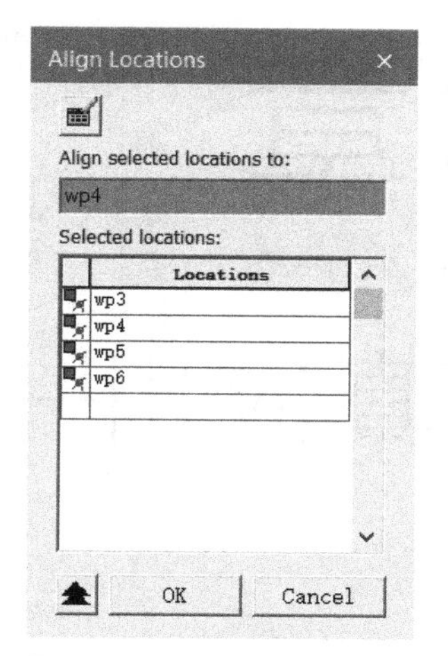

图 8-40 调整所有焊点位置

辑器右侧的甘特图中，右击删除 Pause Event 操作。然后，运行仿真，可以看到机器人先抓取零件，然后搬运至固定焊枪处焊接，完成后又将零件放回夹具的完整工艺过程。

19）保存 Study 文件，完成实例操作。

第9章 CHAPTER 9 机器人仿真应用——弧焊

9.1 机器人连续焊概述

点焊工艺是通过一个个分开的焊点来连接零件的，而连续焊是通过一段中间没有断开的连续焊缝来连接零件的。在 Process Simulate 中，对于连续焊工艺的仿真，不仅可以应用于常见的弧焊 Arcwelding 仿真场景，还可以在如涂胶、喷涂、滚轮折边 Roller Hemming、激光钎焊、打磨抛光等工艺仿真中应用。

在本节中，将基于机器人弧焊 Arcwelding 仿真的应用实例，来介绍 Process Simulate 中连续焊工艺仿真操作。

机器人在进行弧焊工艺操作的时候，在其工具端安装的弧焊焊枪称为焊炬（Welding Torch）。在进行弧焊工艺仿真时，弧焊焊缝路径在机器人焊炬的 TCPF 上生成，如图 9-1 所示。

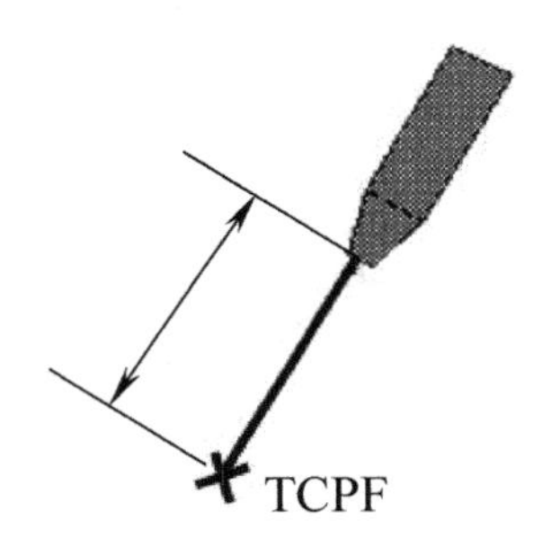

图 9-1　弧焊焊缝路径在 TCPF 上生成

在弧焊仿真操作中，焊缝位置的方向是非常重要的。通常有一个轴垂直于被焊接零件的表面，这个轴默认设置为 Z 轴。另外一个轴表示焊缝向量的移动方向，这个轴的默认设置为 X 轴。可以在 Options→Continuous 中更改这两个默认设置，也可以根据需要对连续焊的其他一些工艺参数进行设置，如图 9-2 所示。

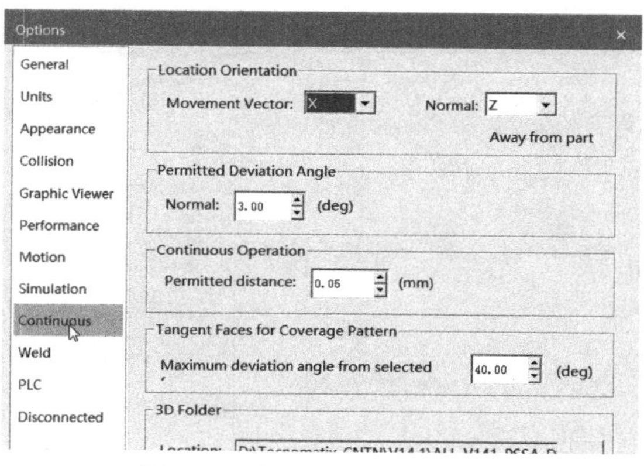

图 9-2 连续焊工艺参数设置

9.2 创建并投影弧焊焊缝

在进行弧焊仿真操作时，首先需要创建并投影弧焊焊缝。在 Process Simulate 的 Process 选项卡→Continuous 组中提供了创建和投影焊缝的工具，如图 9-3 所示。

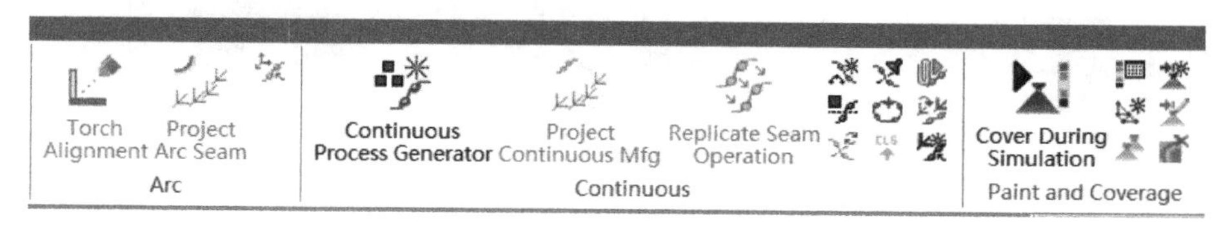

图 9-3 Continuous 命令组

使用 Continuous Process Generator 命令，可以在没有连续制造特征的情况下创建连续焊仿真操作。这种方式可以快速为两个零件之间创建制造特征，尤其适合弧焊工艺仿真。

在 Continuous Process Generator 的参数设置对话框中，首先在 Process 下拉列表中选择 Arc 或者 Coverage pattern 中的一种，不同的选择对应的参数设置选项会略有不同，如图 9-4 所示。

下面介绍基于弧焊仿真的连续焊工艺仿真，在 Process 下拉列表中选择 Arc，在 Base set 栏和 Side set 栏中分别选择被焊零件上的一个或者多个面，在图形查看器中看到所选的面会以深褐色显示，要创建的焊缝会以蓝色显示预览，焊缝的起终点以绿色和橙色的球体显示，如图 9-5 所示。

在 Base set 栏和 Side set 栏中所有选定的面必须具有精确的几何图形，无法选择几何图形的近似图形。如果不希望使用面和面之间的整个接缝进行弧焊操作，可以将绿色或橙色球体拖动到所需的起始位置，如图 9-6 所示。

Start Point 数值框出现在图形查看器中，显示的数值是绿色球体与接缝开始处的距离。同样，End Point 数值框显示的是橙色球体与接缝结束处的距离。

展开参数设置对话框中的 Operation 栏，可看到系统为生成连续制造特征创建的连续焊

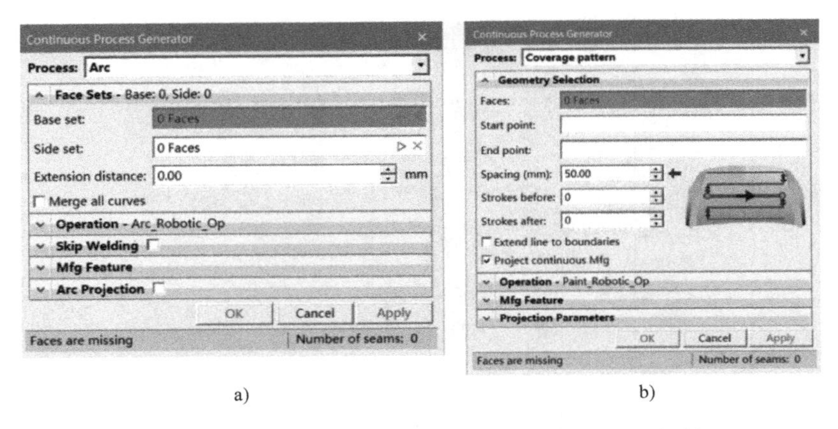

图 9-4　Continuous Process Generator 参数设置对话框

图 9-5　在图形查看器中焊缝显示

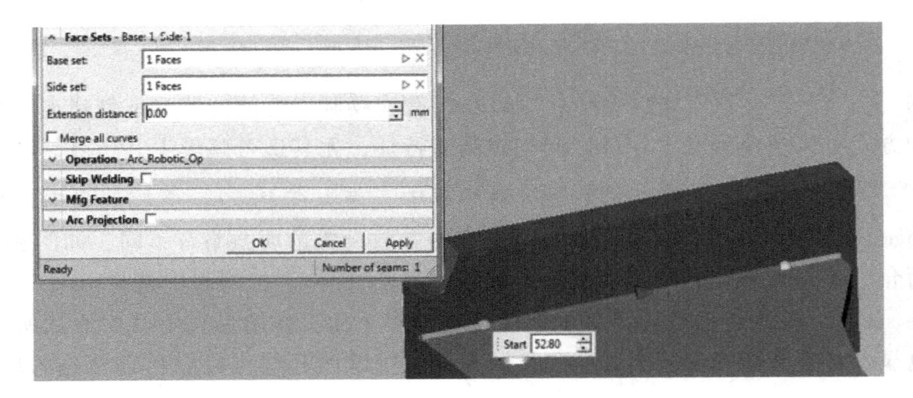

图 9-6　拖动确定接缝所需的起始位置

工艺仿真操作，在 Operation name 栏中，系统自动创建的操作名为 Arc_Robotic_Op，用户可以根据自己的需要修改操作的名称。在 Robot 栏的下拉列表中，可以选择当前 Study 中的一个机器人来进行弧焊仿真操作，如果机器人工具端安装了弧焊焊枪，那么 Tool 栏中也会自动选择相应的焊枪，如图 9-7 所示。

在生成了连续制造特征后，用户可以在 Mfg Viewer 中找到它，使用 Process 选项卡→Arc

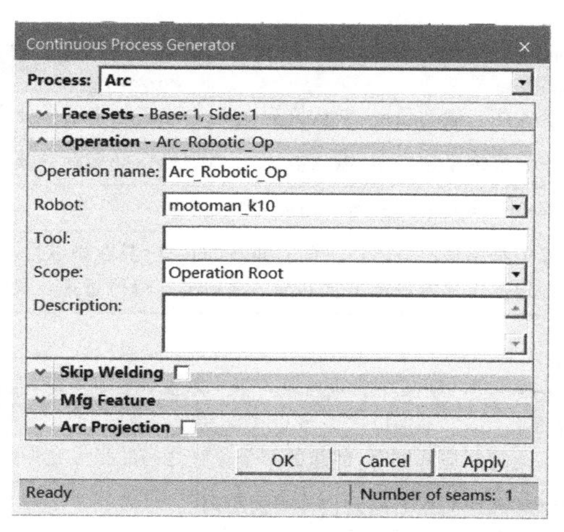

图 9-7 展开 Operation 栏

→ Project Arc Seam 命令来投影连续制造特征，如图 9-8 所示。

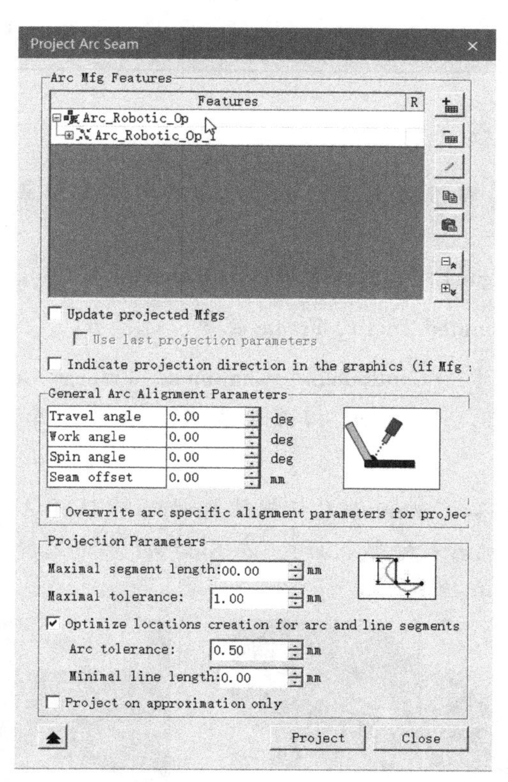

图 9-8 投影连续制造特征设置对话框

通过 General Arc Alignment Parameters“常规圆弧对齐参数”，可以对焊缝对齐的一般参数进行设置。对齐参数的设置描述见表 9-1。

用户可以使用 Projection Parameters“投影参数”来设置和微调投影参数，相关参数的设置描述见表 9-2。

表 9-1　对齐参数设置描述

对齐参数	描　　述
Travel angle	焊炬的侧向倾斜角度，默认值为 0(弧焊枪正好接近平分线上接缝)
Work angle	沿平分线测量接近角，默认值为 0(弧焊枪正好接近平分线上的接缝)
Spin angle	弧焊枪围绕其法向矢量的角度，默认值为 0
Seam offset	接缝偏移是该平行四边形的对角线的长度，其在操纵之后连接原始投影位置和接缝位置。平行四边形由原始投影位置和操纵之后的接缝位置来定义

表 9-2　投影参数相关设置描述

投影参数	描　　述
Maximal segment length	投影连续制造特征时，创建的两个位置之间的最大允许距离
Maximal tolerance	焊缝和几何曲线之间允许的最大距离
Optimize locations creation for arc and line segments	选择此选项可以优化制造特征投影，使得制造特征中的所有位置都符合定义的弧公差 Arc tolerance 和最小线条长度 Minimum line length。系统使用两个位置为直线创建投影、使用三个位置为圆弧创建投影、使用五个位置为圆创建投影
Project on approximation only	投影制造特征在零件的近似面上。使用此选项可节省计算资源并实现快速计算结果

实例：创建并投影弧焊焊缝

1）在 Process Simulate 标准模式下，打开教学资源包第 9 章 Arcwelding demo. psz 文件。

2）将弧焊焊枪（arc_gun1）安装到机器人（motoman_k10）工具端。确认 Pick Level 设置为 Component。在 Mounted Tool 的 Frame 栏中，选择 fr1。

3）单击 Process 选项卡→Continuous→Continuous Process Generator，在 Continuous Process Generator 对话框中，Face Sets 相关设置自动展开，并且 Pick Level 自动转换成 Face。

4）在 Continuous Process Generator 对话框的 Process 中选择 Arc。在 Base set 栏中，选择零件凹槽的后边缘（远离机器人的那个面），在 Side set 栏中选择零件凹槽的前边缘（靠近机器人的那个面），如图 9-9 所示。

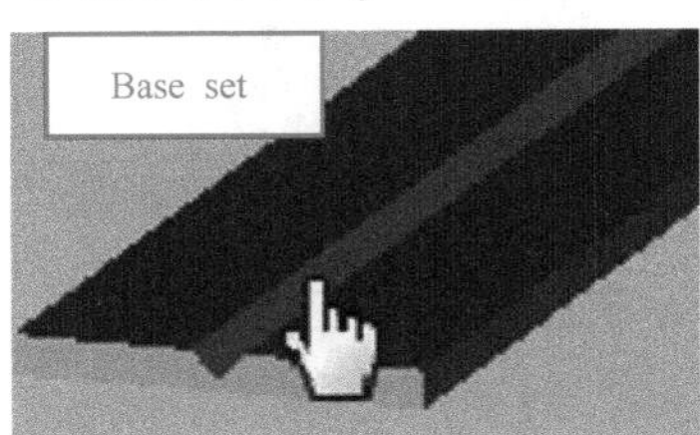

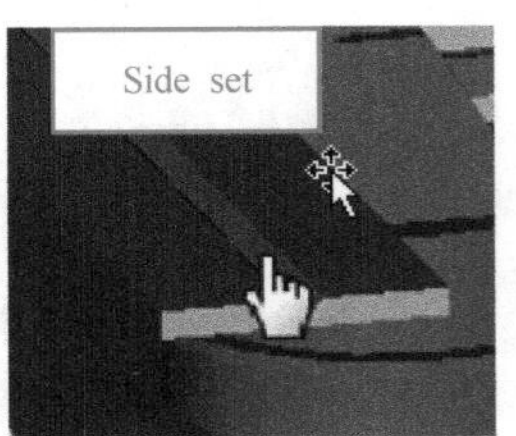

图 9-9　选择零件的后边缘和前边缘

5）在图形查看器中看到所创建的焊缝的预览效果，如图 9-10 所示。

6）单击焊缝中间的蓝色箭头，改变焊缝的方向。拖动起始点的绿色球体，在数值框中输入 100mm，按<Enter>键，拖动终点的橙色球体，在数值框中输入 90mm，再按<Enter>键。

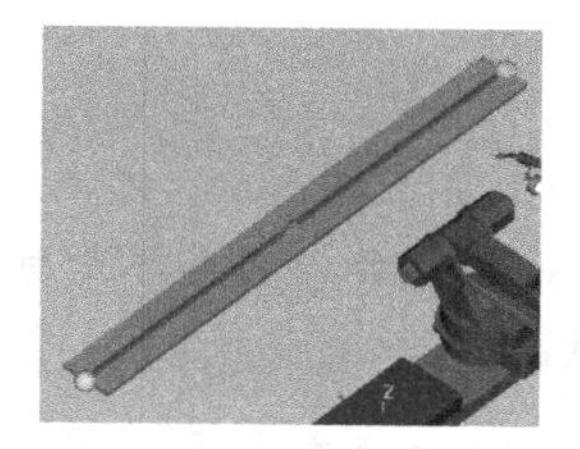

图 9-10　焊缝的预览效果

7）展开 Continuous Process Generator 对话框的 Operation 设置部分，看到其中的 Operation name、Robot、Tool 和 Scope 都已经自动生成或填充了相应的内容，将 Scope 选项改为 arc welding demo，单击 OK 按钮，完成焊缝的创建。

8）单击 Process 选项卡→Continuous→Emphasize Continuous Mfg On/Off，激活并着重显示连续制造特征模式。可以设置以高亮颜色显示的方式在图形查看器中突出显示弧焊焊缝。如图 9-11 所示的设置对话框中有两个下拉菜单选项，可以分别设置着重显示焊缝的像素和显示颜色。

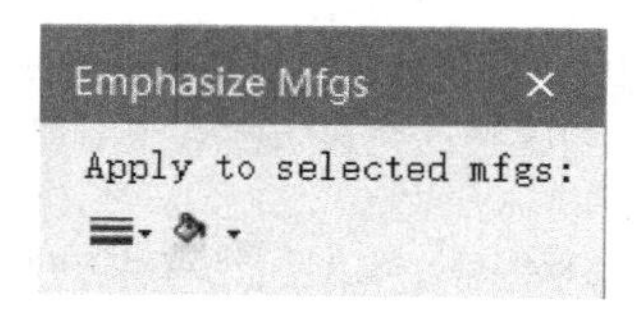

图 9-11　设置着重显示焊缝的像素和显示颜色

9）在 Options→Continuous 选项设置中，将 Permitted Deviation Angle 设置为 360°。在操作树中选择所创建的 Arc_Robotic_Op 操作，单击 Process 选项卡→Arc→Project Arc Seam，在弹出的对话框中单击 Project，可以在操作树中看到 Arc_Robotic_Op 操作中创建成功的弧焊焊缝路径位置。观察图形查看器中的各个焊缝路径位置，如果在焊缝终点处有两个非常接近的路径位置，将其中 1 个删除，一共保留 4 个路径位置。还可以在 Mfg Viewer 中看到连续制造特征投影成功的显示标识“√”，如图 9-12 所示。

Arc_Robotic_Op
Arc_Robotic_Op_1
Arc_Robotic_Op_1_ls1
Arc_Robotic_Op_1_ls2
Arc_Robotic_Op_1_ls3
Arc_Robotic_Op_1_ls4

Mfg Viewer

Mfg Feature	
Arc_Robotic_Op_1	✓

图 9-12　显示连续制造特征投影创建成功

10）完成后关闭焊缝投影对话框，保存 Study 文件，以便在后面的实例中继续使用它。

9.3　创建弧焊仿真操作

在完成了焊缝投影之后，下面进行弧焊仿真的操作。

实例：创建弧焊仿真操作

1）继续使用章节9.2实例操作完成后的Study文件。

2）在操作树中选择 Arc_Robotic_Op 操作，将其添加到路径编辑器中。

3）在路径编辑器中展开焊缝 Arc_Robotic_Op_1，单击路径编辑器上的Customize Columns ，将Speed、Zone和Motion Type三列显示在路径编辑器中，如图9-13所示。

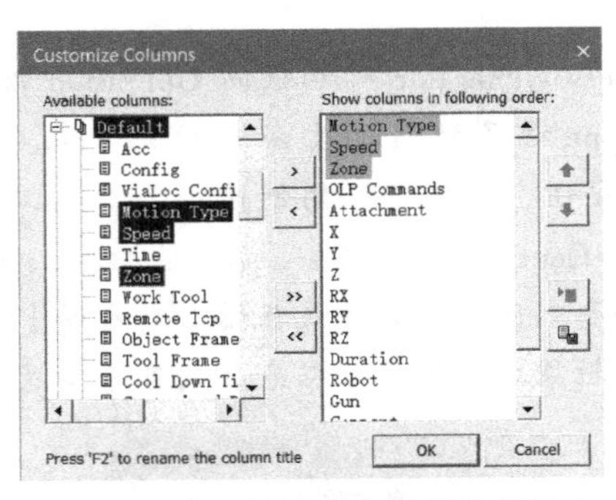

图9-13 将三列显示在路径编辑器中

4）在操作树中选择焊缝 Arc_Robotic_Op_1，单击Process选项卡→Arc→Torch Alignment ，在弹出的Torch Alignment对话框中，单击Follow Mode ，以激活它，单击Next Location ，依次让焊枪接近焊缝的4个路径位置。可以在图形查看器中看到，如果该位置可达，机器人和焊枪将跳到该位置；如果不可达，只能在该位置放置一个隐形的弧焊枪，如图9-14所示。

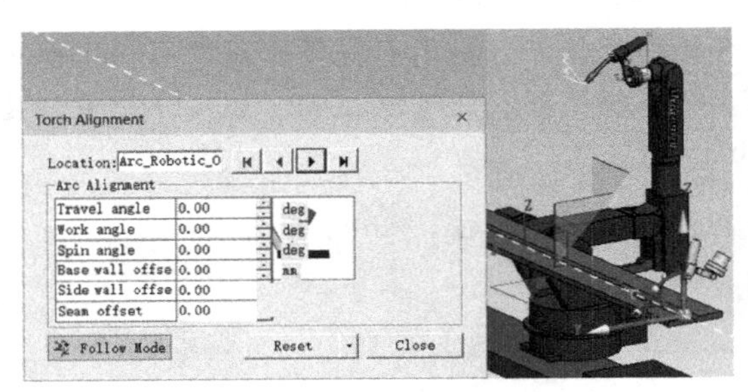

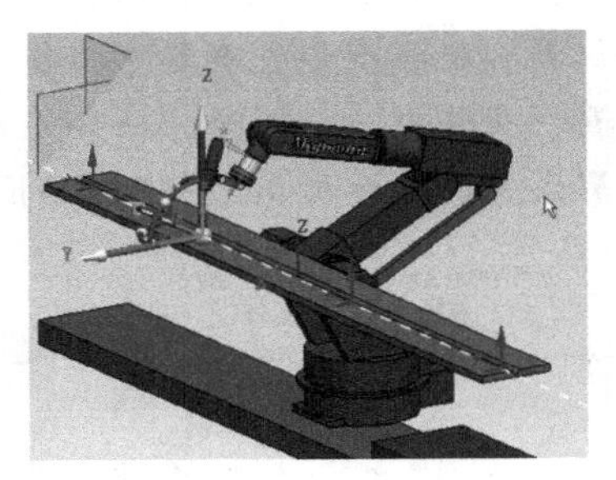

图9-14 在图形查看器中显示弧焊枪的位置

5）可以看到所创建的4个焊缝路径位置并非全部可达，将通过添加外部轴的方式来解决这个问题。

6）在操作树中选择弧焊操作 Arc_Robotic_Op，单击Operation选项卡→Templates→Apply Path Template （只有当用户设置了相关的XML文件后才可以使用这个命令）。在教学资源包第9章根目录Sample Default Path Template文件夹中，找到供本实例使用的Robotsim. xml文件。

7）在Apply Path Template对话框中单击Select，选择Arc-weld Templates→Apply All，单击OK按钮，可以看到图9-15所示的信息。

8）在路径编辑器中，可以看到焊缝路径位置中添加了过渡位置，如图9-16所示。

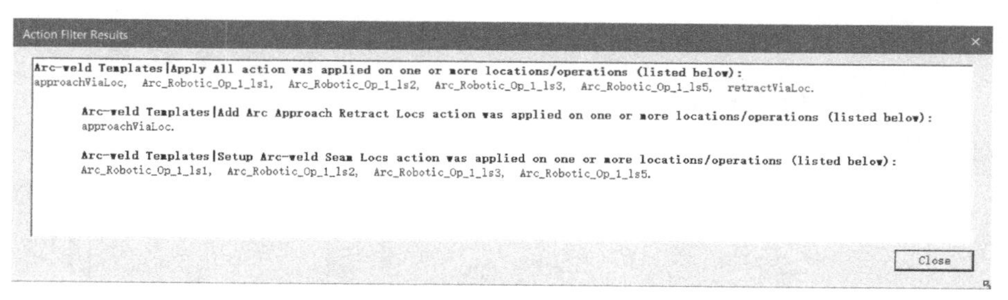

图 9-15 显示信息页面

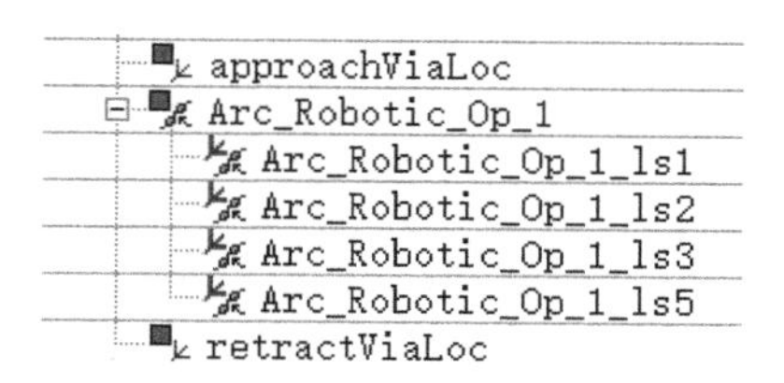

图 9-16 在路径编辑器添加过渡位置

9）完成后，保存 Study 文件，以便在后面的实例中继续使用它。

9.4 优化弧焊操作

下面将给机器人添加一个外部轴，来完成弧焊仿真的完整工艺过程。

实例：添加外部轴，优化弧焊操作

1）继续使用章节 9.3 中实例操作完成后的 Study 文件。

2）在图形查看器的快捷工具栏中，将 Pick Intent 设置为 Snap 。在图形查看器中，选择机器人 motoman_k10，单击 Relocate 命令，在 To Frame 栏中，选择图形查看器中的蓝色盒子 ext_rail 的上表面中心，单击 Apply 按钮，然后关闭对话框。

3）选择机器人 motoman_k10，单击 Home 选项卡→Tools→Attachment →Attach ，将 Pick Level 设置为 Entity 。在 Attach 对话框中的 To Object 栏中，选择蓝色盒子（Kas2），如图 9-17 所示。

4）单击 OK 按钮，关闭 Attach 对话框，并将 Pick Level 设置为 Component 。

5）选择机器人 motoman_k10，单击 Robot 选项卡→Setup→Robot Properties ，在弹出的对话框中选择 External Axes 选项卡，在弹出的 Add External Axis 对话框中，Device 选择 ext_rail，Joint 选择 j1，如图 9-18 所示。完成后单击 OK 按钮关闭对话框。

6）选择机器人 motoman_k10，右击选择 Joint Jog 命令，可以看到弹出的 Joint Jog 对话框中出现了上一步添加的外部轴 j1，如图 9-19 所示。

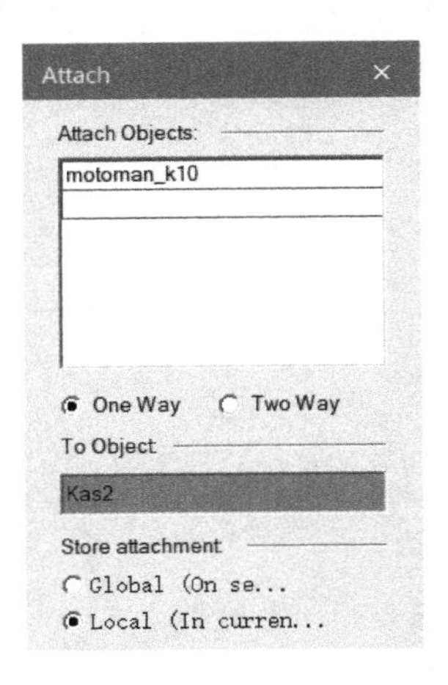

图 9-17 Attach 对话框

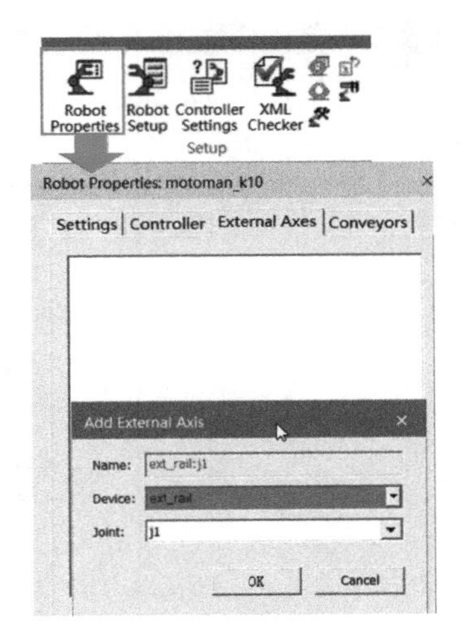

图 9-18 Robot Properties 对话框

Joint Jog - motoman_k10

Joints tree	Steering/Poses	Value	Lower Limit	Upper Limit
motoman_k10	HOME			
j1		0.00	-170.00	170.00
j2		0.00	0.00	60.00
j3		0.00	-60.00	70.00
j4		0.00	-180.00	180.00
j5		0.00	-45.00	225.00
j6		0.00	-200.00	200.00
j1 (ext_rail)		0.00	-2300.00	2300.00

Reset Close

图 9-19 Joint Jog 对话框

7）拖动外部轴 j1，使机器人尽可能靠近焊缝的第一个路径位置 Arc_Robotic_Op_1_ls1，显示 j1 的值为 -1300 左右，如图 9-20 所示。

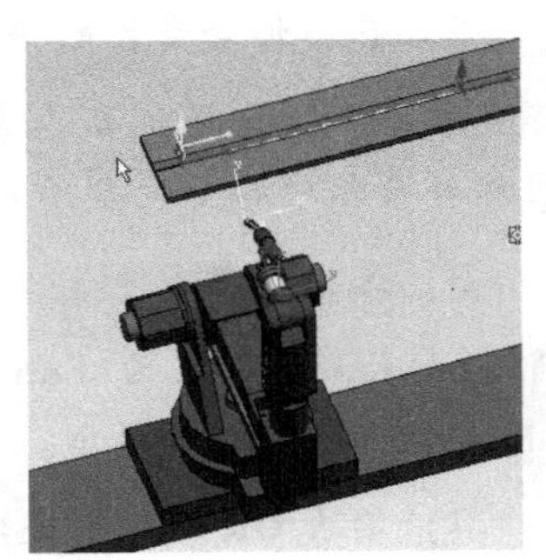

图 9-20 显示 j1 的值

8）将 Arc_Robotic_Op 操作添加到路径编辑器中，展开 Arc_Robotic_Op 以显示所有的焊缝路径位置，选择其中的第一个焊缝路径位置 Arc_Robotic_Op_1_ls1（位于机器人左侧），单击 Robot 选项卡→OLP→Set External Axes Values ，在弹出的 Set External Axes Values 对话框中勾选 Approach Value 复选框，当前机器人外部轴所在位置的数值（=1300）显示在 Approach Value 栏中，如图 9-21 所示。

9）在 Set External Axes Values 对话框中单击 First Location ，第一个过渡路径 approach-ViaLoc 出现在对话框中，勾选 Approach Value 复选框，这样该路径的外部轴值就设置好了。

10）拖动 Joint Jog 对话框中的外部轴 j1，使机器人尽可能靠近焊缝最后一个路径位置

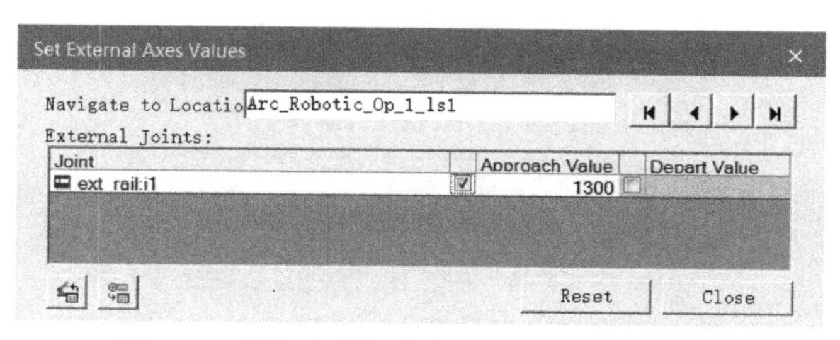

图 9-21　显示当前机器人外部轴所在位置数值

Arc_Robotic_Op_1_ls5，Joint Jog 中显示 j1 的值为-1200 左右。

11）在路径编辑器中选择其中的最后一个焊缝路径位置 Arc_Robotic_Op_1_ls5（位于机器人左侧），单击 Robot 选项卡→OLP→Set External Axes Values，在弹出的 Set External Axes Values 对话框中勾选 Approach Value 复选框，当前机器人外部轴所在位置的数值（=-1200）显示在 Approach Value 栏中。

12）在 Set External Axes Values 对话框中单击 Last Location，最后一个过渡路径位置 retractViaLoc 出现在对话框中，勾选 Approach Value 复选框，这样该路径的外部轴值就设置好了。

13）在路径编辑器中单击 Customize Columns，将 External Axes 列和 Depart External Axes Values 列添加在路径编辑器中，如图 9-22 所示。

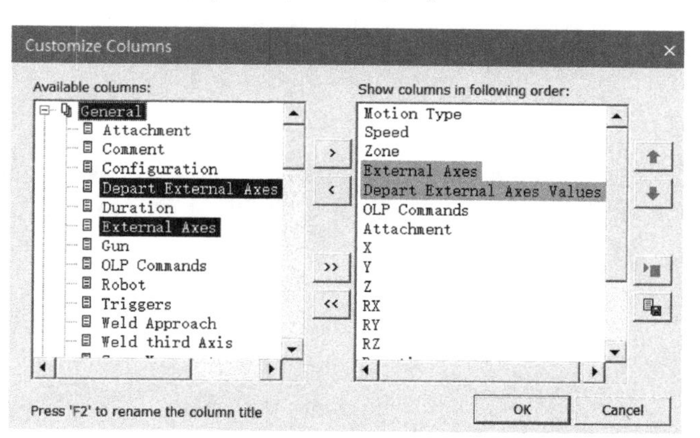

图 9-22　将两列添加在路径编辑器中

14）观察路径编辑器中已经设置了外部轴数值的 4 个路径位置，它们在 External Axes 列中都显示 1 out of 1，将鼠标停留在处，可以看到为该路径位置的外部轴设置的具体数值，如路径 Arc_Robotic_Op_1_ls1的 ext_rail:j1 = 1300.00。

15）选择路径编辑中的焊缝 Arc_Robotic_Op，在软件主页面的右上角命令搜索栏中，输入 Smooth Rail，选择Not on Ribbon → Smooth Rail功能，该功能可以使机器人在焊接过程中在外部轴的轨道上平顺的运动。在 Smooth Rail 的对话框中，可以看到在 From Location 中，自动选择了焊缝中的第一个路径 Arc_Robotic_Op_1_ls1，在 To Location 中，自动选择了焊缝中的最后一个路径 Arc_Robotic_Op_1_ls5。在 Method 下拉列表，保持默认设置 Interpolate On Travel Distance，如图 9-23 所示。

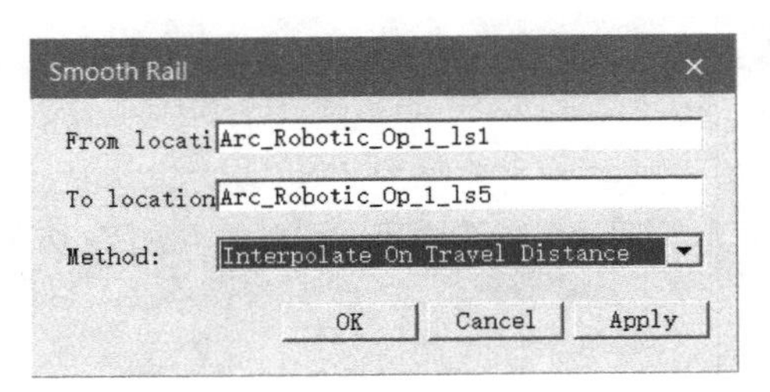

图 9-23　Smooth Rail 对话框

16）单击 Apply 按钮，关闭对话框。在路径编辑器中，可以看到所有路径位置的 External Axes 列中都显示 1 out of 1，这表示它们都被成功设置了外部轴的数值。

17）将 Arc_Robotic_Op 设置为当前操作。在对象树中选择 motoman_k10 和 ext_rail，分别右击，在弹出的快捷菜单中单击 Home，然后在序列编辑器中单击 Play Simulation Forward ，可以看到机器人从过渡路径开始，沿着外部轴平滑运动，完成优化整条弧焊焊缝的完整工艺过程。

18）保存 Study 文件，完成实例操作。

第10章 CHAPTER 10

综合练习

10.1 机器人铆接工艺仿真

1）在 Process Simulate 标准模式下，打开教学资源包第 10 章中 Rivet Station Demo. psz 文件。

2）单击 Modeling 选项卡→Scope→Set Working Frame ，选择 Frame by 6 values ，在图形查看器的快捷工具栏中，将 Pick Intent 设置为 Self Origin 。在图形查看器或者对象树中，选择灰色的机身筒体，如图 10-1 所示。

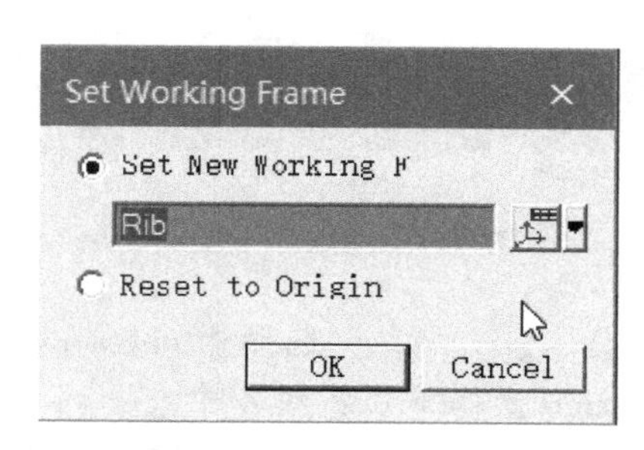

图 10-1　Set Working Frame 对话框

3）单击 OK 按钮，在图形查看器中看到工作坐标系被设置到了灰色机身筒体的中心，如图 10-2 所示。

4）单击 Process 选项卡→Planning→Import Mfgs ，在 Import Mfgs 对话框中，单击 按钮，浏览到当前 Study 教学资源包根目录下的 Import Export files 文件夹，选择 rivetlist_sa. csv 文件并单击选择 Use Working Frame。

5）单击 Open 和 Import，可以看到铆接点文件被导入到当前 Study 中。

6）用户可以在 Mfg Viewer 中看到导入的所有 16 个铆接点信息：通过打开 View 选项卡

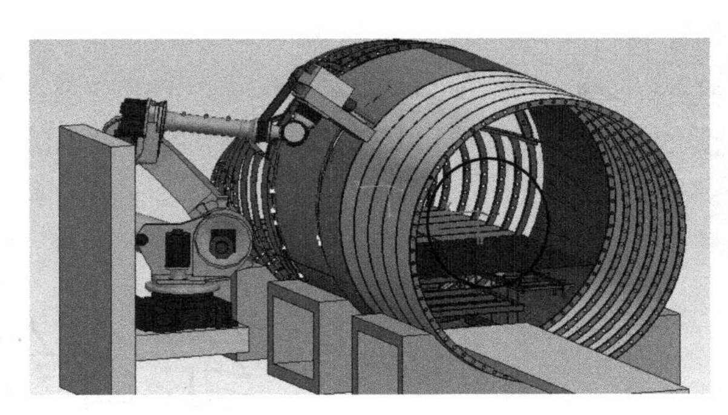

图 10-2　图形查看器中选择工作坐标系

→Screen Layout→Viewers →Mfg Viewer，在 Mfg Viewer 的工具栏上，单击 Filter by Type 右侧的下拉箭头，单击 Show All。

7）在 Mfg Viewer 的工具栏单击 Customize，在对话框中展开选择 WeldPoint，然后展开选择 Rivet，单击≫按钮将 Rivet 的 7 个属性都添加到 Mfg Viewer 中显示出来，如图 10-3 所示。

Mfg Viewer

	Mfg Feature	Type	Sealant	Stack Max	Cycle	Diameter	Stack Min	Length
	rib2_ls33	J56	A23	6.5	D88	4.5	6	6.5
	rib2_ls34	J55	A23	6.5	D88	4.5	6	6.5
	rib2_ls35	J55	A77	6.5	D66	4.5	6	6.5
	rib2_ls36	J56	A77	6.5	D66	4.5	6	6.5
	rib3_ls33	J56	A23	6.5	D88	4.5	6	6.5
	rib3_ls34	J56	A23	6.5	D88	4.5	6	6.5
	rib3_ls35	J56	A23	6.5	D99	4.5	6	6.5
	rib3_ls36	J43	A23	6.5	D99	4.5	6	6.5
	rib4_ls33	J43	A55	6.5	D88	4.5	6	6.5
	rib4_ls34	J56	A55	6.5	D88	4.5	6	6.5
	rib4_ls35	J56	A23	6.5	D88	4.5	6	6.5
	rib4_ls36	J56	A23	6.5	D39	4.5	6	6.5
	rib5_ls33	J56	A23	6.5	D39	4.5	6	6.5
	rib5_ls34	J12	A23	6.5	D88	4.5	6	6.5
	rib5_ls35	J12	A11	6.5	D88	4.5	6	6.5
	rib5_ls36	J56	A23	6.5	D88	4.5	6	6.5

图 10-3　将 7 个属性添加到 Mfg Viewer 中

8）右击操作树中的 Rivet Station Demo，选择 New Compound Operation，在 Name 栏中输入 Rivet Demo。在新建的 Rivet Demo 操作下，新建 4 个 New Weld Operation 子操作，分别命名为 Rivet_Op2、Rivet_Op3、Rivet_Op4、Rivet_Op5，并将 4 个 rib2 开头的铆接点拖入 Rivet_Op2 操作中，将 4 个 rib3 开头的铆接点拖入 Rivet_Op3 操作中，将 4 个 rib4 开头的铆接点拖入 Rivet_Op4 操作中，将 4 个 rib5 开头的铆接点拖入 Rivet_Op5 操作中，如图 10-4 所示。

9）在操作树中，选择包含 4 个子操作的复合操作 Rivet Demo，单击 Process 选项卡→Discrete→Project Weld Points，如图 10-5 所示。

10）在 Project Weld points 对话框中，单击最下方的 Options，将 Weld 选项卡中的 Approach Vector 设置成 Y，如图 10-6 所示。

11）单击 OK 按钮关闭 Options 页面，单击 Project 投影铆接点。铆接点的位置必须位于零件表面并与其垂直，它们用于确定铆接枪在接近或到达该位置时的方向。

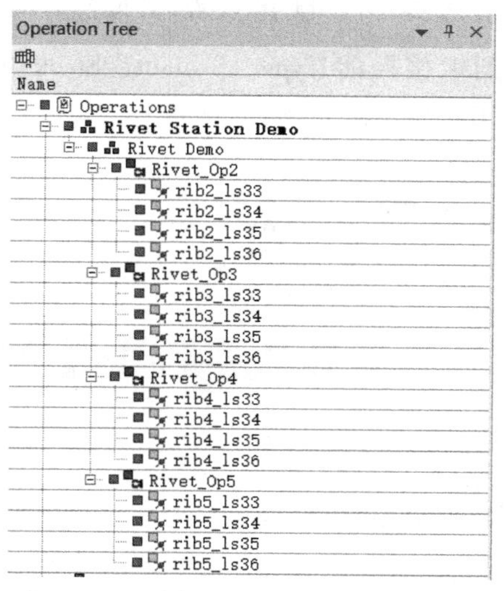

图 10-4 对象树中显示拖入的铆接点

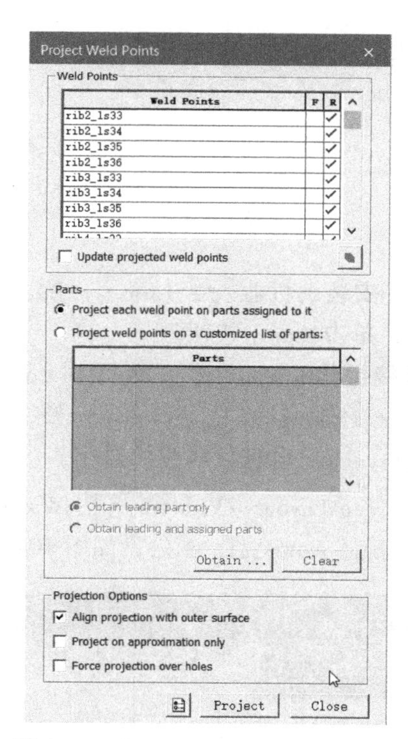

图 10-5 Project Weld Points 对话框

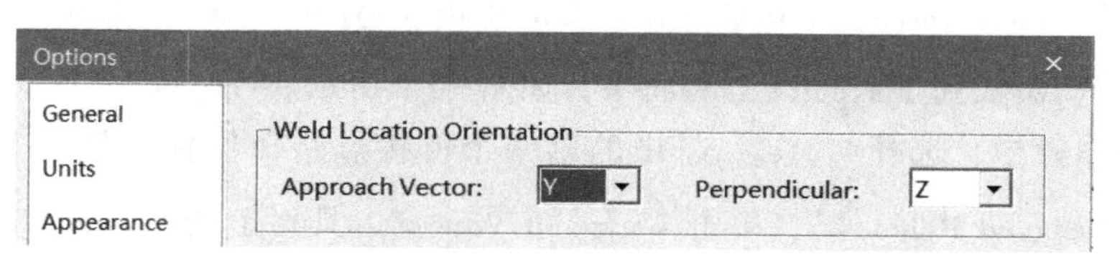

图 10-6 Options 对话框

12）在操作树中，任意选择一个铆接点路径位置，单击 Robot 选项卡→OLP→Robotic Parameters Viewer，可以看到铆接点的 Type、Sealant、Stack Max、Cycle、Diameter、Stack Min 和 Length 等参数，如图 10-7 所示。

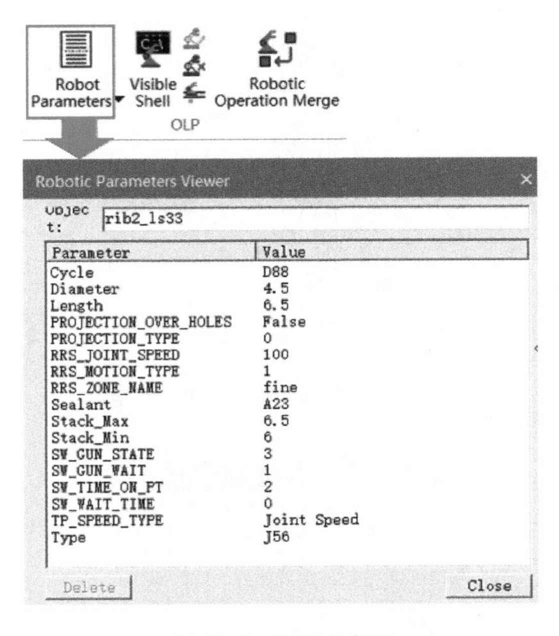

Parameter	Value
Cycle	D88
Diameter	4.5
Length	6.5
PROJECTION_OVER_HOLES	False
PROJECTION_TYPE	0
RRS_JOINT_SPEED	100
RRS_MOTION_TYPE	1
RRS_ZONE_NAME	fine
Sealant	A23
Stack_Max	6.5
Stack_Min	6
SW_GUN_STATE	3
SW_GUN_WAIT	1
SW_TIME_ON_PT	2
SW_WAIT_TIME	0
TP_SPEED_TYPE	Joint Speed
Type	J56

图 10-7　铆接点参数

13）将 rivet_drill_gun安装到机器人 fanuc_r2000ia165f_if的工具端，在 Mount Tool 对话框中，保持默认选项，单击 Apply 按钮。

14）在操作树中，右击铆接操作 Rivet_Op2，选择 Operation Properties，在 Process 选项卡中，Robot 栏选择 fanuc_r2000ia165f_if，Gun 栏选择 rivet_drill_gun。对 Rivet_Op3，Rivet_Op4，Rivet_Op5也进行同样的操作。

15）单击 View 选项卡→Screen Layout→Viewers→Waypoint Viewer，在 Waypoint Viewer 对话框中，选择机器人 fanuc_r2000ia165f_if，如图 10-8 所示。

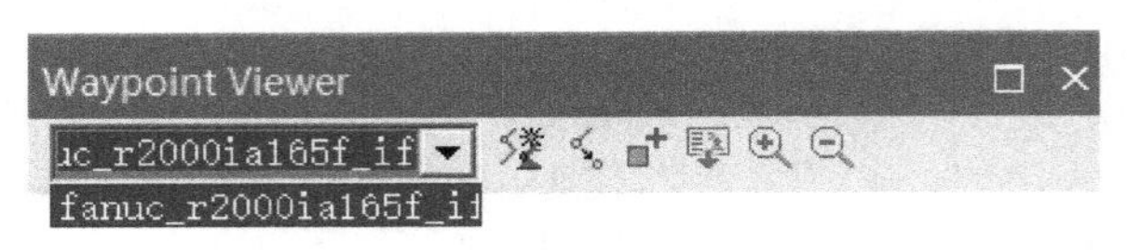

图 10-8　Waypoint Viewer 对话框

16）在操作树中，选择 4 个铆接操作，然后单击 Waypoint Viewer 工具栏上的 Add Operation，将它们添加到 Waypoint Viewer 中，如图 10-9 所示。

17）在操作树中，选择 Rivet_Op2中的第一个铆接点路径位置，单击 Robot 选项卡→Reach→Jump Assigned Robot，单击 Waypoint Viewer 工具栏上的 Create Waypoint，可以看到新的 Waypoint 在当前机器人 TCPF 上创建并显示在 Waypoint Viewer 中，同时打开 Ro-

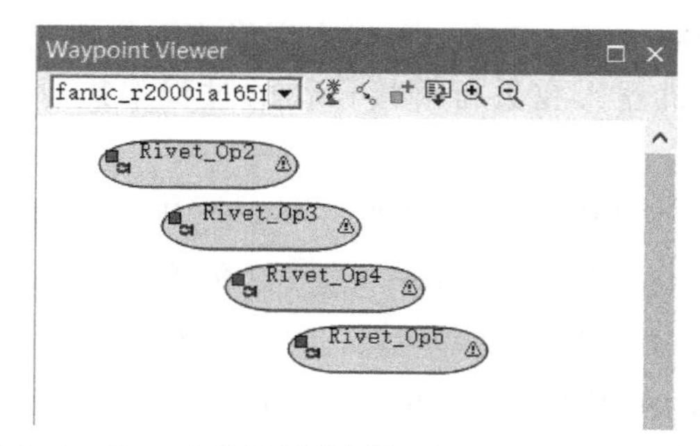

图 10-9 将 4 个铆接操作添加到 Waypoint Viewer 中

bot Jog 对话框，能够操纵机器人 TCPF。

18）在 Robot Jog 对话框中，拖动 Z 轴滑动条，将 Step size 设置成 200mm，单击 Move Positive ，使得机器人 TCPF 向上移动 200mm。对 Rivet_Op3、Rivet_Op4、Rivet_Op5 也进行同样的操作。

19）单击 Waypoint Viewer 工具栏上的 Link Waypoints 和 Waypoint1，拖动鼠标将 Waypoint1 和 Rivet_Op2连接起来。同样的，将 Waypoint2、Waypoint3 和 Waypoint4 分别和 Rivet_Op3、Rivet_Op4、Rivet_Op5连接起来，如图 10-10 所示。

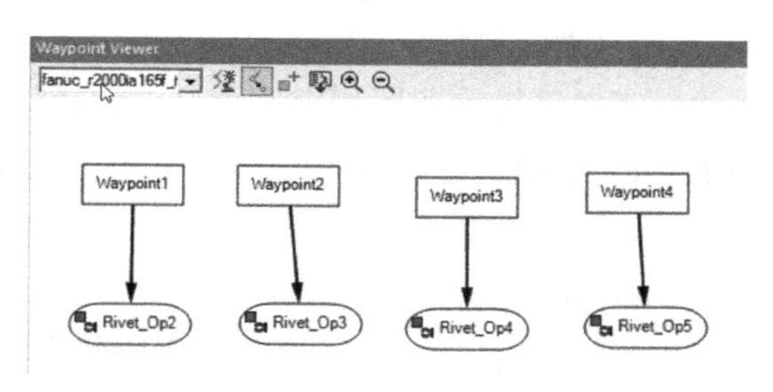

图 10-10 连接铆接点操作

20）完成后，单击 Link Waypoints ，使其处于非激活状态。在图形查看器中，选择 Waypoint2，单击 Robot 选项卡→Reach→Jump Assigned Robot ，再单击 Waypoint Viewer 工具栏上的 Create Waypoint，在 Robot Jog 对话框中，拖动 Z 轴滑动条，将 Step size 设置成 300mm，单击 Move Positive 使得机器人 TCPF 向上移动 300mm。将新建的 Waypoint 改名为 Clear，并将 Clear 的铆接点和其他 4 个 Waypoint 相连接，如图 10-11 所示。

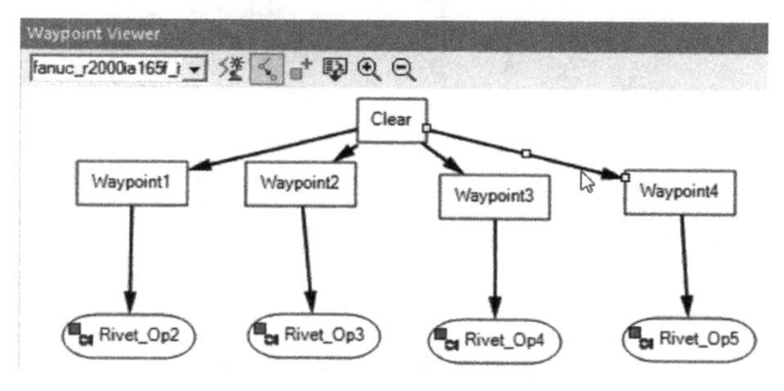

图 10-11 新建铆接点与其他 4 个铆接点连接

21）将 Rivet Demo 复合操作设置为当前操作，在序列编辑器中按住<Ctrl>键，依次选择 Rivet_Op2、Rivet_Op3、Rivet_Op4和 Rivet_Op5这 4 个铆接操作，单击 Link ，再单击序列编辑器的 Play Simulation Forward ▶，可以在图形查看器中看到机器人依次进行 4 个铆接操作的过程。注意观察机器人在进行铆接操作的过程中执行各个 Waypoint 路径位置的动作。

22）单击 Robot 选项卡→Program→Robotic Program Inventory，在弹出的 Robotic Program Inventory 对话框中，单击 New Robotic Program ，在弹出的 New Robotic Program 对话框中，Robot 栏选择 fanuc_r2000ia165f_if，单击 OK 按钮。在 Robotic Program Inventory 对话框中选择刚刚新创建的机器人程序，单击 Open in Program Editor 。

23）在操作树中，任意选择 2 个铆接操作，单击路径编辑器工具栏上的 Add Operation to Program →Play Simulation Forward ▶，观察图形查看器中机器人运行铆接操作的情况。

24）保存 Study 文件，完成练习。

10.2 机器人喷涂工艺仿真

1）在 Process Simulate 标准模式下，打开教学资源包第 10 章 Painting Demo. psz 文件。

2）在对象树或者图形查看器中，选择 paint_gun1。单击 Home 选项卡→Edit→Copy 。在 Resources 文件夹中，选择 Painting Demo；单击 Home 选项卡→Edit→Paste ，然后删除对象树中的 paint_gun1，将 paint_gun1_1 重命名为 Demo Paint gun。

3）将 Demo Paint Gun 设置为建模模式，在枪炳底部的中心，新建一个坐标系作为 Mounted Tool 的坐标系，并命名为 mnt fr，删除原有的两个圆锥体 cone1 和 cone2，如图 10-12 所示。

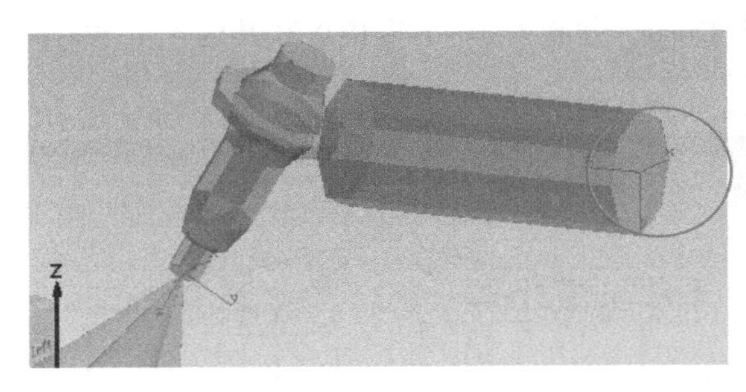

图 10-12　创建坐标系

4）将 Demo Paint Gun 安装到机器人 fanuc_p200e121 的工具端。

5）单击 Modeling 选项卡→Geometry→Solids →Cone Creation →Create a Cone ，在弹出的 Create Cone dialog 对话框中，在 Name 栏输入 SprayPattern1；在 Lower Radius 栏中，输入 31.25mm。在 Upper Radius 栏中，输入 0。在 Height 栏中，输入 250mm。单击 按钮

展开对话框，取消勾选 Maintain Orientation 复选框。在 Locate at 栏中，选择红色的 TCP 坐标系，如图 10-13 所示。

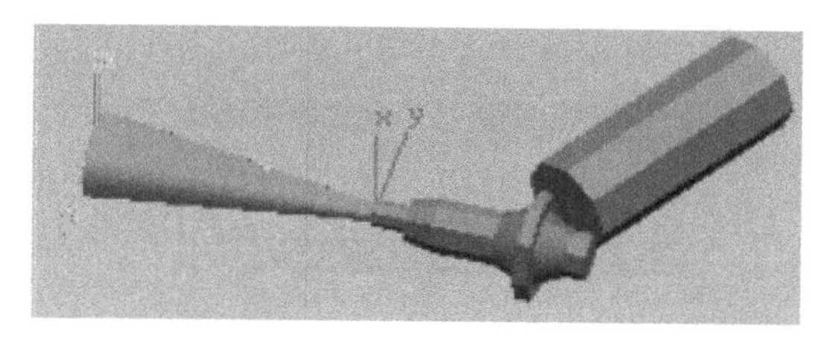

图 10-13 创建圆锥

6）将 Pick Level 设置成 Entity。在图形查看器中，右击上一步创建的 SprayPattern1，选择 Placement Manipulator 命令，在 Placement Manipulator 对话框中，单击 Z，输入-50mm，完成后单击 OK 按钮，如图 10-14 所示。

图 10-14 Placement Manipulator 操作

7）在对象树中，选择 SprayPattern1，单击 Modeling 选项卡→Entity Level→Set Preserved Object，可以看到 SprayPattern1 前添加了一个钥匙的图标，这样在结束对 Demo Paint Gun建模后，仍然可以选中 SprayPattern1 圆锥。

8）选择机器人 fanuc_p200e12l，选择 Process 选项卡→Paint and Coverage→ Paint Brush Editor，在弹出的 Paint Brush Editor 对话框，单击 Create Brush，如图 10-15 所示。

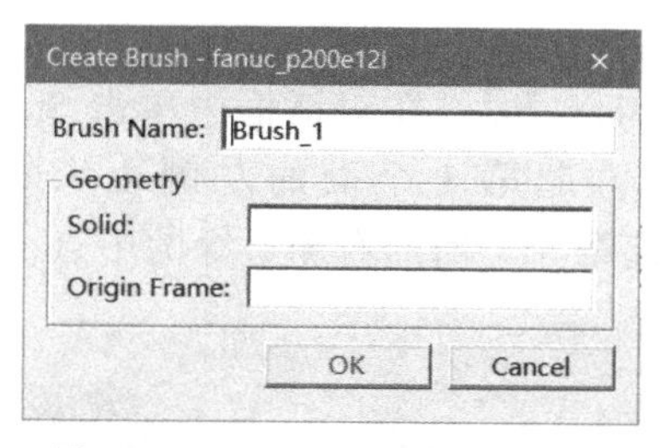

图 10-15 Create Brush 对话框

9）将 Pick Level 设置成 Entity，在 Create Brush 对话框中，在 Solid 栏中选择之前创建的 SprayPattern1 圆锥。在 Origin Frame 栏中，选择枪嘴处的黄色坐标系 paint_gun_tip。完成后关闭对话框。

10）单击对象树中的 FRONT_whitehouse_weldpart 并选中它。单击 Process 选项卡→Paint and Coverage →Create Mesh ，在弹出的对话框中，可以看到当前所选的零件并没有创建网格，将对话框中的 Distance 值设置成 20mm，单击 OK 按钮，完成网格的创建，如图 10-16 所示。

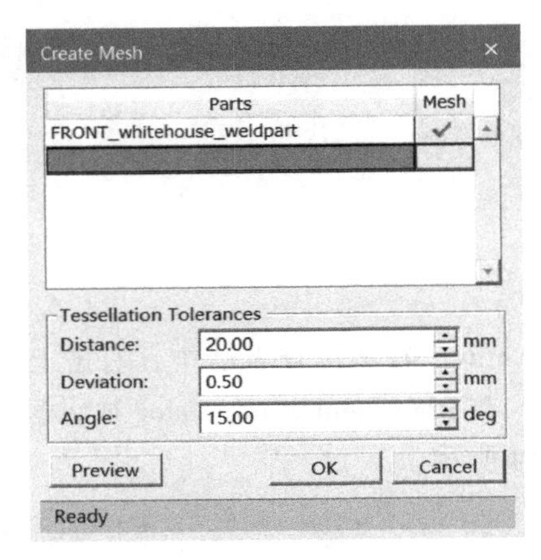

图 10-16　Create Mesh 对话框

11）单击 Process 选项卡→Continuous→Continuous Process Generator ，在弹出的 Continuous Process Generator 对话框中，Process 栏中选择 Coverage Pattern。在 Faces 栏中，选择 FRONT_whitehouse_weldpart 上的 5 个面，如图 10-17 所示。

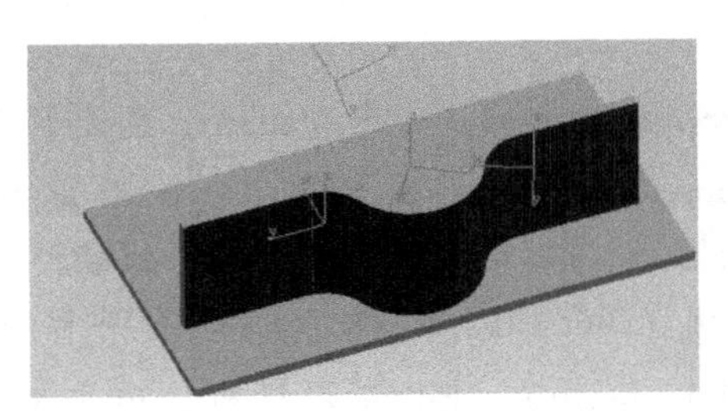

图 10-17　选择 5 个面

12）将 Pick Intent 设置成 Snap ，在对话框中单击 Start Point，在图形查看器中，单击 FRONT_whitehouse_weldpart 左起第 1 个面的左侧边缘的中点。单击 End Point，单击 FRONT_whitehouse_weldpart 左起第 5 个面的右侧边缘的中点，如图 10-18 所示。

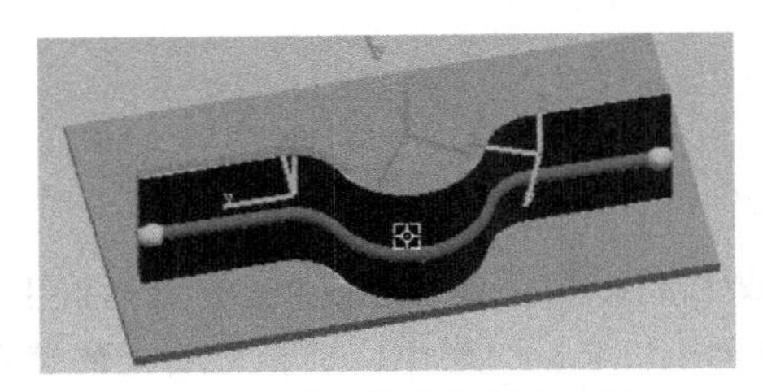

图 10-18　选择铆接的起点和终点

13）在 Continuous Process Generator 对话框中，在 Spacing 栏中输入 50mm，在 Strokes before 和 Strokes after 栏中，都输入 1mm，如图 10-19 所示。

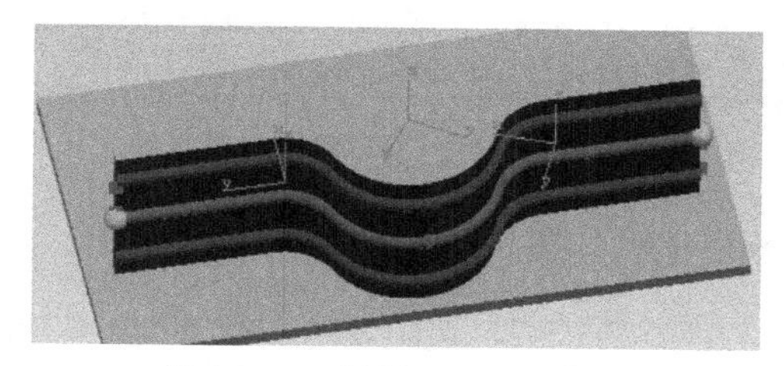

图 10-19 设置 Spacing 参数

14）展开 Operation 部分，在 Robot 栏和 Tool 栏中分别选择 fanuc_p200e121 和 Demo Paint Gun，在 Scope 栏中选择 Painting Demo。

15）展开 Continuous Process Generator 对话框中的 Projection Parameters 部分。在 Location orientation 中，选择 Tangent ZigZag，设置 Maximal tolerance 为 0.50mm，取消勾选 Optimize locations creation for arc and line segments 复选框，如图 10-20 所示。

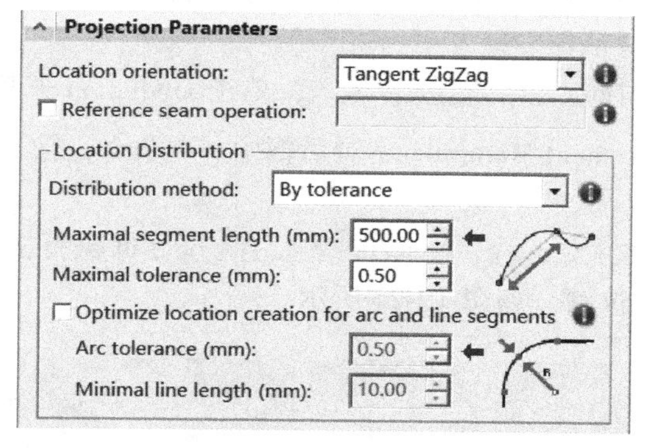

图 10-20 Projection Parameters 区域

16）单击 OK 按钮，在 Mfg Viewer 中看到刚刚创建的 Continuous Manufacturing Feature。

17）在操作树中，选中上一步所创建的 Paint_Robotic_Op，在图形查看器的工具栏中单击 Location Manipulator，可以在 Multiple Location Manipulation 的对话框中看到，S 列显示的路径可达，但是路径方向不可达。如图 10-21 所示。

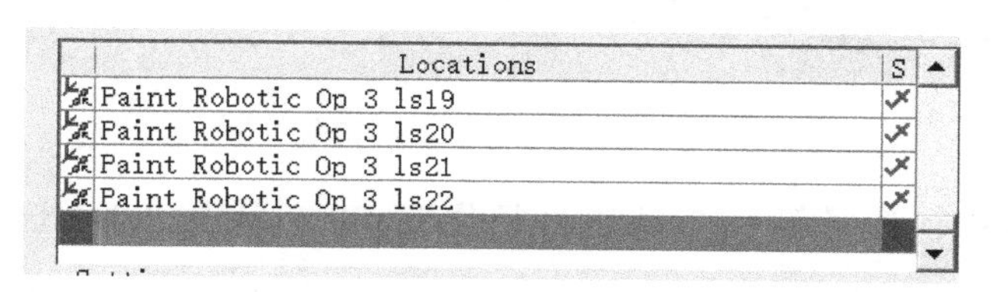

图 10-21 路径可达与路径方向不可达的显示

18）取消勾选 Settings 区域中的 Limit locations manipulation according to options 选项，如图 10-22 所示。

19）单击 Multiple Location Manipulation 对话框中 Location 区域中的任意一个路径位置，单击 Follow Mode，再单击 Rz，使得所有的路径位置绕 Z 轴旋转 180°，可以看到所有的

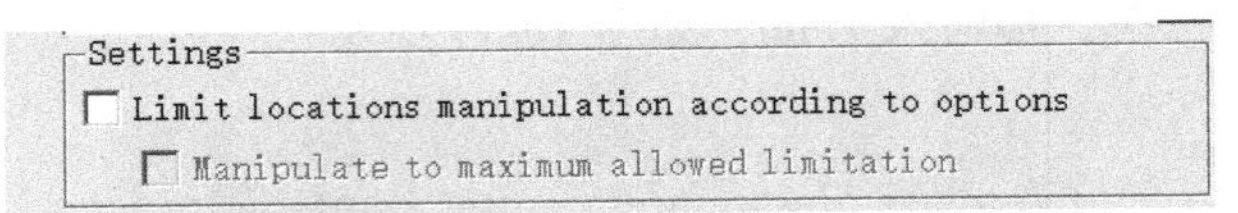

图 10-22　取消勾选选项

路径都显示为可达标识的绿色√，如图 10-23 所示。

	Locations	S
	Paint Robotic Op 1 ls20	✓
	Paint Robotic Op 1 ls21	✓
	Paint Robotic Op 1 ls22	✓
	Paint Robotic Op 1 ls23	✓

图 10-23　显示路径可达

20）在操作树中，选择 Paint_Robotic_Op_1，单击 Operation 选项卡→Add Location→Add Location Before ，在 Placement Manipulator 对话框中，单击 X，输入-50mm，然后关闭 Placement Manipulator 对话框。

21）在操作树中，选择 Paint_Robotic_Op_1，单击 Operation 选项卡→Add Location→Add Location After ，在 Placement Manipulator 对话框中，单击 X，输入 50mm，然后关闭 Placement Manipulator 对话框。

22）对于 Paint_Robotic_Op_2、 Paint_Robotic_Op_3也执行上两步类似的操作，为它们各自添加两个过渡路径位置，如图 10-24 所示。

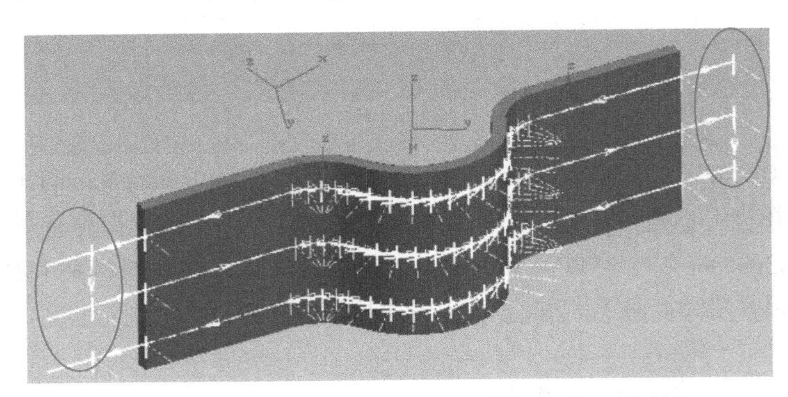

图 10-24　添加两个过渡路径位置

23）在操作树中，选择第一个过渡路径位置 Via，单击 Robot 选项卡→OLP→Teach Pendant ，单击 Add，选择 Standard Commands→Paint→OpenPaintGun ；再次单击 Add，选择 Standard Commands→Paint→ChangeBrush ，在 ChangeBrush 对话框中，在 Brush Name 栏中输入 Brush_1，单击 OK 按钮。

24）单击 Teach Pendant →Browse to Last Location ，单击 Add，选择 Standard Commands→Paint→ClosePaintGun ，完成后关闭 Teach Pendant 对话框。

25）单击 Process 选项卡→Paint and Coverage→Cover During Simulation ，将操作树中的 Paint_Robotic_Op 设置为当前操作。将序列编辑器中的 Simulation Time Interval 设置为 0.01s，将仿真速度条移动至中点，以便以正常速度播放运行仿真，如图 10-25 所示。

图 10-25 仿真速度条的设置

26）单击 Process 选项卡→Paint and Coverage→Paint and Coverage Settings ，可以在对话框中看到零件上的喷涂颜色和它的对应关系。每种颜色表示零件上的一个工艺进程（Stoke）。

27）单击序列编辑器上的 Play Simulation Forward ，播放运行仿真，可以看到很多颜色被喷涂在零件上。单击 Process 选项卡→Paint and Coverage→ Delete Coverage，删除当前 Study 中零件上的喷涂操作。再次单击 Process 选项卡→Paint and Coverage→Cover During Simulation ，关闭 Cover During Simulation 功能，这样在仿真运行过程中，就不会有颜色被喷涂在零件上。

28）保存 Study 文件，完成练习。